海上大数据智能指挥控制理论与工程

胡志强　覃基伟　罗　荣　张新建　著

国防工業出版社

·北京·

内 容 简 介

本书是一部以海上大数据智能指挥控制理论与工程为研究对象的专著。全书共分6章。首先阐述智能指挥控制的概念、现代海上大数据的特征及其对海上指挥控制的影响，然后介绍基于全球信息栅格（GIG）的海上大数据智能指挥控制平台体系框架和功能模型、关键系统与关键技术，突出“以认知决策为核心”的大数据指挥控制集成体系建模思想。在此基础上，深入研究海上大数据战场态势感知分析与计算模型、海上大数据战场态势智能认知与联合作战指挥决策模型，阐述海上大数据智能指挥控制的主要内容和本质内涵，进而分析海上大数据云作战组织形式、精确打击控制内容及精确打击控制流程。最后，介绍海上大数据智能指挥控制服务保障体系建设内容。

本书系统全面、内容前沿，具有较强的创新性和工程应用价值，主要适用于从事海上大数据指挥控制理论研究、智能指挥控制系统设计、装备使用等领域的科研人员，应用工作者以及其他感兴趣的读者，特别是与海洋行动指挥控制有关的科研院所、大学、部队机关等单位的研究人员。

图书在版编目（CIP）数据

海上大数据智能指挥控制理论与工程 / 胡志强等著
. 一北京：国防工业出版社，2022.7
ISBN 978-7-118-12550-4

Ⅰ. ①海… Ⅱ. ①胡… Ⅲ. ①海战一作战指挥系统一智能系统一研究 Ⅳ. ①E843

中国版本图书馆 CIP 数据核字（2022）第 121554 号

※

国防工業出版社 出版发行
（北京市海淀区紫竹院南路 23 号 邮政编码 100048）
北京虎彩文化传播有限公司印刷
新华书店经售

*

开本 710×1000 1/16 **印张** 15 **字数** 266 千字
2022 年 7 月第 1 版第 1 次印刷 **印数** 1—1200 册 **定价** 99.00 元

国防书店：（010）88540777 书店传真：（010）88540776
发行业务：（010）88540717 发行传真：（010）88540762

前　言

21世纪，人类社会已进入智能化主导的大数据时代。由于技术的进步、经济的需求和地缘政治竞争，海洋正成为世界各国相互竞争和积极开拓的空间。由此，海洋也成为大数据激增的人类活动领域。现代海上指挥控制则是包括复杂的地缘政治关系、军事和非军事活动、高科技、系统体系对抗、气象地理水文知识等在内的人类组织活动。目前，以美国为首的世界海洋大国正在不断加强和拓展云计算、任务式指挥辅助决策和人工智能（AI）等相关重点领域的研究，围绕“大数据”强化海上行动指挥信息系统的建设，加快全域信息的利用和流转，构建“从数据到决策”的能力体系，发展“以认知为中心”的大数据智能指挥与控制系统。

大数据起源于商业、互联网和金融。随着信息技术、物联网、移动终端、电子商务、虚拟社区等的发展和向各个领域渗透，世界开启了信息爆炸后数据急速增长的闸门。大数据技术“以一种前所未有的方式，通过对海量数据进行分析，获得有巨大价值的产品和服务或深刻的洞见”。随着数据的急速增长，大数据像材料和能源一样成为一种战略资源，日益受到人们广泛的关注。如何利用大数据发掘知识、促进创新、提升效益，使其为国防安全、政府管理、企业决策乃至个人生活服务，是世界各国追求的目标。2012年3月29日，美国奥巴马政府在白宫网站上发布了《大数据研究与发展倡议》，并正式成立“大数据高级指导小组”，标志着美国政府开始把应对大数据技术革命带来的机遇和挑战提到了国家战略层面。随后，美国国家科学基金会（NSF）、国家卫生研究院（NIH）、国防部（DOD）、能源部（DOE）、国防部高级研究计划局（DARPA）、地质勘探局（USGS）6个联邦部门和机构承诺投入超过2亿美元的资金，用于研发“从海量数据信息中获取知识所必需的工具和智能”。2012年5月，我国在北京召开了“大数据科学与工程——一门新兴交叉学科”第424次香山科学会议。这是我国第一个以“大数据”为主题的重大科学工作会议，中国计算机学会、通信学会分别成立了“大数据专家委员会”，并于2012年底在中关村成立了相应的大数据产业联盟。发展大数据业已成为我国21世纪重大战略规划之一。

目前，大数据在商业、金融、社会管理、智慧城市、智能交通、疾病预防等领域得到了广泛的应用，取得了显著的成绩。在国防军事领域，自20世纪50年代美军成功研制SAGE半自动化防空指挥控制系统以来，指挥信息系统发展迅速。从最初的C^2系统，逐步发展到C^3系统、C^3I系统、C^4I系统、C^4ISR系统和C^4KISR（指挥、控制、通信、计算机、杀伤、情报、监视与侦察）系统。指挥与控制由20世纪50年代以指挥为中心发展到六七十年代以通信和情报为中心，八九十年代以一体化C^4ISR为中心，并于20世纪末开始在信息基础设施层面建立全球信息栅格（GIG），试图通过层次化和开放的作战体系网络结构收集、处理、存储、分发各种情报、信息和数据，以高效地向全球各地作战人员、决策人员和后勤保障人员提供情报、信息和数据，夺取作战优势。在这一连串嬗变过程中，反映了信息爆炸后的大数据时代，传统指挥与控制所面临的信息量急剧增长、信息种类繁多、实时处理要求提高等重大挑战。在海洋，事务的国际化和海洋行动固有的敏感性决定了海洋行动绝不仅仅是军事行动。海洋行动需要提升对国际形势、世界和平、国内外政治、经济、文化和舆论的广泛关注，需要维持国际组织、非政府组织、社会组织与军队之间广泛的互动交流和信息共享水平。大数据、云计算、算法革命、人工智能等新型的制认知权方式上升成为当前国家层面指挥与控制行动的关键。信息处理速度、目标态势获取程度、获取知识的能力和高层次智能决策水平及快速响应时间决定着各种现实行动的成败。大数据在情报分析、行为认知处理、态势理解、目标识别与跟踪、任务规划、博弈推演等方面具有显著优势。

随着21世纪信息化、网络化和智能化融合发展并逐步深入，“大数据”这一互联网领域的研究热点已开始延伸到海洋行动和安全军事领域，成为夺取未来信息优势、决策优势和行动优势的重要基础和关键。现有的指挥与控制概念和理论反映了工业时代和信息化时代前期人们对于指挥与控制的认识，已经越来越不适应21世纪大数据智能时代海上指挥与控制的发展需求。因此，必须深化对大数据智能时代指挥与控制的认识，深入研究大数据智能指挥控制的本质和内容，构建大数据智能时代指挥与控制体系模型，以“认知为中心”指导和实施海上作战和行动。

不同的时代有不同的社会形态，也就有不同的指挥与控制。智能化作战是以人工智能为核心的前沿科技在作战指挥、装备、战术等领域的渗透、拓展，以认知域控制权为作战争夺重点的作战形态。未来战争将基于网络和体系的智能化作战。从算力、算法、大数据到模型学习、交互、自成长，提高基于网络信息体系的联合作战能力、全域作战能力，新型的指挥控制系统将以智能化为重心，强化战场信息优势，争取战场认知优势、决策优势与行动优势。系统体系结构将进一步向知识智能化、网络云端化、开源服务化方向发展。以争夺认知域控制权或者“制脑权”的智能指挥控制将成为新的制权争夺点。交战各方围绕认知决策过程的感知、理解、推理等实施指挥控制，基于智能认知的速度和水平进行对抗，夺取认知决策主动权，破坏或干扰敌方的指挥控制。

本书以21世纪海上行动为背景，围绕海上大数据智能指挥控制理论与工程，从理论基础、体系架构到技术应用将大数据和人工智能技术应用于海上指挥与控制领域，系统论述智能指挥控制的概念和内涵，分析海上大数据的特征及其对海上指挥控制的影响；基于使命任务、环境和能力需求分析，建构海上大数据智能指挥控制平台体系框架和功能模型，阐述相关系统和关键技术，突出了“以认知决策为核心”的海上大数据智能指挥控制体系建模思想；针对海上大数据态势感知和智能认知，讨论战场态势感知度的感念，阐述海上大数据态势感知分析和计算模型；基于战场体系化目标分析，建构基于大数据深度强化学习的人工智能态势认知分析与决策模型，论述了联合作战精确打击决策控制。对于海上大数据智能指挥控制组织，阐述了海上大数据云作战组织形式和运行机制、指挥控制机构及在海军联合战术云中的应用。最后，系统论述了服务于海上大数据智能指挥控制保障体系的建设。

本书结合海洋大数据特征和海上指挥控制的发展需求，将大数据、云计算、机器学习、人工智能（AI）等理论和技术应用于海上指挥控制系统，构建了海上大数据智能指挥控制平台体系框架和功能模型，提出了“智能心源”、大数据“智能算法高架”和大数据智能决策网三位一体的大数据智能指挥控制内在机理框架模型，深入分析和论述了海上大数据战场态势感知计算、态势智能认知分析与决策模型，具体分析和讨论了海上大数据云作战组织运用的形式与内容。所有这些从新概念引入、架构设计到具体应用都体现了本书的特色和研究成果。

在本书写作过程中，参考了国内外诸多专家学者的论著，在此谨向这些论著的作者们表示衷心的感谢。借此机会，要特别感谢军事科学院军事运筹分析研究所原所长江敬灼研究员，兵棋总师、国防大学胡晓峰教授，海军大连舰艇学院谭安胜教授，海军大连舰艇学院姚景顺教授，国防科技大学郭得科教授，海军陆战学院吴晓锋教授。他们对智能指挥信息系统和大数据指挥控制的深刻见解与直言鞭辟使作者深受教益。

同时，本书在写作过程中，还得到了空军指挥学院模拟训练中心毕长剑教授、海军研究院邱志明院士、海军研究院某研究所主任崔东华研究员、海军工程大学贲可荣教授、海军工程大学马良荔教授、海军工程大学杨露菁教授、中国船舶集团有限公司第七一六研究所副总工程师袁富宇研究员、中国船舶集团有限公司第七一六研究所首席技术专家周玉芳研究员、中国船舶集团有限公司高级技术专家何佳洲研究员等专家和学者的关心和指导，在此一并表示衷心的感谢。

此外，还要由衷地感谢中国科学院自动化研究所复杂系统管理与控制国家重点实验室主任王飞跃教授对作者发表观点的鼓励和支持。

本书的出版由中国船舶集团有限公司第七一六研究所、海军工程大学、海军研究院和中国电子科技集团有限公司第二十八研究所资助。

学术交流与科技创新是一个国家和民族得以持续发展的不竭动力。在此，要特别感谢中国船舶集团有限公司第七一六研究所王松岩副所长对本书的关心、指导和帮助。

迄今为止，人类的认识和实践，几乎可以归结为数据的搜索、处理、挖掘和创新。从网络赋能到大数据赋能、人工智能赋能，大数据智能指挥控制，特别是移动、复杂对抗环境下大数据智能指挥控制的基础还比较薄弱。战场态势智能认知与理解、不完全信息博弈等都是极具挑战性的问题，互操作，网络实时、带宽、可靠性问题，密级网络环境下云-边跨界融合和广域协同还很棘手，包括构建大数据生态、创新基于社会-技术网络的新型能力系统架构、云际互操作，以及针对突发、时敏等大数据智能分析和处理技术还需要进一步研究。

限于作者的研究水平和时间，书中肯定存有许多不足之处，敬请广大专家和读者进一步批评指正。

作　者

2022 年 6 月

目 录

第1章
绪　论

21 世纪是海洋世纪。人类除了进一步向太空、网络和信息空间掘进之外，海洋是人类重要的发展领域。随着互联网、物联网、传感器等信息网络技术的广泛应用与深入发展，21 世纪人类水下、海上、空中和太空情报、信息和数据正以前所未有的速度快速增长，海洋大数据时代已经到来。

在海洋行动指挥控制领域，由于机器学习、算法革命、高速云计算技术等的发展，掀起了人类认知与共享的革命。大数据理论和人工智能技术开始应用于海上指挥控制。过去以信息为主导的海上指挥控制正逐步转向以大数据为主体、以人工智能为主导的海上大数据智能指挥控制。

本章首先介绍智能指挥控制的概念及内涵，然后分析现代海洋大数据特征及其对海上指挥控制的影响。在此基础上，简要说明海上大数据智能指挥控制的主要内容和指挥控制流程，最后概述海上大数据智能指挥控制的发展趋势。

1.1　智能指挥控制的概念及内涵

指挥控制概念自身内在地包含智能的含义。因此，这里智能指挥控制是指应用人工智能（AI）的指挥控制，而非自然智能指挥控制（即人类智能指挥控制）。本节首先介绍指挥控制的概念与发展，然后阐述智能指挥控制的概念内涵。

1.1.1　指挥控制的概念与发展

指挥与控制是自然界和人类社会普遍存在的现象。实际上，自从开始有组织的社会活动，指挥就出现了。从原始人部落、农业社会到工业社会直至现代，“指挥”的概念历经数千年的演化，并且一并内含控制的意思。“指挥”，可分开解释为“指向”和“挥动”；在古汉语中，“挥”又通“麾”。《旧五代史》卷七十五：“望麾而进，听鼓而动。”“麾”，指发令的小旗。因此，无论是指向挥动，还是直接舞动小旗都有其最基本的含义，即都是调动他人行动的活动。战国时期，《荀子·富国》一书中有：“拱揖指挥，而强暴之国莫不驱使。”这里，“指挥”也是一种调度活动。主体上，指挥控制是将帅的职责。《尉缭子·武议第八》中有：“将专主旗鼓耳。临难决疑，挥兵指刃，此将事也，一剑之任，非将事也。”将帅指挥调度，发号施令，临难决疑，指挥行动；直接拿起武器与敌人格斗是士兵的事。在西方，Command 一词起始于欧洲中世纪晚期（公元 1250—1300 年），最初是指与指挥个体相联系的管理艺术。第二次世界大战后，现代 Command 概念才正式成形。20 世纪 50 年代，时任美国总统杜鲁门对麦克阿瑟将军授权时正式使用了“take command and control of the forces”的提法。美军对指挥控制的定义为：“在完成使命任务中，由合适地赋予指挥官的对指派兵力权威的行使，通过由指挥员在计划、协调和兵力控制中对人员、设备、通信、资源和过程的配置来实现指挥控制功能。”《中国人民解放军军语》对指挥控制的解释是：“指挥员及其指挥机关对部队作战或其他行动进行掌握和制约的活动。”

因此，指挥是对资源（包括人员、装备、信息等）在时间和空间上的有序安排行为，或者说是对不确定问题进行决策并采取行动的过程，是一门科学的艺术。指挥包括指挥主体、指挥目的、指挥方法、指挥手段和指挥资源。指挥有水平高低之分，与指挥主体的认识水平密切相关。不同水平的指挥，可能产生结果迥异的后果。因此，人们通常认为指挥是一种艺术。

控制，广义上可以说是与生俱来的。譬如地球上的大气、水、森林、草原、阳光、动物、植物等构成了一个动态平衡的自动控制系统。生物界，从低等植物、草食动物到肉食动物也相互制约和控制，构成了一个食物链系统。对于人类社会，大到国家治理、全球稳定，小到企业生产、市场营销，也都存在并需要控制活动。人行稳坐好也靠的是控制。更不用说在人类工程领域，各种系统装备和设备普遍存在反馈控制机构，但控制作为一个名词术语出现较晚。19 世纪 30 年代，法国著名军事理论家 Antoine-Henri Jomini（1779—1869 年）在其名著《战争艺术概论》中首次使用了“Control of Operations”这一提法，并对军事领域的控制概念进行了阐述[①]。科学意义上，“控制”一词源自 Nor-

① Antoine-Henri Jomini. INTRODUCTION TO THE ART OF WAR [M]. New York: Greenhill Press, 1838.

bert Wiener（1894—1964 年）的控制论。其一般定义是：掌握住不使其任意活动或超出范围，操纵使其处于自己占有、管理或影响之下。对于指挥而言，控制的本质是保证某种环境中的具体元素的值在指挥意图所确定的界限范围之内。2000 年后，美军各军兵种先后将指挥与控制概念写入了作战条例。

从指挥与控制概念的发展可以看出，从古至今，指挥都有其一贯基本的含义，并与控制密切相关，而“控制”一词的发展则与现代科技紧密相连。今天，指挥、控制逐渐融为一体，合称指挥与控制。在国外文献中，统称其为 C^2（Command and Control），其后出现的 C^3、C^3I、C^4I、C^4ISR 及 C^4KISR 都是对指挥与控制方式、方法、内容、体系结构、流程等的丰富、变化和提高。

指挥与控制是有目的的组织行为。指挥与控制这一概念伴随着现代科技的突飞猛进和战争理论与实践的不断发展。实际上，指挥与控制的内涵和外延一直随着时代的变迁、科技的发展在不断丰富、发展和演化之中。信息时代，指挥与控制的内容体现为以信息为主导。指挥与控制演变成决策者为完成使命任务，依据一定的目的，通过对相关各种要素的情报信息收集与评估做出决策，进而实现资源、任务和责任的分配，并根据需要进行调整的活动。随着社会网络的发展，人与人之间、人与组织之间、组织与组织之间越来越多地通过网络进行不受时空限制的资源信息共享与互动。指挥与控制组织方式由集中式向分散式、边缘组织演化。有国外学者针对指挥与控制组织的内涵，提出“汇合”（Convergence）和“对焦”（Focus）两个新概念，即指挥与控制实际是使各个个体在时间和相关的组织使命任务空间以并行与协同的形式实现资源的有效汇合和对焦。在集中式组织中，以中心统一指令行动；在边缘组织中，各个个体以自组织、自治的形式联合作战。对焦，强调提供环境背景并定义努力的目标而将多个实体整合到一起；汇合，强调多个实体根据组织目标动态行动，走向一致的过程。此时，指挥与控制转变为一种引导和大系统管理活动。

指挥与控制的一般属性包括：

（1）目的性——使命任务性；

（2）基于相关的知识和信息；

（3）指挥与控制主体权责的明确性；

（4）过程可控性；

（5）具有环境与效果的优化反馈性；

（6）实现方法、手段和途径的多样性。

其中，目的性——使命任务性是一切指挥与控制的原动力。为了完成任务、达成使命，就要因地制宜进行筹划、规划，对任务进行分派，并在具体行动中对抗各种干扰和破坏，纠正偏差，直至实现目标。

基于相关的知识和信息是实施指挥与控制的基础和前提。知识和信息既是感知和认知事物、现象和规律的工具，也是感知和认知事物、现象和规律的结果，是应对不确定性的能力。没有相关的知识和信息，就没有实施指挥控制的可能。

指挥与控制主体权责的明确性是指挥与控制的必然要求，包括指定使命、指定目标、指定规则。指挥与控制主体（决策者）在明确权责的情况下可以创造性地发挥主观能动性，包括对意图的建立和描述、对任务的分解和资源分配、对指挥方法和指挥方式的选择等，如逐级指挥、越级指挥、委托指挥，以及协作方式、合作方式、协同方式。

过程可控性是指挥与控制的内在要求。简单线性的事物运动可能只需要简单的指挥与控制，但大多数指挥控制是一个复杂的系统过程。指挥控制效果与指挥与控制主体的能力水平、可用的资源及当时的环境密切相关。过程可控性和指挥控制基于环境与效果的优化反馈性相辅相成。

指挥与控制实现方法、手段和途径具有多样性。根据具体情况和环境可以灵活运用各种模型、方法和算法。因此，也就有指挥控制科学、工程与艺术。

在指挥与控制概念模型上，较早出现的是 1981 年 J. S. Lawson 结合控制论建立的过程模型，以及 J. G. Wohl 基于认知科学建立的解释模型，如图 1.1 和图 1.2 所示。

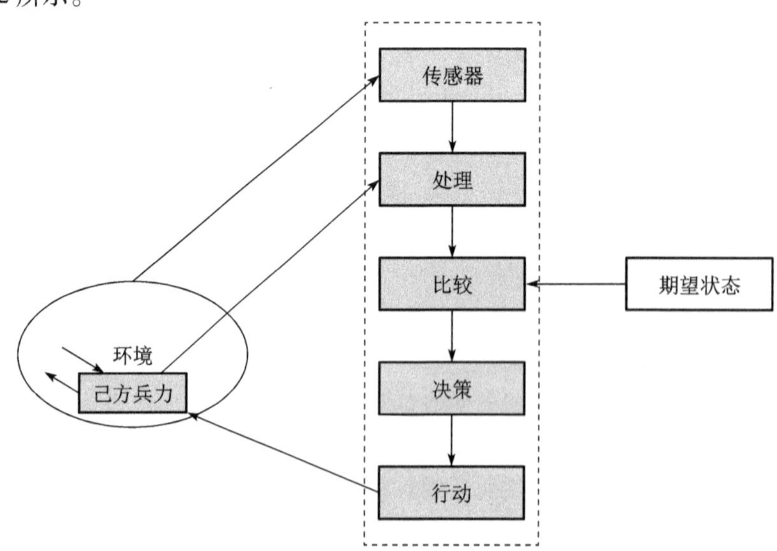

图 1.1　J. S. Lawson 的指挥与控制过程模型

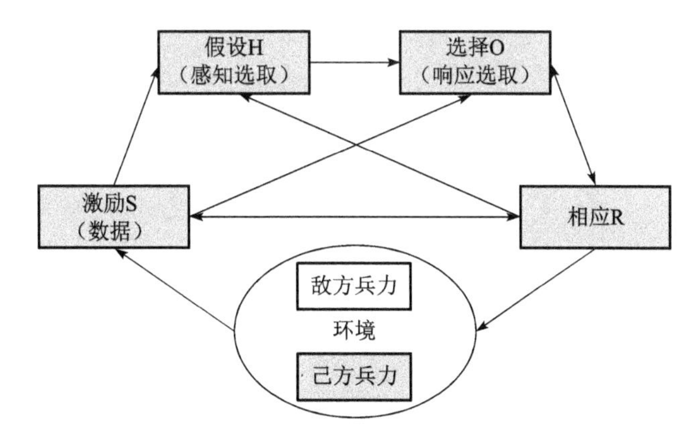

图 1.2　J. G. Wohl 的指挥与控制解释模型

1983 年，Rasmussen 在《控制科学》杂志上发表了人类思维在管理控制中的能力层级模型。如图 1.3 所示，该模型以接近人类的思维方式将指挥与控制能力分为基于物理、基于规则和基于知识 3 个层级，将指挥与控制过程划分为环境感知、态势认知和任务执行 3 个阶段，深刻揭示了指挥与控制中的决策思维过程。

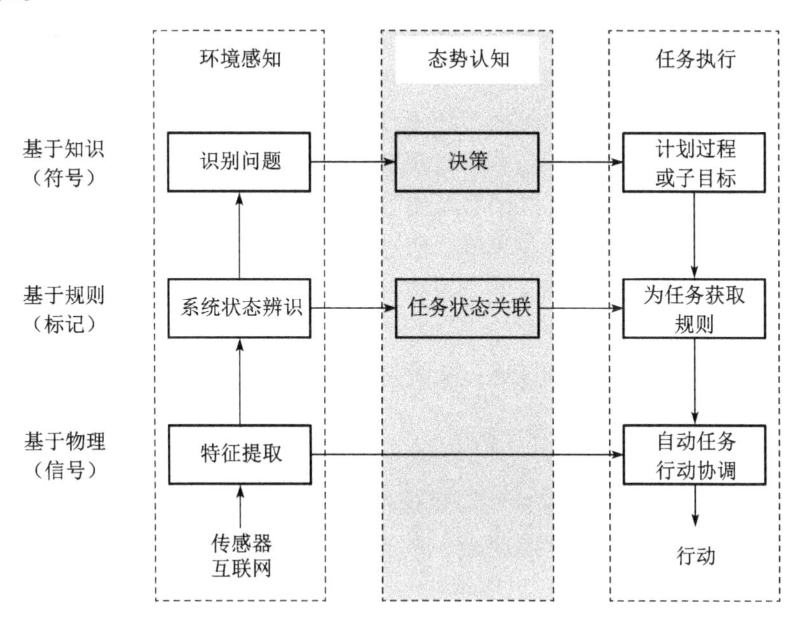

图 1.3　Rasmussen 的指挥与控制能力层级模型

1987 年，John R. Boyd 根据在朝鲜战场和越南战场的空战经验，提出了“观察（Observe）—定位（Orient）—决策（Decide）—行动（Act）”指挥与控制模型，简称“OODA”模型，如图 1.4 所示。

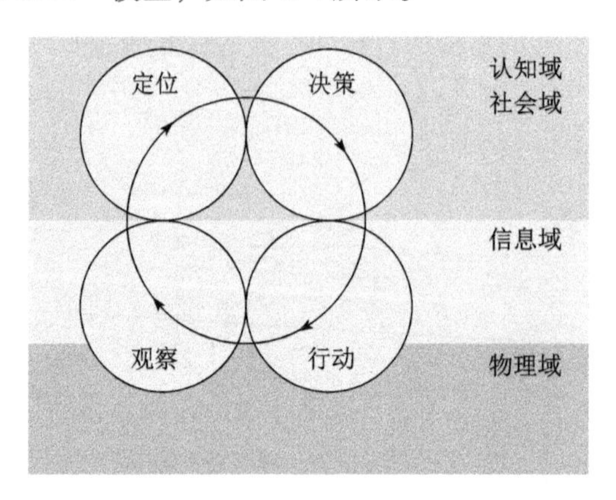

图 1.4　John R. Boyd 的“OODA”模型

在“OODA”模型中，定位是一个集经验、动机、反馈与记忆于一体的复杂活动，属于整个模型的关键技术。它影响着如何去观察、如何进行决策以及采取何种行动。观察是通过与环境的交互，从中获取所需要的目标信息，同时接收从定位过程、决策过程以及行动过程反馈的内部控制信息，以更准确、更有效地进行观察。决策是从多个与环境态势相对应的对策假设中做出最佳或最现实选择的过程，接受定位过程的内部控制，同时对观察过程进行内部控制。行动是通过执行选定的决策结果与环境进行交互的过程，其接受定位过程和决策过程的控制，同时对观察过程产生反馈。判断则是一个多方面的交互过程，包括价值观、历史传统、以往经验及当前环境信息等的交叉参考、相互关联和相互影响。整个过程贯穿于物理域、信息域、认知域和社会域。

现代指挥与控制某种意义上已表现为一种信息和数据处理活动与过程。综合上述指挥与控制模型，在时空上的有序安排是指挥与控制组织的行为特征；信息和认知是指挥与控制的基础；决策是指挥与控制的核心。

1.1.2　智能指挥控制的内涵

智能指挥控制，通常特指人工智能指挥控制，简称为“智能指挥控制”。即在指挥控制中应用人工智能理论、方法和技术的指挥控制，包括在指挥控制中智能地感知（Perception）周围事物、环境和现象，经过理性思考（Rational Thingking）后，采取行动（Action），使其达到目标的成功率最大化或最优化。

智能指挥控制的核心在于智能。智能有生物智能和机器智能、自然智能和人工智能之分，但何为智能？目前在学界尚无统一的定义。思维论者认为，智能是人脑的思维活动能力；知识阈值论者认为，智能是一种应用所有知识搜索并求解问题的能力；进化论者认为，智能是高级生物体（如人类、灵长类）在长期的生存与发展进化过程中形成的、与环境相适应的能力。信息论者认为，智能是系统通过获取和加工信息而获得的一种能力，从而实现从简单到复杂的演化。本书从指挥控制的角度将智能（Intelligence）定义为，对环境或情境作出合乎目的的反应的智慧和能力，是智能主体对客观事物和现象进行合理分析、判断及有目的的行动和有效地处理周围环境事宜的一种综合能力。其中，智慧含有艺术的因子成分，而能力取决于结构，结构决定功能。因此，智能是一种“基于结构、面向功能、塑造灵魂”的目标、方法和途径的有机综合。在层次上，由于计算、感知、认知都是需要智力的活动，同时，计算、感知、认知的最高阶段决策实际上是选择，也是需要智慧和能力的，因此，智能可分为计算智能、感知智能、认知智能和决策智能。其发展和突破的关键在于揭示智能指挥控制行为内在的智能机理，即揭示智能指挥控制主体行为背后思考的逻辑起点和运行机制，具体实现的方法和手段。

目前，在结构和功能模型算法上，主要有符号主义（逻辑学派）、行为主义（控制论学派）和连接主义（仿生学派）3个流派。符号主义认为，“A physical symbol system（such an a digital computer）has the necessary and sufficient means for intelligent action.”根据这个假设，人们建立了一套以知识和经验为基础的推理理论和方法。典型的有基于模板的战场态势认知分析与决策模型、基于知识库和知识图谱的专家系统等。行为主义（关于动物和机器中控制和通信的科学）认为，“Control and feedback are the mechanisms by which all animals and machines interact with the outside world.”根据这个假设，人们设计了各种指挥自动化系统和控制系统。连接主义认为，“The central connectionist principle is that mental phenomena can be described by interconnected networks of simple and often uniform units.”根据这个假设，最终形成了人工神经网络理论和算法，用于模拟人类的感知和认知，典型的是以深度学习为代表的人工神经网络模型。

具体实现的方法和手段包括统计分析、机器学习、并行搜索、预测决策、D-S证据理论、模糊推理、Bayes估计、平行仿真等。

1.2 现代海洋大数据特征及其对海上指挥控制的影响

21世纪既是太空、网络的世纪，也是海洋的世纪。海洋是人类重要的活动空间。随着海洋技术的发展、海洋资源的新发现，以及海洋固有的地缘战略价值和国际通道作用使得海洋成为世界各国积极竞争的焦点。人类海洋活动的范围不断拓展、内容不断升级，相关海洋大数据也急剧增长，现代海洋呈现出显著的大数据特征。在海上指挥控制行动中，大数据对海上指挥控制的作用和影响也越来越大。

1.2.1 大数据的概念、内涵及属性

1. 大数据的概念

世界的本质是数据。在自然界和人类社会，事物总是处于不断的运动变化之中。事物的一切运动、变化时时刻刻都在产生信息，并以物理场、化学变化、机械运动等各种形式表现出来，又通过声、光、电、数字、符号、色彩、图像、视频等方式为外界所感知。大数据的概念是伴随着现代信息技术的推进，特别是互联网技术的迅速推进而来的。

农业社会和工业化社会，由于人类活动有限——范围有限和程度有限，人类获取和产生的数据是相对有限和“可控使用”的。无论是生产、生活，还是科研，信息和数据还没有广泛交融，相对处于孤岛状态。但当20世纪70年代末高新技术革命引爆世界范围的信息爆炸之后，情况迅速变化。一股夹风带雨、汹涌澎湃的“大数据浪潮”以排山倒海之势汹涌而来，快速推进。天上星机、地下轨道、海上舰船油井、地面机场车站、交通枢纽、电站水库、仓储库房、办公会议……到处都有传感器分布。移动电话、PC、光驱、移动硬盘、宽带、互联网、微博、Twitter、Facebook、搜索引擎、视频等连续不断，接踵而来；社交网络、电子商务、网络教育、虚拟社区如雨后春笋，争先恐后。海上、陆上、空中、太空，大数据像脱缰的野马迅猛来袭。当我们在为GB和TB这样的大数据惊讶时，跟着而来的是令人生畏的PB，EB，ZB，NB…，随着越来越多的传感器、移动终端接入网络，大数据奔腾在社会、政治、经济、军事、生活的各个领域。移动带宽不断提升，云计算、物联网包罗万象。越来越多的传感器、移动终端接入网络，开启了数据爆发式增长的闸门。相对于知识推动，大数据掀动着一切。各种检测、探测、指挥、控制活动，系统设备和设施运行、交通通信使用、社交网络互连、政治外交、金融贸易、文体演出等以前所未有的速度产生无穷无尽的数据。这些反映自然界和人类各种活动的消息、数据、信息、情报不断产生、出现并通过互联网交织、融通、汇聚、扩散，汇合成江湖海洋，呈现出前所未有的弥漫、生长和浩瀚之势，以至于人们使用过去局域化的方法已无法处理。当你单击网页后，各种信息汹涌而来，充斥你耳畔的有无数消息，看到的是各种数据和现象。

21世纪，全球已进入数据爆炸的时代，这既是一个大数据的概念，也是一个大数据的时代。纷繁复杂的大数据充斥这个世界，反映并体现着这个世界

的本质。

目前，人类已可以在不同宏观和微观程度上认识自然与社会：从 10^{15} 到 10^{-15}，从 10^{18} 到 10^{-18} 甚至更高，都可以看到自然和人类社会的本质或现象；从天空到太空，从陆地到海洋，人们可以从物理的、化学的、生物的等不同角度和方面收集这个世界的各种大数据。不管如何，宏观和微观、物理和生化，从不同尺度和不同角度获取的大数据最终要向一起靠拢，用于认识这个世界的各种现象和活动。对于这个新时代，有人漠视，有人没有意识，有人则预感这是一个新时代，将改变我们的生活、工作和思维。1980 年，世界著名未来学家阿尔文·托夫勒（Alvin Toffler，1928—）在其名著《第三次浪潮》一书中首次明确提出“大数据”一词，并热情地将大数据讴歌为“第三次浪潮的华彩乐章”。20 世纪 90 年代初，“数据仓库之父”Bill Inmon 一直津津乐道于大数据的概念。2005 年，《无所不包括的数据》一书出版，该书讲述了收集大规模数据会如何改变企业的发展和人们的生活。21 世纪第一个 10 年，“163 大数据”正式成为互联网 IT 行业的流行词汇。至此，大数据的概念基本成型。2011 年 6 月，全球著名咨询公司麦肯锡（McKinsey）全球研究院发布了题为《大数据：下一个创新、竞争和生产力的前沿》的研究报告，正式提出“大数据时代”已经到来，指出当前大数据的规模及其存储容量正在迅速增长，并已渗透到全球各个行业的业务领域中。

2. 大数据的内涵

大数据，英文原名 Big Data，直译为“大数据”。古希腊哲学家毕达哥拉斯认为，数是万物的本原。数据的含义是“已知”的意思，可以理解为事实，表示对某种事物或现象的客观描述。字面上，大数据就是数量巨大的数据，或称为海量的数据。实际上，大数据是一个较为抽象的概念，数量巨大仅是大数据特征的一个方面。著名的维基百科（Wikipedia）对大数据的定义是：所涉及的数据量规模巨大到无法通过惯有的人工和技术，在合理时间内完成截取、管理、处理，并整理成为人类所能解读的信息。但大数据的本质不在于数量巨大，而在于其隐含着这个世界体系、组织、运动和状态所有层面的信息，提供了理解、发现和洞见这个世界的一种方式。大数据本身既不是科学，也不是技术，而是网络信息时代的一种客观存在。其战略意义不在于掌握多么庞大的数据，而在于大数据深化认知，通过对大量数据进行专业化存储、处理，挖掘，提取所需要的知识和信息，发现更高层次的规律，深化对这个世界的认识。换言之，如果把大数据比作一种产业，那么，这种产业实现赢利的关键，在于提高对数据多维多角度的“分析加工能力”，通过分析、加工、应用实现数据的

“价值”和“增值”。[①] 因此，大数据不仅指大量的数据，更指处理数据的速度和质量。大数据不使用随机分析-抽样调查的方法处理所有的数据。因此，著名的大数据研究机构 Gartner 又将大数据定义为：“大数据”是需要新处理模式才能具有更强的决策力、洞察发现力和流程优化能力的海量、高增长率和多样化的信息资产。

从技术角度看，大数据关注“数据”，实际是着眼于其业务和功能，需要不同于传统的特殊技术，以有效处理大量的容忍经过时间内的数据。这些特殊技术包括大规模并行处理（MPP）数据库、数据挖掘、分布式文件系统、分布式数据库、云计算平台、移动互联网和可扩展计算存储系统等。

大数据的真实价值绝大部分都隐藏在表面之下[②]，而发掘数据价值、征服数据海洋的新型工具就是云计算。云计算着眼于“并行网络化计算”，提供 IT 基础架构，着重计算能力。云计算的特色在于依托云计算的分布式处理、分布式数据库和云存储、虚拟化技术等技术对海量数据进行分布式数据挖掘。其关键技术中的海量数据存储技术、海量数据管理技术、MapReduce 编程模型等都是大数据技术的基础。

3. 大数据的内在属性

由上述内容可知，大数据是“具有多元、多角度价值的，不能用过去局域化的方法提取、存储、搜索、共享、分析和处理的海量的复杂数据集合”，具有数据规模巨大（Volume）、数据类型多样（Variable）、数据流通时效（Velocity）和价值密度低（Value）等表面特征，业界通常用“4V”来概括。其内在属性是具有整体性、全息性、动态性和生长性。

1）整体性

大数据是指多元、跨域的全体数据。量的单位从 PB、EB、ZB 到 NB、DB、…，如 2016 年全球数字内容总量高达 16.1ZB。尽管规模巨大，由于客观世界的普遍联系性，不同领域和层次的表面混杂的大数据是相互关联的，是一个整体，因而具有整体性。因此，大数据具有整体的应用优势。

2）全息性

“全息”一词源于激光物理中的“全息术”概念。大数据是现实世界的反映。大数据蕴含着这个世界所有的知识和结构。如果说，大数据相当于对这个世界的全息记录，那么，大数据分析则相当于对这个世界的全息再现，具有反

---

① A. Labrinidis, H. V. Jagadish. Challenges and Opportunities with Big Data [J]. Proceedings of the VLDB Endowment, 2012, 5 (12)。

② “大数据的真实价值就像漂浮在海洋中的冰山，第一眼只能看到冰山的一角，绝大部分都隐藏在表面之下。”[英] Viktor Mayer-Schönberger 语。

映这个世界本质和现象的全息性。一是大数据整体从不同视角和层面真实折射这个世界的本质与现象；二是大数据的各个部分也都从不同属性和方面体现这个世界的本质和现象，并且整体和部分所折射与体现的内容是相互贯通、相互补充和相互印证的。

3）动态性

（1）大数据量不断变化。随着人类活动的广泛深入和高新技术的应用发展，大数据量随着时间的增长呈指数级增长，根据国际数据公司（IDC）预计，每年新增数据都在以50%以上的速度增长，每隔不到两年就翻一番，数据规模不断刷新。目前，大数据的数据量级已从万亿字节（TB）海量发展至千万亿字节（PB）巨量乃至十万亿亿字节（ZB）超量。

（2）数据种类、属性、内容、比例随着现实世界的运动变化不断变化。相较以文本为主的传统关系型数据，当前自然和人类社会活动产生的传感器信息、音频、视频、图片、文本、XML、HTML网络日志、地理位置等半结构化和非结构化信息数据呈现爆发式的增长。这些来源广泛、类型多样的半结构化、非结构化数据多媒体非结构化的快速流动数据占据越来越大的比重且呈现主导之势。

4）生长性

作为相对独立的一种客观存在，大数据既可以由客观物质世界产生，也可以由数据世界自己产生。由数据产生数据，由知识产生知识，如由仿真模拟产生数据，由自我对抗产生数据。通过数据的交换、整合、聚类、分析、流通和应用，新的知识和大数据将不断产生，新的意义、新的价值将不断生成，即大数据具有自我生长性。

1.2.2 现代海洋大数据特征

海洋是一个包括海岸、水体、海底、岛礁、海峡、水道，以及其上的天空的多目标环境，存在各种自然物、人工建造物，目标数量众多、种类多样。各种要素包括海洋环境要素和相关实体运动要素两大类。海洋环境要素又包括海洋自然环境要素和人工环境要素。海洋自然环境要素包括幅员、水深、底质、海流、海水跃层、海岸地理、岛礁分布、海底地形等；人工环境要素包括灯塔、航标、钻井平台、港口、沿海机场、观通站、海底电缆、声纳基阵等。相关实体运动要素也包括两类：一类是有形的运动实体，包括商用船舶、海军舰船、水下潜艇及其他各类水面和水下航行物、海空飞机、飞艇以及鱼群等；另一类是各种无形的运动实体，包括声波、光波、电磁波、核辐射等。

随着人类海洋活动的丰富和深入，现代高新技术的发展，特别是信息技术、感测技术和导航技术的发展，使得人类对海洋的认识从局部、概略、不精确，逐渐到全面、定量、精确。各种海上、陆上、空中和太空情报数据、传感器数据、全球定位和导航数据，以及各种人类海洋活动数据、海洋环境数据、军事和非军事指挥控制数据等海洋大数据呈爆炸式增长。相应的各种海洋信息和数据包括各种海洋环境气象、水文、天文、地质、物理、生化等的特性，以及各种系统状态、特征，目标属性、位置、种类、数量，物体形状、辐射、运动特征等的信息和数据。现代海洋已成为大数据的海洋。海洋大数据呈现出复杂、多维、时变、碎片、隐含等大数据特征。具体归结如下。

1. 内容跨界、来源庞杂，种类多样、属性广泛

（1）内容跨界、来源庞杂。现代海上大数据遍及开发与应用海洋的各个时空范围和方面，从海洋勘探、油矿开采到海上航运、应急救援，乃至海上护航和海上作战，内容跨越自然界和人类海洋活动的各个领域与层次。它包括人类的海洋活动数据，如航运、开采、勘探、考古等产生的数据；有关科研产生的数据，如大量的海洋科学实验数据，科研论文、学术报告等；与海洋活动和海洋形势有关的社会政治、经济、军事、外交等活动产生的大量信息，如大量的海洋外交、海上贸易、海事谈判、海上护航、军演、反恐、海上搜救、武力展示等产生的情报信息；和海洋活动及军事行动相关的行业大数据，如修造船行业活动、钢铁行业活动、相关的装备制造业活动数据，以及海航飞机、港口码头、海关、相关人员往来等活动产生的数据；新闻媒体、社交网络上大量的报道、跟帖、讨论产生的大量信息。

同时，值得一提的是，由于仿真等虚拟世界的发展，各种“数据工厂”产生的数据也在大量增加。

（2）种类多样、属性广泛，非结构化/半结构化数据占极大比重。种类上，有图像情报、雷达情报、声纳情报、光电情报、电子侦察情报、部侦情报、技侦情报、人工情报、公开情报、通信侦察情报等测量和特征情报；既有有关目标类型、属性、数量、状态等目标信息，也有海洋环境、行动意图、行动规划、活动计划、活动方案、作战条令、指挥控制指令等数据信息。属性上，既有系统、平台、人员、设备、网络、射频等数据，也有地形、地貌、气象、水文、兵力调动、行动计划、火力跟踪等信息。类型上，除了传统的文字、图表、数字等形式的格式化数据外，海上大数据越来越多的是以音频、视频、图片、XML、HTML、网络日志等形式涌现的半结构化和非结构化数据。

（3）稳态和动态并存，有一些迅速变化。从时间效应上讲，有快变的、有缓变的；从时间特征上说，有连续信息、断续信息，周期信息、非周期信息、时变信息、非时变信息，并且大多时间不长就消失，有的又出现，迅速变化。特别对于作战大数据，具有高交互性、强实时性、多隐秘性和高碎片性。这些特征大数据表现如下：一是战时通信信号和某些特定信息，如关于敌情、我情、目标、指挥与控制等的信息及电磁信号随着战役的展开在某个（某些）阶段突然呈爆发式增长和变化；二是由于保密和隐秘的需要，实际战场通信具有猝发性、跃变性，传递的信息往往是点状的、片段的。

2. 基础性特征显著

人类的海洋活动与海洋环境、装备技术、经济军事外交等密切相关，而海洋环境、装备技术和经济军事外交等数据是海洋大数据的主要内容，这决定了海洋大数据显著的基础性特征。从近海到远洋、从水上到水下、从低纬度到高纬度、从春季到冬季，海洋基础性大数据遍及开发与应用海洋的各个时空范围和方面，如海洋地理环境信息（海域及海陆的界限、幅员、深度、海底地形及海洋底质等）、海洋物理要素信息（海水的温度、盐度、密度场及声场的分布和变化、海洋重力场及磁力场的分布和变化、海上电磁场（射频）环境及变化信息、海冰分布及冰情等）、海洋动力学要素信息（海洋流场、浪场、潮汐与潮流的变化情况及内波的形成与传播情况等；海洋气象要素信息，如风场、海面气温、云气状况、海雾、海面能见度等）、水声环境信息、气象水文数据、海洋设施数据、各类平台属性数据、装备参数、各种目标声光电信息、频谱信息、国内外政情舆情信息，以及历史档案基础信息等。

在海洋军事行动中，基础大数据还包括敌我海上兵力兵器数据，作战平台数据，武器系统和设备状态数据，机场、港口、导弹阵地数据，补给物资数据，作战指挥数据，弹道导弹攻击数据，火力控制与导引数据，电磁信号和辐射源数据，以及各种情报保障数据等。

3. 珍稀数据、“带毛的”数据、噪声数据、死数据和假数据掺杂并存

海洋大数据是全局的和全体的数据，因而数据是混杂的，珍稀数据、“带毛”的数据、噪声数据、死数据和假数据掺杂并存。

全局的和全体的数据是指全局的所有数据。实际上，由于技术的原因或意识不到的原因，客观上总会默认一些数据，但这不是故意的。特别是在作战环境下，由于战争的残酷性，作战双方总是尽可能地隐真示假，导致某些信息不完整和某些信息严重缺失，如一些主要的作战平台采用隐身技术将导致有关该平台的目标信息（如其运动信息、状态信息）缺少。有关对方指挥与控制中心的位置信息、节点信息、潜艇出航信息、通信参数信息等也是经常不完全或缺少的信息。此外，目标在环境中受到各种干扰，系统在环境中运行也常受到干扰，由此产生大量噪声数据。

所谓“带毛”的数据，是指未经剪裁、修饰的原始数据。带“毛”是大数据的典型特征。这些数据不同于样本数据或抽样数据，还原了真实的世界或者说反映了世界的真实。例如，水下波束域信息图经声纳波束形成到目标检测、方位跟踪后往往是不规则的，常常带有目标固有振动、运动模式、螺旋桨叶片数量及转速等许多“毛刺”特征。

信息之间既可能是互补的、相互支持的，也可能是相互矛盾或冲突的。

（1）信息严重失真或扭曲。双方对于一些不得不发出的信息总是加密码，实施变形，使对方即使截获也无法得知真实内容或无法在很短的时间内得知真实内容。

（2）虚假信息。对方有目的地制造有关目标、属性、通信、指挥与控制等虚假信息或信号，欺诈、引诱对方或迷惑对手，达到某种战术/战略目的。

（3）信息模糊、跳跃、不精确，如信息关键项空洞或随时异变、不稳定，达不到火力控制质量或情报质量；声纳对潜探测的结果为极弱模糊信号、多目标复杂环境下的弱目标信号、时敏脉冲信号等。

4. 战略性信息数据和战役战术性信息数据混合

由于海洋活动究其本性具有战略性，同时又可能仅是战术的或技术的，因此，海洋大数据中的战略性信息数据和战役战术性信息数据往往混合在一起。前者如地缘政治军事信息、国内外政情舆情信息等，诸如海上大型钻井平台的开建，防空识别区的设置、武力展示、海上基地、联合演习、战略性导弹系统、航空母舰、战略轰炸机活动数据及相关出动等信息数据；后者有某个既定海域的勘探、水面常规舰艇和潜艇活动等信息。

水声环境数据、电子信息系统和电子对抗系统参数、通信信号参数、密码等通常具有战略与战术双重属性。

5. 技术性突出

海上作战大数据有人工和技术获取两大来源。人工是传统获取数据的手段，但随着技术的发展，海洋大数据的收集、获取、存储、处理、利用显现出越来越高的技术性。在空中和太空，各种气象卫星、海洋监视卫星、电子侦察飞机每时每刻都在收集各种气压、温度、风向、海洋活动物、射频电磁信号等巨量数据，以分析大气环流、天气变化、海洋状况、人工和自然电磁活动；在地面和海洋，各种监听站、侦察机、雷达声纳设备、电子侦察船、磁探仪等，可以不断收集、获取陆地和海洋的各种数据和信息；在海面和水下，各种先进装备和设备通过声、光、电、生、化，对海面目标、水下潜航的目标、水底环境和目标，以及海洋周围环境进行多方面的探测、侦察和监视。

目前，各种海洋情报侦察监视体系可以较全面地掌握海洋态势，为海上各种活动的指挥与控制提供有力的支持。这种多样化、多类型的信息供给最直接的结果是形成海上指挥信息系统的大数据形态，包括卫星图像、电子信号、移动目标数据，以及通过互联网获取的各种信息和数字产品。

1.2.3　现代海洋大数据对海上指挥控制的影响

大数据是人类活动以互联网的发展创新至现今阶段的时代特征，是现代信息技术高速发展和广泛应用的产物。历史上，从来没有哪个时代和社会像今天这样产生如此海量的数据。随着移动互联网的发展和非结构化数据的指数化增长，基于大数据的跨界创新、融合和突破也同步进入快速发展的时期。大数据所具有的在区域之间、行业之间和企业部门之间的穿透性，正在颠覆千百年来传统的、线性的、自上而下的精英决策模式，并在人类的行动和生产生活中发挥越来越大的作用。如果说，物理世界是产生数据的最初来源，大数据则通过对组织内和组织外的数据整合与洞见使我们更加清晰、精确地了解这个世界的各个特征和关系。

指挥与控制领域充满了不确定性。海上指挥控制需要从战场不确定性中获得一些规律性认识以支持决策。传统的海上指挥控制主要依据有限的信息数据和模型（如各种物体运动模型、作战指挥模型），由各级指挥员来实施指挥控制。在信息化充分发展的大数据时代，人类开始有条件地直接从大数据中汲取知识，得到洞见，进而实施指挥控制。海上大数据的出现深刻地改变了人类海上指挥控制的思维方式、组织形态和指挥控制模式。

1. 大数据思维

大数据是“具有多元、多角度价值的，不能用过去局域化的方法提取、存储、搜索、共享、分析和处理的海量的复杂数据集合”。作为自然和人类活动结构的表征和体现，大数据是客观物质世界的反映，蕴含着这个世界所有的知识和现象，体现了客观知识世界和客观物质世界之间具有同构和同步关系。因此，基于客观知识世界的大数据知识和信息，可以深刻揭示事物和现象之间的各种联系和规律，揭开“指挥控制迷雾”，可以预测、指挥和控制客观物质世界。相对于传统抽样指挥控制和模型指挥控制，大数据不仅能提供更多额外的价值，而且能抵消一些错误数据的影响。

由于这个世界的开放性、非线性和不确定性，使得其中的所有观察、定位和决策也都是相对的、不确定的，只有不断学习、不断交互，持续改进。大数据的出现改变了过去小世界的思维模式和决策驱动方式。大数据使得传统线性的、自上而下的、基于原因推出结论的决策模式转变为非线性的、面向不确定的、自下而上的决策模式。基于学习、交互和持续改进的模型取代了基于物理过程的数理抽象模型，决策驱动方式从模型经验驱动向大数据知识驱动转变，决策过程从事后决策向事先预测转变。真正使决策者能够达到事前预测、事中感知、事后反馈，极大地增强了指挥控制的前瞻性和有效性。应用时，需要把因果关系融入相关关系之中，通过相关关联关系分析、发现潜藏的知识和规律，让数据“说话”。

2. 大数据成为指挥与控制决策的主体

冷兵器时代，战争依靠体能和经验；热兵器时代，战争依靠机械能和作战艺术；信息和数字化时代，战争依靠信息和信息分析处理能力；信息爆炸后的大数据时代，数据和认知开始越来越多地决定战争的胜负。

21 世纪，随着网络电磁空间和大数据时代的到来，网电空间控制权和制认知权上升为主要竞争领域。在链接各种实体、关系、行为的指挥控制领域，数据和知识已成为 21 世纪海洋行动与军事斗争行动指挥控制的主导。基于大数据分析，通过大数据学习，主动深入地从海量大数据中发现有利用价值的关联规则和规律，可以获取目标和环境信息，汲取经验和智慧，深化战场态势感知，整合战场态势认知，直接作用于决策过程，使得决策分析充满智能，进而形成大数据驱动的智能指挥控制系统过程。数据的数量和质量、数据深度分析和处理能力、认知主导的决策能力，是决定作战行动和战场优势的关键与核心要素。

未来的指挥与控制系统，人们将更多地应用和认知大数据。客观知识世界的大数据成为指挥与控制领域的主体。美军已经明确将大数据提升为增强战争能力的主引擎。

3. 真正的智能化指挥与控制

智能化作战是高级阶段的信息化作战。智能化指挥与控制对指挥控制系统提出了基于智能技术的主动分析、自主协同要求。智能博弈和智能决策的实质是对策，关键在于预测。大数据的核心是预测。通过大数据分析和学习，发现规律和知识，抓住动向和新息，进而分析推断未来情况或对未知可能作出判断，形成预测。基于数据自主进行决策，大数据洞见带来大数据智能，知识和算法相互转化。大数据、高性能计算和各种算法可对指挥控制实体、关系、行为进行态势分析与融合学习，通过知识和学习算法的互动赋予传统指挥控制以智能化。能够根据所处的战场环境，进行威胁认知的自动分析，根据专家知识和深度强化学习形成可供人工干预的决策、计划和对策；能够进行智能指挥，平行推演，预估作战行动和结果，并在快速推演和评估的基础上形成智能化控制；能够不断地加强学习，在环境中自我演化完善。智能指挥决策系统和大数据分析将逐渐取代过去的参谋规划推演。不仅如此，每一个平台和参战士兵也都装上移动智能终端。

装备设备包括智能飞行器、智能潜水器、智能雷达、智能灭扫雷具、智能化无人艇、智能机器人战士等。

4. 系统架构由信息化网络中心转向智能化知识中心

以网络为中心是信息化指挥控制系统体系结构的主要特征，它带来了信息共享的优势。随着大数据时代的到来，产生了对信息认知优势的要求，进而促进了以知识为中心的智能化指挥决策方式的转变。在信息化的基础上，由计算智能发展到感知智能和认知智能，对信息进行智能处理，产生所需信息及指挥行动策略的认知结果。系统之间由信息网络共享走向以知识为中心的智力共享结构，促进整个作战指挥体系向决策优势和行动优势变化。

相比传统的指挥控制模式，“以数据（认知）为中心”的指挥控制模式由于建立在海量数据的基础上，综合运用机器学习等技术，因而会更加智能有效，有针对性。

5. 云作战

由于大数据技术和网络技术的发展，以及“云”所具有的分布、聚变、敏捷等优势，未来海上、空中、太空和陆上的各种行动将可能更多地以“AI、云、网、群、端”“全域融合、跨域攻防”，多维“云作战”的组织形式出现，包括各种战略云和战术云。由此产生云战略理论、云作战指挥理论、云交互及其控制理论、云架构体系理论等。各种功能和形态的“云簇”将产生。

6. 从数据到决策，战争工程化

信息爆炸后时代，随着大数据不断融入战场指挥与控制实践，从大数据中提取信息和知识，基于知识进行自主决策，支持作战筹划，将逐步实现数据决策，精确设计战争。由此进入从数据到决策的工程化。几千年前的研究凭经验，数百年前的研究靠模型和假设，近几十年的分析靠仿真，现在的研究靠大数据。美国国防部近年来已经大量采用虚拟化技术和面向服务的体系结构，积极建设大数据云基础设施，构建国防部层次的企业云服务，并开始在各军兵种层次推广应用战役战术级数据存储、数据分析和情报处理等服务。

知识工程化、作战艺术转为战争科学，艺术和科学一体化，战争工程化。

1.3　海上大数据智能指挥控制的主要内容和指挥控制流程

如上所述，大数据从客观知识世界的角度，以一种前所未有的方式对海量数据进行分析，获得有巨大价值的产品和服务，或深刻的洞见。现代海上指挥与控制行动是立体多维的活动，涉及广域多元的因素和时空，需要处理庞大的数据。大数据智能指挥控制的本质是基于大数据智能地完成指挥与控制的组织和管理，达成使命目标。相对地，海上大数据智能指挥控制即基于大数据情报分析，通过大数据学习，主动深入地从海量大数据中发现有利用价值的关联规则和规律，汲取知识和智慧，直接作用于指挥控制各个环节和过程，灵活地根据决策任务和环境的变化提供事先、事中和事后的全过程支持，使得指挥控制充满智能，实现“从数据到决策”，进而形成智能指挥控制的系统过程。

1.3.1 海上大数据智能指挥控制的主要内容

指挥与控制是有目的的组织行为。海上大数据智能指挥控制关注“大数据”，利用大数据在目标识别与跟踪、态势感知与认知、目标（群）意图识别、智能决策支持、精确打击行动、作战效果评估，以及战场管理和后勤保障等方面的作用与功能，通过大数据快速处理、学习理解和深度分析，在决策分析和评估基础上，自主或协作完成“观察（Observe）—定位（Orient）—决策（Decide）—行动（Act）”作战指挥链路，实现基于大数据的智能决策与行动。主要内容包括作战空间和战场目标感知、态势认知与威胁判断、作战筹划和任务规划、联合作战行动和精确打击、战役战术评估、战场管理以及后勤保障支持等。

1. 作战空间和战场目标感知

战争总是发生在一定的时空之中。海上行动涉及多维的作战空间和复杂的战场环境。其时间属性、空间特征和各种战场环境要素是作战行动的基本依据与条件。由于海战场涉及的空间广大，同时海洋环境特殊，所以早期警戒、探测、搜索、监视、观通、跟踪大数据处理的作用显得尤为关键。

作战空间和战场目标感知的主要任务是发现并监控整个战场，获得预见性战场目标感知。在有噪声和干扰的背景环境中发现高价值目标或危险目标并尽快将其提取出来，尽早发现隐身目标、小目标和超低空快速移动目标，估计出有关目标的状态和属性。在量上，感知能力大小可用战场“感知度”来表示，包括感知态势的完整性、实时性、清晰度、连续性，目标身份 ID 识别的完整性、精确性和精度两个方面。战场“感知度”取决于各种情报侦察、警戒探测系统和设备的战场信息感知能力（目标发现能力和识别能力）与系统综合处理能力。

具体感知信息包括以下几方面。

（1）失控区域和发生冲突区域的海洋环境，如气象、水文、地质、周围环境、人工建造物、港口、机场、基地等情况。

（2）现时海上目标的活动情况，包括战略目标、战术目标、机动目标、时敏目标、隐身目标、水上小目标、快速机动目标以及其他特殊目标活动情况。

（3）敌方人员、装备、系统状态、参数及活动情况，通过大数据可以分析得到敌方信息系统和电子对抗系统的相关参数。

（4）敌方作战模式和作战网络情况，敌方作战网络的重要节点及其活动规律。

（5）敌我信息战、空间战、网络战、电子对抗等重要信息和关键参数。

（6）查找并发现、识别、跟踪重要特定目标，包括战略目标、战术目标、机动目标、时敏目标和隐身目标。

（7）己方及第三方人员、装备、系统、网络活动情况，后勤活动情况。

通过大数据分析、模拟，实时掌握海战场态势及其变化；大数据分析使得战场趋于单向透明。

2. 态势认知与威胁判断

战场态势是一个全局和整体性的概念，即“有关兵力兵器部署和运动所构成的状态和形势”。对于海上联合作战而言，战场态势是敌我友各方投入的兵力编成、兵力兵器分布等情况及其在战场环境中的行动与相互作用的综合，反映了敌我双方的战略战术思想、意图和气象、水文、地理等情况，以及影响作战的其他诸因素（如外交、装备性能等因素）对军事行动的影响。态势认知和威胁判断既是作战指挥和决策的依据，也是作战指挥和决策的归宿。它通常是在作战指挥控制系统完成对战场目标的状态融合和属性识别之后，在认知域和社会域中进行的一个复杂的高层次动态综合过程。其衡量指标是对当前态势的认知及推断与真实态势一致的程度。可见，战场态势是由交战各方为实现其作战目的和意图所进行的兵力部署与作战行动形成的。其内在形成的因素与作战任务、作战意图等相联系。

相应地，态势认知就是在一定环境条件下，对当前环境内实体的感知、对特定环境中要素的理解和这些实体要素相对目前所考虑问题的意义与作用的了解，并在一个有意义的较长时间内连贯起来把握态势整体行为演变的趋向，力图发现对手的动机是什么，意图是什么，即综合敌我友各方力量的部署、作战能力与可能，地形、地理、气象、水文等环境因素，参照已有的敌我友信息，分析和确定引起观测事件发生的深层次原因——“正在发生什么，对方想干什么，为什么要这么干，后果会怎么样”，并将表面观测到的敌我力量分布、活动情况和趋势与战场环境、敌战略战术意图、待机力量和打击能力及其机动性能有机联系起来，对战术画面进行解释，得到敌兵力结构、使用方式、特点和战场形势的估计，辨识敌作战目标和作战计划的动态过程。大数据态势认知的主要内容有以下几方面。

（1）明确敌我作战目标，分辨不同的作战样式。

（2）目标聚并。建立目标之间的相互关系，包括时间关系、空间关系、通信连接和功能依赖关系，形成对态势实体的属性判断，如态势实体的类型、编成、位置等，将目标按一定的规则（相关类型、共同作战任务、相同或相似航迹）并基于协同效应将兵力划分成具有相对独立性的战术编队或群，如空中突击群、海上打击群、两栖登陆群、网电攻击群、支援保障群等。

（3）事件/行动聚类。建立各作战实体在时间轴和使命任务上的相互关系，从而识别出有意义的事件，形成对态势实体行动的判别及相关实体之间行动的联系。

（4）相关关系解释/融合。动态分析与战场态势相关的因素，包括天气、地形、海况或水下环境、敌方政策和社会政治经济等因素，并进行解释。

（5）多视图评估。从敌我友多角度、多方面分析数据，分析环境、策略等因素对作战结果的影响。

可以看出，这是一个由此及彼、由表及里的过程。在态势认知和知识互动的基础上，威胁判断把能力估计和意图估计有机地结合起来，利用态势估计产生的多层视图，进一步估计作战事件出现的程度或严重性，分析和判断敌方目标和可能的行动对我方的危害程度，可分为极度、强、中、弱 4 个等级。

3. 作战筹划和任务规划

作战筹划和任务规划是大数据智能指挥决策的核心内容。所谓作战筹划和任务规划，即在作战中围绕作战使命和任务，在战场态势博弈推演的基础上，基于目标、效果和约束条件，协调并管理各种作战实体和资源在物质、运动、时间、空间、效能中的关系，筹划作战方案，优化配置作战资源，进行任务规划和战法设计，并实时监控、动态调整。也就是由作战意图和博弈推演结果，进行任务分析、策略设计和方案选择，进行资源调度和行动优化论证，包括临机处置。

对于非作战行动而言，是一种统筹安排和计划；对于作战行动而言，更是一种活力对抗和博弈推演计算。具体行动涉及海上作战的各个阶段和方面，诸如：

（1）海上航渡、海上兵力集结、展开、机动、搜索、规避；

（2）海上警戒；

（3）海上拦截；

（4）海上攻击；

（5）海上保障与救援等。

4. 联合作战行动和精确打击

通过大数据分析、模拟，细分战场，创新联合作战行动模式；准确寻找攻防体系网络节点和作战目标，实施精确打击。

5. 战役战术评估

基于物理观察和后续态势变化效应，评估战役战术效果。

6. 战场管理

根据目标、环境、使命任务和资源分布对战场及其作战运行进行管理、组织、统筹和协调，包括战区划分、人员安排、资源分配、物流调度、规章制度等，在评估的基础上实施控制。这也是大数据作战指挥活动提高效率和活动效能的必然要求。

7. 后勤保障支持

对作战行动进行包括资源保障、技术保障、勤务保障在内的后勤保障支持，以支撑可持续作战。

1.3.2 海上大数据智能指挥控制流程

从经典指挥控制到大数据智能指挥控制，指挥与控制的主体、内容，域、方法、手段，组织结构和流程等都发生了新的变化。海上大数据智能指挥控制，通过客观知识世界的数据分析，可得到真实、全面的相关关系，在相关关系中突出因果关系，从而做出正确的判断；通过大数据连贯起来的思索进行大数据预测、评估与决策。其指挥控制流程如图 1.5 所示。

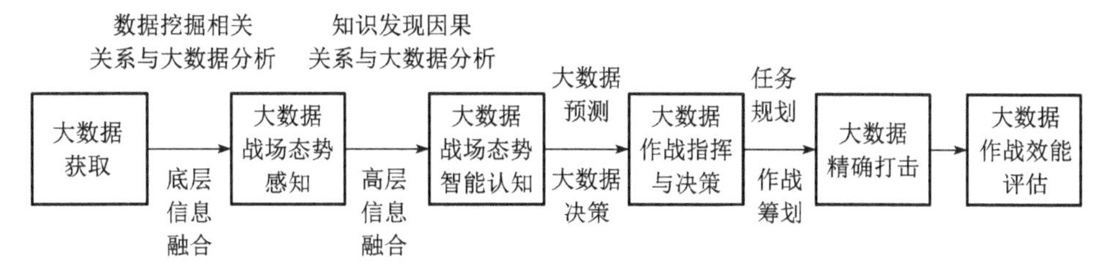

图 1.5 海上大数据智能指挥控制流程

由大数据获取，对大量相关和不相关的数据进行时空属性分析，揭示数据之间内在的层次和联系，发现背后隐藏的知识和特征并进行推演；通过关联分析和信息融合，感知战场态势的变化、智能认知战场形势；对于数据的变化，则分析数据变化的原因，跟踪数据变化的过程；把握敌方指挥员的思维特点、洞察对手的行动企图，进行作战筹划和任务规划，实现大数据精确打击和作战效能评估。

可见，海上大数据智能指挥控制通过大数据情报获取，依托大数据技术从海量数据中提取有价值的信息，进行规划、推演，准确及时地掌握情况，分析态势变化和可用的资源，从数据优势达成决策优势和行动优势。

由大数据感知、大数据预测到大数据决策和行动，未来的海上指挥控制将是基于大数据分析的智能指挥与控制。

目前，美军已将大数据分析与决策作为其指挥与控制系统的核心。其海军下一代企业网（NGEN）、舰载一体化网络和企业服务（CANES）项目都将使用大数据云计算技术。

1.4 海上大数据智能指挥控制进一步发展趋势

随着大数据、云计算、物联网、机器学习等的快速发展，人类已开始由信息社会进入以智能化为主导的时代。对于人工系统而言，智能化是一个逐步发展成熟的过程，具有不同的等级。一般而言，人工系统智能化可分为0~Ⅳ级。0级，完全人工控制；Ⅰ级，为计算智能，实现确定性的复杂战术计算与信息自动化处理；Ⅱ级，具有一定的感知智能，能够理解、评估、预测战场态势；Ⅲ级：具有认知智能，能提供机器决策及决策推演能力；Ⅳ级，具有人机融合与共生能力，核心算法能够自学习、自演化。目前，人工系统智能化水平基本还处于Ⅰ级水平，即对态势的理解、指挥决策仍然由人来把控。其进一步发展趋势是经过Ⅱ级和Ⅲ级达到Ⅳ级。第一阶段实现战场态势感知、理解与评估能力；第二阶段构建战法知识库，能基于规则、环境、知识和算法实现机器决策；第三阶段实现核心任务的机器自学习、自演化，具备自主方案决策功能，最后到达人机融合的高度智能化水平。

目前，在指挥控制领域，人工智能系统在目标识别、图像理解、知识发现、任务规划、人机交互等方面取得了很多进展并开始实际应用，如美军的“心灵之眼（Mind's Eye）”“神经工程系统设计（NESD）”“深度文本发掘与过滤（DEFT）”“实时对抗情报与决策（RAID）”“分布式战场管理（DBM）”“X-Plan计划”“认知电子战”等。但在高层次的态势认知理解、智能指挥与决策等方面遇到了智能化瓶颈。其主要问题至少包括以下3个方面。

（1）已有的基于小数据思想设计的指挥控制系统包括基于抽象的数理模型、应用领域的专家知识、面向采样的局域数据的各种指挥控制系统，不能有效处理和挖掘大数据，特别是流变非结构化大数据，不适应大数据时代发展的要求。

（2）作战指挥控制通常面临不确定规则、不完全信息（甚至虚假信息）、强对抗作战环境条件，简单的确定规则、完全信息、单向博弈推演理论和模型并不适用。

（3）目前，以深度学习为代表的各类人工智能算法不能向用户解释其想法和决策结论，包括思想、目的、意图和出发点，用户也无法完全理解其决策过程，难以分辨其具体行动背后的逻辑，得出的结论可解释性差，可信赖度不足。

当前，以模式识别、机器学习、类脑计算、知识推理等为代表的战场态势智能认知模型和联合作战指挥决策技术群的快速发展，以及其在文字图像语音视频识别、知识发现、智能推荐、人机交互等方面的成功应用，为大数据智能指挥控制的进一步发展奠定了坚实的基础。特别是在网络通信支持、情报分析处理、战场态势理解、决心方案优选、兵力协调控制以及人机交互等方面，通过“大数据智能”拓展“指挥员人脑”，实现智能感知、智能决策、自主控制、分布协同，进行高效的战场态势自主认知、决策计划快速制定和行动自主协调控制，满足指挥控制信息域和认知域的智能化作战需求。

在此基础上，我国学者在 2016 年中国计算机大会（CNCC2016）上提出“后深度学习时代”的概念：建议结合脑科学，特别是神经科学最新的研究成果，进一步探索更深层次的智能模型和原理；同时把知识驱动与数据驱动结合起来，发挥各自的优点，克服各自的弱点，以实现向后深度学习时代的转变。

与此同时，2017 年美国国防部高级研究计划局（DARPA）发布了“可解释的人工智能”（Explainable AI）计划，发展可解释、可信的人工智能技术。2018 年 9 月，DARPA 启动下一代人工智能（AI Next）战略，提出发展第三波（Third Wave）人工智能基础理论和技术，推进数据计算与知识推理相融合，加快符号加神经网络计算（Symbolic-Neural Nework），希望建立可解释、顽健的人工智能新理论与新方法，发展安全与可信的人工智能新技术，推动人工智能的创新应用。同期还启动了 LwLL（Learning with Lesslabels）项目，提升机器学习在数据利用方面的高效性。

然而，智能思维并不是以计算为基础的。在复杂动态的指挥控制系统中，如何基于类脑认知、多元信息处理、复杂系统等最新研究成果，深入研究以深度强化学习为代表的大数据智能指挥控制的内在机理，推动战场态势智能感知、智能认知和作战筹划与决策发展，并以智能认知的针对性、互动性和深入性指标来衡量智能指挥控制的发展水平是需要进一步研究的课题。

第2章 海上大数据智能指挥控制平台体系框架与功能模型

21 世纪，指挥控制的主体和内容逐步转向数据和知识。就海上作战而言，传统指挥控制主要依靠有限的情报、信息和模型，通过自上而下的各级指挥人员和机构实施指挥、控制与决策。随着大数据时代的到来，大数据成为客观知识世界的主体，进而成为指挥与控制的主体。指挥控制系统架构由信息化时代以网络为中心向智能化时代以知识为中心转变。指挥控制是典型的有目的的组织行为。海上大数据指挥控制面临着海量信息的积累，以及信息化指挥控制数据的爆炸式增长，各参战力量间的协同手段和机制朝向移动互连、空天信息、云计算、全域融合、跨域攻防，实时、精确、主动方向发展。如何基于大数据在跨海、陆、空、天、电多域体系作战空间，应用人工智能、云计算等技术，通过大数据分析和学习，主动深入地从海量大数据中发现有价值的关联规则和规律，汲取知识和智慧，直接作用于指挥控制过程，使得指挥控制充满智能，实现"从数据到决策"，进而实现灵活多使命任务、多种力量参与的海上联合行动及运用多种行动策略，同时提升大数据时代指挥与控制的效能。在客观物质世界，必须搭建一个开放一体化的大数据智能信息处理和应用体系平台。通过该平台为各级指挥与控制决策的执行体和载体——人及现代科技人脑的延伸物——计算机及各种智能系统和作战人员完成任务提供大数据决策指示与控制数据：一方面，确保决策指示和数据服务在相应环境中是可见的、可访问和可信的；另一方面，通过使用动态和可互操作的通信与计算资源，满足海上大数据智能指挥控制行动的需求。

本章围绕海上行动指挥控制能力需求、智能感知认知、协同决策理解、行动执行与学习演化，提出基于 GIG 的海上大数据联合作战层次结构开放体系行为模型，描述海上大数据智能指挥控制平台体系框架与功能模型，其后探讨了海上大数据智能指挥控制的内在机理，最后分析了关键系统和关键技术。通过大数据云计算平台，应用高层信息融合、人工智能（AI）等技术挖掘客观物质世界和主观精神世界的价值信息链构建相应知识与智能，从系统体系基础层面提供一个各平台、实体互动和关联的平台，以及信息交流与知识共享的环境，用以指挥与控制海上作战行动，最终建立服务于云作战指挥决策的大数据应用生态系统。

2.1　使命任务、环境和能力需求分析

任何指挥控制体系行为都是使命、环境和能力体系的结合。现代海上作战的典型样式是多种力量联合作战，而现代海上最大的一个变化是作战环境的变化和使命任务空间的变化。海上大数据反映了海洋环境及现时海上敌我一切活动的状况，其蕴含的信息和知识是人类展开海上行动的依据。

2.1.1　使命任务

使命（Mission）是指要达到的目标，任务（Tasks）是指达到目标所要执行的动作和过程。这里的使命是指海上大数据作战使命，任务是指海上大数据完成作战使命所要执行的动作及其过程。使命是抽象的，可以具体分解为一系列任务及其集合。

海上大数据使命任务包括战略和战术两个层面，具体如下。

1. 战略层面

获取海洋环境大数据，建立海洋环境数据库，为海洋作战和海上行动提供全面、客观、准确的战略数据和情报支持。全面客观地评估相关海域、航道与海洋活动和海上行动的关系，并进行相关预报和评估。

（1）全面了解相关海域和大洋的海洋状况和周边环境情况、海洋资源情况和一些不为常人所知的细节情况，进行海洋物理、生化、地理分析与评估，如某个海域特殊的水文气象、海水跃层、海底特殊的情况、声波传播特性，以及某时短暂存在的特异现象等。

（2）详细掌握相关国家和地区的海洋地理环境，岛礁分布、航道、海峡、水道、人工建造设施等情况，气象水文实时情况，以及有关的历史人文风俗。

（3）精细掌握所在海域电磁信息环境，海上电磁波和海洋磁场的活动变化情况；敌我网络、电子、通信信号活动变化情况，特别是敌我双方主要系统、平台和设备的活动频谱特征及规律；掌握水中声场变化情况，以及核生化辐射等情况。

（4）实时掌控相关海域各种活动情况，如所经各大航线民用和商用船舶

活动情况，各相关港口、机场的日常动态，海军（包括海岸警卫队）舰船、飞机的集结和活动情况；掌握敌方作战人员、系统、平台、武器、后勤活动部署情况，相关人员的活动情况，敌方的行为特点、活动规律，以及敌方指挥官的性格特点等；掌握敌我重点能源、物资流转关系及节点图。

2. 战术层面

掌握交战海域目标的具体情况，包括敌我各类目标的总体数量、分类、分布以及增减变化情况；掌握交战关键海域内、海上分界线附近目标运动情况，重点掌握交战关键海域内、海上分界线附近目标数量、组成，识别目标行为，分辨重点目标并掌握其运动情况，根据目标的属性、类别或运动特征，识别重点目标或编队目标，分析非我方目标的战术意图，判断其对我方的威胁情况；监视作战区域内海上目标运动异常、行为异常、信号异常等情况并及时报告和处置。

1）海上目标综合识别

通过大数据对海上目标进行属性、类型、类别等综合识别，发现水上和水下目标、快速机动目标、隐身目标，以及其他特殊目标，如核潜艇目标和特战人员目标。

2）海战场目标定位与跟踪，特别是海上多目标定位与跟踪

通过大数据对目标进行快速定位与跟踪，掌握敌我重要海上平台、水下平台、陆上平台和太空平台的活动情况和当前准确的位置。

3）大数据作战指挥与决策

由大数据态势感知，得到敌我双方战场态势及其变化情况；经大数据分析，进行兵力组织和资源分配；通过大数据分析、模拟，细分战场，创新作战模式；由认知计算、大数据分析和综合深度推理，分析敌人的特点，把握敌人的战略战术意图和重点方向；基于效果和目标，进行博弈推演和战法设计，进行作战筹划和任务规划。

4）战术评估

通过大数据分析、平行仿真推演或线下计算，评估行动后果和战场效果。

2.1.2 环境

环境是相对于系统而言的。任何系统的运行都处于一定的时空环境中。大数据时代，海上作战将是大数据智能体系对抗。海上大数据作战环境是海上大数据指挥控制发生和发展的各种因素与条件的总和，是海上大数据作战时空的函数。因为海上行动涉及的因素和范围极其广泛，因此，海上大数据作战环境是动态开放的。相应地，海上大数据智能指挥控制环境的含义也极其广泛，包

括一切影响海上大数据智能指挥控制组织、运行、存在、发展的现实和潜在因素，如政治、经济、科技、外交、文化、宗教、舆论等社会人文因素，地理、气象、水文、电磁等自然条件。

如图 2.1 所示，海上大数据智能指挥控制环境包括自然分布环境、体系对抗环境、技术环境和战场资源环境 4 个方面。

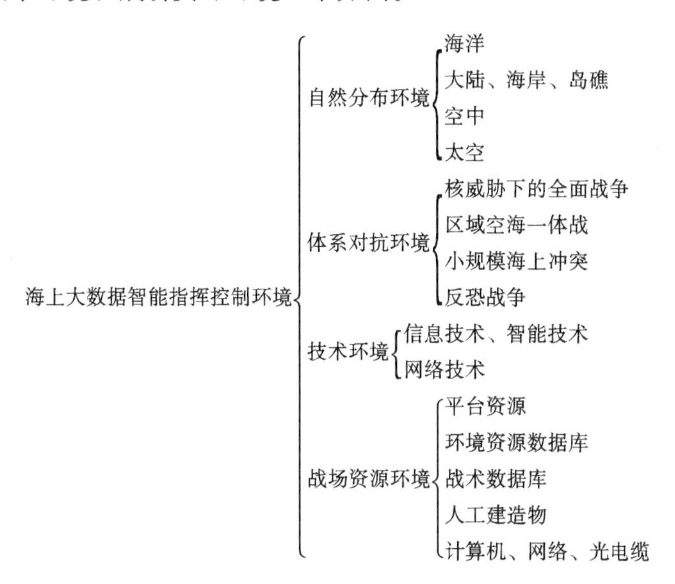

图 2.1　海上大数据智能指挥控制环境构成

1. 自然分布环境

现代海战是海、陆、空、天、电多域多平台联合作战，作战平台和实体广泛分布。海战场环境包括海洋、大陆、海岸、岛礁、空中和太空。太空和空中的辐射场、磁场，空中的风场、雨雾、雷电，海洋风浪、海流、地形、海水深度变化、温度/盐度变化、飓风、潮汐、海水透明度等条件对太空、空中和水面各类平台与信息基础设施的使用及作战运用会产生影响；海底地质、地形地貌、水文等各种自然情况，海深和海洋构造，海区、岛礁分布和沿海周边的地理呼应关系等环境参数也将对各种平台和军事信息系统基础设施的布置与使用产生影响。自然电磁辐射和大量电子器材的广泛使用所产生的极为复杂的电磁环境对探测设备信号、通信信号及电子设备的正常工作将产生严重干扰；海洋噪声、海杂波、海底特性对各种水下基础设施波导深度和声导深度性能的发挥有重要作用。

2. 体系对抗环境

海上作战包括核威胁下的全面战争、区域空海一体战、小规模海上冲突，以及反恐战争等不同规模和情形的作战。海上大数据智能指挥控制需要展开从情报侦察监视对抗、指挥与控制对抗、通信导航对抗到后勤保障对抗的各种对抗和攻击，包括硬攻击和软打击。硬攻击是指我方从太空、空中、海上、水下、岸上用导弹、鱼雷、电磁炮等硬武器直接打击敌方军事信息系统的硬件组成部分，使得其硬件部分损毁；软打击是指我方采用电磁干扰、网络攻击等软杀伤干扰敌方军事信息系统设施，使之不能正常工作。随着技术的发展，以导弹为主导的各种远程精确打击兵器的各种战术运用构成了现代高技术海战的特色。电磁战、心理战、体系破击战、分布式作战、云作战等，海上作战所能运用的作战手段和方法比以往任何时候的作战手段和方法都更丰富，海上大数据指挥控制要适应各种类型的对抗需求，体系布设要更加隐蔽、更加灵活，具有冗余性，受到毁伤后能自组织，在最短的时间内恢复运行。

3. 技术环境

海上大数据指挥控制需要依赖相应的技术支撑，包括云计算技术、信息网络技术、人工智能技术等，它们规定着海上大数据智能指挥控制的内容、形式和水平。由于现代海战是高技术密集的战争，各种高新技术几乎渗透到所有作战系统、武器系统之中。在当前第二代 Web 网络信息时代，军事信息基础设施已经广泛采用分布式数据库，应用柔性系统集成、智能代理等技术，不仅能提供原始的信息、图像，还能进行一定程度的大数据分析和智能化处理，提供决策建议。海上大数据指挥控制可实现系统互连、信息互通，体系层次结构日益丰富，功能日趋完善，具有相应的自组织、自适应能力。随着信息技术和智能技术的发展，海上大数据指挥控制将进一步深入应用信息技术、智能技术和新一代网络技术，使系统具备复杂环境下的系统处理、智能认知和进化能力。

就目前的技术环境而言，海上大数据智能指挥控制技术体系正在由中级向高级发展，网络由第二代向新一代发展。未来将不仅支持各种异构系统互连、信息互通，还将支持系统各个层面的互操作，由提供随机插入的标准接口向提供各种数据和功能服务方向转变以及向系统、设备、信息基础设施平台一体化方向演化。

4. 战场资源环境

战场资源环境包括各种软硬件和搭载平台，如各种网络、各类数据库、构件库、标准库、应用程序、通信设施、电力系统及其设备、计算中心、油料库、港口、导航站、空间站、观通站、岛屿、空中机动平台、军事基地，以及其他各类固定和移动的军用/民用基础设施。

2.1.3 能力需求

未来海上作战是大数据环境下的智能化作战。作战环境复杂、威胁变化、突发事件多，海上大数据智能指挥控制要求各种武器系统、作战人员、网络、传感器和指挥控制平台能有机地连接起来构成作战体系，要具备一体化灵活反应能力，能灵活智能地自组织交战链，按需随时存取所需要的信息和数据。需要各类分布的有识实体通过网络形成体系，并在体系基础上实现对战斗力各要素的综合集成、资源共享和互操作，在信息共享、资源共享的基础上，实现从信息优势到认知优势和决策优势的转化。要求具备多粒度统一的战场态势感知能力，能够在不同的时空范围提供两点或多点之间的连接和互操作，具备自主同步的联合作战协同能力，整个作战体系构成一个敏捷（Agility）、韧性（Resilience）、适变（Adaptation）系统。所有这些集中在一起是一种综合的能力体系要求。具体能力需求包括如下方面。

1. 提供不同层级的战场信息感知与知识共享能力

现代海上作战以网络化的协同方式进行，以联合部队整体性的广域探测和交战效果对付威胁。现代战争也反复诠释着“信息认知制胜”的道理。然而，如何实现部队组织信息化，获取信息优势，进而取得决策优势和行动优势呢？海上作战大数据指挥控制基于分布式数据流和指挥控制信息流，在分布的各组成单元之间，横向或纵向地搜集、处理、交换、存储、分发和显示信息，在整个作战空间规划和实施广阔区域内不同层次的有人无人协同作战和分布式作战，保证决策者和作战人员及时地交换和沟通信息。如图 2.2 所示，海上作战

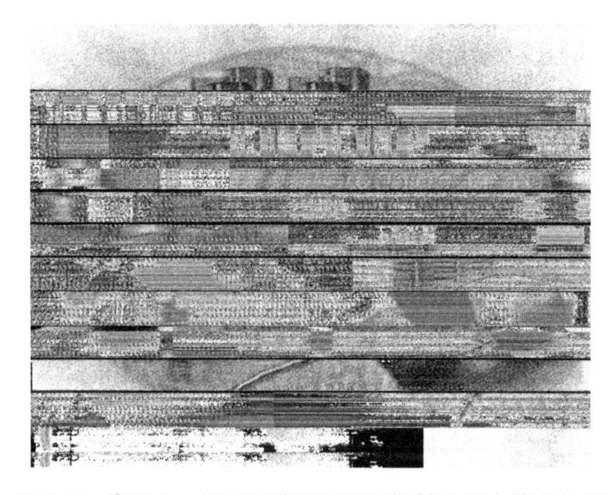

图 2.2　像用电一样按需获取网格所提供的巨大信息数据

大数据智能指挥控制信息基础设施提供信息数据随手可得的功能，共用/单一的综合图像（CP），用户可以“能像用电一样”按需享受超级服务。在信息层共享信息。保障各类用户在合适的时间、在任何需要的地方按需获取所需要的信息，实现无限网络边界上信息和数据的集成与分享。这意味着网格中的任意两个节点之间能够进行直接或间接的信息交换。

1）全向融合功能

所谓全向融合功能，是指海上大数据智能指挥控制体系具有对战场信息流通体系中各种状态信息和随时变化的信息进行全方位、多角度、全时程的接收、处理和综合能力。作战需要多方面的信息，而且随着任务的变化，所需信息和功能也是变化的。特别是在一体化联合探测（JD）、联合跟踪（CT）、综合识别（CCID）中，信息流向复杂多变、信息量空前膨胀，这就要求在海上大数据指挥控制信息流通体系内对战场多方面信息进行全向、系统的融合，建立共用/单一的综合（态势）图像（CP），使其到达作战单元时在数量、种类、质量方面满足快速决策、联动反应的需求，满足舰船机动、飞机临空、舰炮射击、导弹制导、鱼雷出管、水雷布放、潜艇潜航、雷达探测、声纳侦听、光电使用、信号传播、系统导航，精确制导和武器装备等在海洋上的使用。

2）集聚导向功能

海上作战是立足于体系对抗的打击敌人重心和要害的精确作战。要实现精打要害，一要精选目标，二要精心组织。这都需要不间断的信息数据流支持。由于某批、某类指挥控制信息数据在特定的流程中通常只能服务于某种用途，面对高强度、快节奏的攻防行动，指挥信息流通体系在这一过程中必须能够随着不断变化的战场态势快速调整流通体系环节和构成要素，自适应地调整重心，不断生成指向灵活、用途可变、适应需求的信息数据流。集聚关键信息数据流，将其导向有关指挥控制环节，智能“黏合”作战资源，使高度分散部署的物质流、能量流和信息数据流集中于作战应用。

3）预测触发功能

信息数据和资源需求者可以迅速地发现所要的信息数据和资源，信息提供者可以迅速地发布认知数据。反应速度成为海上大数据智能指挥控制作战制胜的关键因素。对于信息共享和资源需求来讲，这要求增强两方面的功能：一是预测功能，通过某种机制及相应的技术手段提高需求者对可用信息数据和资源的预见性；二是触发功能，即针对战场态势或事件，密切关注关键时节的关键信息数据，一旦此类信息数据出现，立刻向有关作战单元分发。

2. 提高面向作战资源的灵活集成能力

海上作战是多种实体、作战平台、系统和战场环境相结合与敌对抗的联合组织过程，也是各种物质、能量和信息全面开放，在战略、战役和战术的不同层面与指挥控制、火力控制的不同粒度上“聚合”和“对焦”的过程。海上力量要能在任何时刻从海上任何地点协同其他兵力、兵器进行多域/跨域体系联合作战，实施近海防御和远洋攻防，联合制海、制天、制空和登陆、抗登陆，进行战略威慑，打击敌人固定的或移动的基地。根据任务需求，灵活地组织协同，进行资源动态规划，作战部队可以少量兵力和更高节奏实施作战，在规定的时间范围内，向联合指挥员及各部队传递目标、部队机动、装备状态、支援等级及资源配置等信息数据。

3. 提供基于信息数据共享的协商能力、互操作能力和协同交互能力

由于海上动态的环境、多样化的使命任务及各种随机因素，必然要求海上大数据智能指挥控制体系之一体化信息基础设施能提供物理连通、系统集成、信息共享和协同交互的能力，能够使分布的联合部队实施联合目标确定、协同作战和一体化防护，进行快速伤亡评估、动态后续打击。解决节点时间基准、空间基准统一、航迹质量优化、目标 ID 差异消除等战场态势图一致性问题，并兼顾各节点通信能力差异化和可能不足所带来的连通性差异以及武器平台特殊要求等。所有的资源都需要以统一的标准描述其功能和访问接口，在网格中完成互操作机制、标准和协议规范化登记；任何一台计算机都可以到网格注册中心自动检索所需要的服务，然后集成起来，形成一个满足应用的工作流程面向用户提供前所未有的超级能力。

在大数据认知层相互交互、协同。这种能力又包括计算能力、存储能力、比较能力、通信能力、反馈能力、信息表示能力及网络操作能力。

4. 适应任务和环境变化的作战体系自组织能力

灵活地应用网络，构建适应各种战略、战役和战术需求和环境任务变化的自适应海上作战大数据智能指挥控制体系，实现分布资源的有效集成与重组重用。各种分布的指挥控制中心、武器系统、作战单元，以及所有相关的信息源相互关联起来，具备在运行中跨使命域的重组再构能力和多任务作战能力，使得网络能够成为无缝的、灵活集成的云计算与协作平台，智能地反映任务和环境变化的影响。

2.2　海上大数据智能指挥控制平台体系框架

海上大数据智能指挥控制是以大数据认知为主导的指挥与控制。就行动而言，海上大数据智能指挥控制要适应使命、任务、环境的变化和能力需求，必须搭建一个开放、一体化的大数据处理与应用平台体系框架。在这个平台体系框架中，信息和大数据处理是分布的、协作的和智能化的，可为广阔空间和范围内的各种作战单元和实体按需提供“信息能力、过程和人力”，实现网间无缝链接、信息系统即插即用和互操作，战场资源按需共享，面向使命任务的柔性动态集成能力，从而“把不同能力和组织集合进入有效的联合体内”，灵活地构成面向不同使命任务的海上方面作战体系。在水平上灵活组织，动态地构建各种虚拟组合和应用，达成分布式智能化网络作战。

（1）为多平台、实体和作战单元联合作战提供一个统一的基础作战平台与协同的作战环境，将地理上分散的个体和单元连接起来，达成信息和认知的合理共享，以在更多的功能领域和更大空间范围组织不同规模的联合作战体系。这既可以充分利用已有的作战资源，又可以使分散的战场资源形成合力，为进行不同规模和样式的联合作战提供物质基础。

（2）提供多视角的作战组织和运行服务。针对不同的作战使命任务，能够对集成的各种作战资源进行有效匹配和组装，对战场作战资源进行有效集成和管理，包括信息上面向需求，在恰当的时间、恰当的地点向恰当的人（系统、设备）提供所需要的恰当的信息，以及预先为下一个决策提供所需的信息；还包括指挥上自组织（集中指挥、自主作战），火力上提供服务的要求，并在作战目标和知识引擎的驱动下，实现对作战任务的分布式协同控制。

（3）随环境和使命任务变化不断演化，包括结构演化和功能演化，不断达到实体、信息基础设施平台和环境一体化。

2.2.1 基于 GIG 的开放式集成应用平台

一定的作战方式总是建立在一定技术基础之上的。海上作战是多种实体、作战平台、系统和战场环境结合在一起与敌对抗的组织过程，也是各种物质、能量和信息在战略、战役和战术的不同层面和指挥控制、火力控制的不同粒度上“聚合”和“对焦”的过程。大数据是一种客观知识的存在。海上大数据智能指挥控制体系以大数据分析和学习为核心，基于云计算，面向不同的使命任务域，提供满足诸军兵种、领域、部门开发业务中的各种共性需求服务和个性需求服务，如作战指挥领域、情报领域、火力控制领域的共性服务、传感器信息化服务等，也包括以往信息系统建设中的作战指挥领域、情报领域、火力控制领域的共性服务及为其提供标准化的应用系统开发接口（API）。各级指挥官为指挥与控制组织网中心，所有兵力、平台、系统和装备通过通信网络或智能代理与云计算中心相连，及时获取指令、数据和知识，展开行动。

海上大数据智能指挥控制要满足分布的作战实体多方面的任务，适应环境变化，保持运行的稳定性和鲁棒性，这就要求从资源、能力、平台到应用必须有一个开放的、层次化的、动态自适应的集成应用体系，从基础设施和应用上提供统一的平台，以提供多方面的、多种粒度的灵活服务，并在体系的演化过程中智能地反映各种任务和环境变化的影响。其使命任务主要包括：一致的身份认证、访问控制和目录服务；指挥决策和信息服务前沿化；一体化联合基础设施；通用的政策和标准；统一指挥和分布控制。

1. 基于 GIG 的层次结构集成应用体系

由于海上行动组织体系的复杂性，基于全球信息栅格（GIG）的一体化信息基础设施体系是一个层次化的、开放的综合集成体系架构。2000 年 3 月，美国国防部参谋长联席会议向国会递交了 GIG 建设的报告。GIG 基于海、陆、空天各级各类信息平台，是一个开放式集成应用体系架构，是网络在信息域中应用的深化，提供了跨越不同层次的网络化环境。其目标是基于知识将互联网上的所有资源动态集成起来，形成一个整体，“在动态变化的多元组织空间共享资源和协同解决问题”。基于 GIG 的多平台/系统联合作战体系是开放的、集成的，包括互联网、作战云、资源池、系统门和客户端。基础设施的功能变成了计算机在很多 GIG 优势设备中的应用，相当于将 GIG 的一部分嵌入到网络节点、平台和系统中。在此基础上，可以组织虚拟的分布式联合作战组织，提供从传感器到射手的端对端的能力。2001 年 6 月，美军发布了《GIG 体系结构》1.0 版，同年 8 月颁布了《GIG 顶层需求文档》。它由海、陆、空、天基的通信基础设施、计算机基础设施（含公用程序）、公共数据资源、领域应用程序、基础设施运行管理和相关政策标准等构成。它通过帮助用户收集、处理和保护（存储）数据信息，进行不同层次的处理，将这些数据提炼成有用的信息，并把这些有用的信息（分级）按需及时提供给不同的用户使用。各联邦成员在物理上和功能上相对独立；在不同的层次和层面，不同属性的联邦成员可以通过“适配器”自由地加入到体系中。实现对基础性原始数据、基础数据元数据、战场态势数据等不同属性层次数据和信息的灵活处理与使用。可在恰当的时间、恰当的地点将恰当的信息，以恰当的形式传交给恰当的用户（系统、人员或设备），甚至预先向下一个需求提供所需要的信息，包括核心层、选择层和自适应层。核心层，功能出现在所有视线中；选择层，功能的出现取决于需求；自适应层，功能的出现基于系统的接口。分层结构的好处是每一层实现一种相对独立的功能，只需要考虑它本身的功能及它与上下层之间的接口。当任何一层发生变化时，只要接口关系不变，则这层以上及以下各层均不受影响。此外，某一层提供的服务可以增加、减少和修改。

基于 GIG 的集成体系行为模型采用开放的、层次化的体系架构。面向服务，可划分为系统服务层、核心服务层、基础服务层和公共应用服务层。每个层次模块使用较低层提供的服务，完成本层明确定义的功能，并为较高层提供服务。高层对低层负责，低层对高层提供支持。高层功能是低层功能的涌现，低层功能是高层功能的逐层降解。这种结构是一个功能、能力和荷载可扩展与伸缩的功能体系，具有高度的可扩充性、动态组织性，具有灵活集成、无限扩展等特点。表面上，它们的工作相互独立，实际上，它们的工作是相互协同、相互支持的。层次间的功能（模块）可调用和复用。业务上，支持各级各类指挥机构和作战实体的语音、数据、图像、视频等各项业务；在功能上，提供分布式计算、信息查询、态势标绘、定位、导航等，便于各级指挥机构随时随地接入，支持联合作战的各项应用。由于 GIG 的复杂性，当任何一层发生变化时，只要接口关系不变，则这层以上及以下各层均不受影响。通过信息共享实现信息优势、决策优势，最终达成全面主宰战场态势的目的。美军开放式层次结构集成应用体系架构如图 2.3 所示。

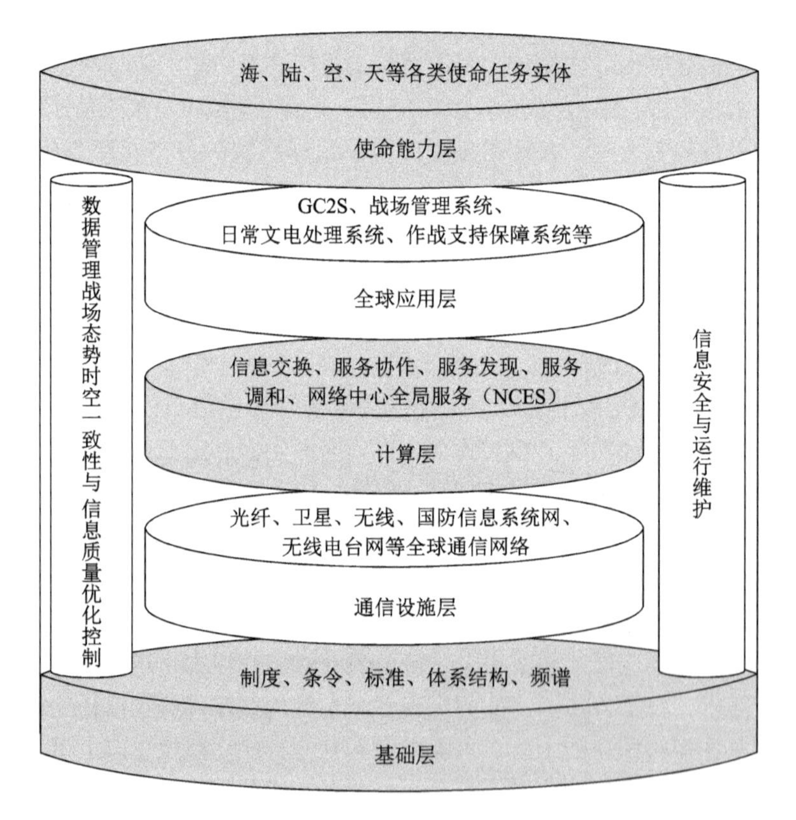

图 2.3　美军开放式层次结构集成应用体系架构

（1）基础层。基础层包括体系结构、频谱分配、政策、条令、标准、软件工程和系统管理等内容，为GIG在技术上构建提供基本依据。

（2）通信设施层。以国防信息系统网为核心，包括遍布全球的无线通信系统、卫星通信系统、移动用户系统、光纤通信系统、国防信息系统网、无线电台网业务和远程接入等组成的全球通信网络。

（3）计算层。计算层包括提供存储、信息交换、协作、发现、调和等功能，最主要是包括网络中心企业服务（NCES）软件、信息分发管理。提供从全球/区域服务的国防计算中心，到各战区作战司令部、联合部队的计算机局域网、服务器，甚至单兵的便携式终端计算服务。

（4）全球应用层。全球应用层包括作战域应用和日常业务域应用两大类。前者如指挥和控制、作战空间感知、防护、集中后勤等。在指挥和控制应用中，又包括各种应用系统，如全球指挥控制系统、战斗支持系统、后勤保障系统等。具体如舰船作战系统，岸基战役/战术机动式作战系统、武器系统，空中指挥信息系统等，后者如人力资源管理、战略计划和预算、后勤等日常事务处理。

（5）使命能力层。通过GIG的有关层次集成形成完成具体使命任务的能力，如联合跟踪能力、智能分发、视频会议能力等，支持海、陆、空、天各种作战实体的应用，如防空反导、反潜、对海作战、两栖支援、输送补给等。

GIG将计算通信网、传感器网和武器平台网彼此连接起来，构成“传感器—决策指挥—火力打击”网络，获取信息优势和作战优势。GIG设定计算功能、通信功能、信息表示功能和网络操作功能4种功能。计算功能主要指信息处理和存储功能；通信功能即能在信息生产者和用户之间以端到端的方式传送信息、数据和知识；信息表示功能是指以适当的方式对人机接口的输入输出信息进行表示，以实现用户与GIG之间交互；网络操作功能包括网络管理、信息分发管理、信息保障3种功能。4种功能的核心是保障信息增值使用。这样，GIG需要从全球各种信息源中获取有用的信息，又能以GIG为平台，根据作战部队、指挥人员和支援人员的要求和需求搜集、处理、存储、分发和管理各类信息，及时、准确地将作战实体所需要的信息或所需要的信息能力提供给作战实体。同时，动态规划作战资源，实时保证联合作战的各种需要。

根据参考国际标准化组织（ISO）开放系统互连参考模型（OSIRM）和传输控制协议/网际协议（TCP/IP）的层次结构思想①，将复杂问题模块化，上层隐藏下层的细节，上层统一下层的差异，弥补下层的缺陷和不足。各层之间

---

① 根据开放系统互连参考模型（OSIRM），体系结构开发是以相关规则的开发为基础的。

呈单向依赖关系，如表 2.1 所列。

表 2.1 应用系统网络结构与 ISO/OSI RM、TCP/IP 层次结构关系

<table>
<tr><th>ISO/OSI RM</th><th>TCP/IP</th><th>使用的协议</th><th colspan="2">应用系统</th></tr>
<tr><td>应用层</td><td rowspan="3">处理应用</td><td rowspan="3">FTP/SMTP/TELNET/TFTP/NFS/SNAP 等</td><td rowspan="3">如 CSMXP</td><td rowspan="3">应用层</td></tr>
<tr><td>表示层</td></tr>
<tr><td>会话层</td></tr>
<tr><td>传输层</td><td>主机到主机</td><td>TCP/UDP</td><td>如 UDP</td><td>传输层</td></tr>
<tr><td>网络层</td><td>网际</td><td>IP/ARP/RARP/ICMP/IGMP</td><td>IP/ARP/ICMP</td><td>网络层</td></tr>
<tr><td>数据链路层</td><td rowspan="2">接口</td><td>各种网卡</td><td>各种网卡</td><td>链路层</td></tr>
<tr><td>物理层</td><td>各种传输介质</td><td>各种传输介质</td><td>物理介质层</td></tr>
</table>

在各种应用数据层访问中，以 IP 协议为基础发展起来的 IPv6 采用 126bit 寻址方式，便于实体机动联网，已经可以提供网络中心行动所需的互操作性，实现端到端的服务。

应用系统网络报文层次模型如下。

应用层：

应用层协议头	信息

传输层：

UDP、ICMP 报文	应用数据

网络层：

IP、ARP 报头	UDP 数据报

链路层：

头部	信息协议数据报文	尾部

这样，一体化信息基础设施的层与层之间相对独立，仅仅通过层与层之间的接口提供或接收服务。系统网络结构分应用层、传输层、网络层、链路层和物理介质层等层次。各层次协议遵从以下规则。

（1）各层次协议将协议描述表中的各域分别按自上而下、自左而右的顺序向网上发送。

（2）协议报文中“域”格式遵从网络字节顺序，多字节数值域高字节先发送，低字节后发送。

（3）应用层协议中对各信息域的描述，仍沿用习惯表示法，b0 表示最低位。

（4）调用 BSD Socket 函数时提供的地址和数据必须是网络字节顺序，BSD Socket 编程接口提供了主机字节顺序与网络字节顺序的转换函数，应用层负责完成该项转换工作，即在发送前将主机字节顺序转换成网络字节顺序，接收后将网络字节顺序转换成主机字节顺序。下面给出了不同体系结构计算机的主机字节顺序。

字节顺序：

D	C	B	A

字节	Big-endian 位序	Little-endian 位序
A	0~7	24~31
B	8~15	16~23
C	16~23	8~15
D	24~31	0~7

Big-endian 字节顺序：Motorola、SPARC、MIPS

Little-endian 字节顺序：Intel

可见，一体化信息基础设施在总体上也是一个层次化的结构，包括 4 个部分，即计划与相关技术活动、通信与计算机基础设施（核心部分）、共用应用、使命任务（领域专门功能）应用。美军国防信息基础设施（DII）层次结构模型如图 2.4 所示。

图 2.5 中，公用应用程序中公共操作环境（DII-COE）是美国国防信息系统局（DISA）开发的一种适应于诸军兵种公共信息传输与处理要求的开放式、即插即用的软件支撑功能平台。它为各种应用系统提供一个通用的 API 接口，包括一系列的软件体系结构、标准、共性模块、共享数据环境等集成开发框架。各种应用系统和设备共享 DII-COE 环境，DII-COE 构建了一套开放式、面向“段”设计、即插即用、C/S 模式的应用开发和集成平台环境。以提高各种信息系统互操作能力和一体化程度。

2001 年 10 月 5 日公布的 4.5 版 DII-COE 组成和体系结构框图如图 2.5 所示。

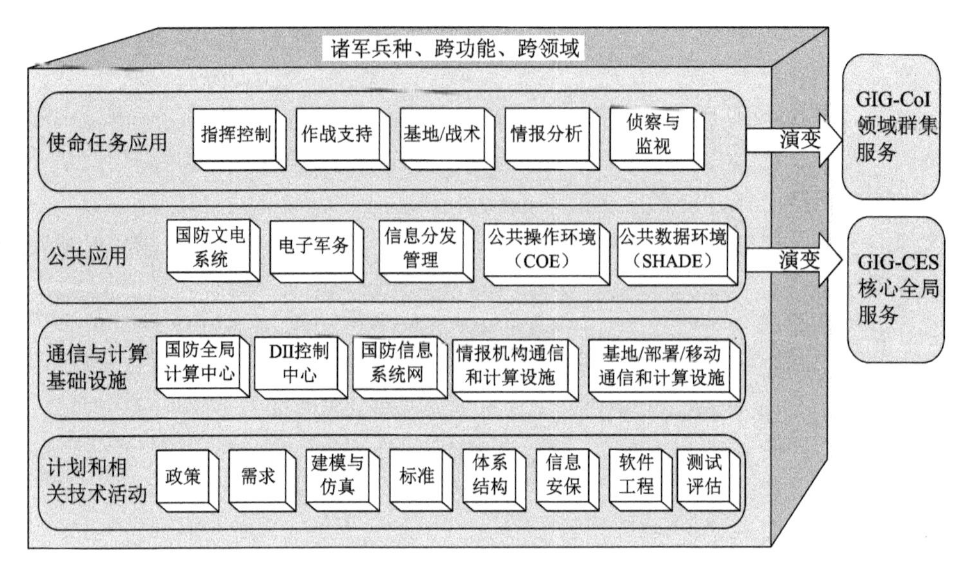

图 2.4　美军国防信息基础设施 GIG-DII 层次结构模型

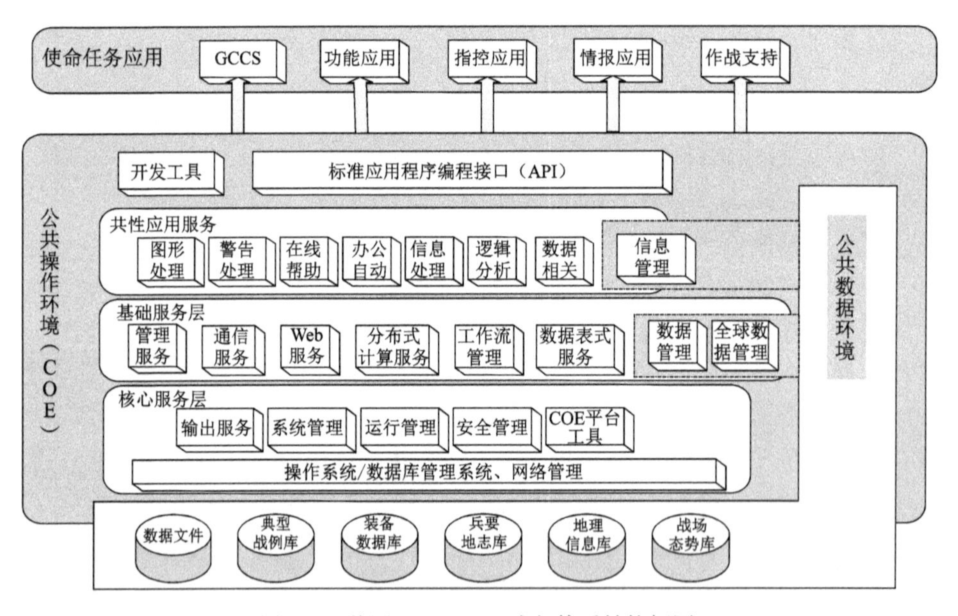

图 2.5　美军 DII-COE 组成与体系结构框图

由图 2.5 可以看出，DII-COE 分为以下 4 层。

（1）核心服务层。提供系统软件，如操作系统、数据库管理系统等，是 COE 最必需的功能程序。

（2）基础服务层。提供各种通用支撑应用软件，其中既有一般商用软件，也有专业的专门软件。

（3）共性应用服务层。提供直接面向作战任务的共性软件，从各军兵种专用软件中抽出可共用的应用软件，如图形处理软件等。

（4）标准 API 层。为应用领域提供二次开发接口。

公共核心服务层和其上的应用支撑服务层共同组成一体化信息设施的全局服务层，属于软件开发和运行的范畴，为应用系统开发和运行提供底层支持。公共核心服务层提供的服务与部门无关，适用于各军兵种，实现服务及数据的集成、发现、注册和调度，确保端到端的服务能力；同时提供底层操作系统、网络软件、数据库管理软件、协同的服务总线等基础性的软件，为系统提供应用服务集成、数据服务集成、控制调度管理，是系统软件研发的实际核心。其开发工具是随技术进步不断发展的。

但 DII-COE 存在很多问题，如对于各种系统之间的标准不一，难以及时处理信息，无法实现一体化的需要。因此，后来转为网络中心企业服务（NC-ES），以网络服务为中心，包括各方面的核心企业服务：企业管理服务及消息、发现、存储、安全与信息保证、协作、调解、应用个性化服务。

2. 互连、互通、互操作

在海上大数据作战中，要想使分布的各个实体、平台和系统相互连接成为一个有机的整体，横向与纵向的连通与互操作是关键。

互连是指开放系统之间、网络之间、设备或用户之间的相互连接或能够建立连接，通常包括物理线路连接和数据链路连接。它要求提供待集成的系统之间进行信息数据或服务交互所需要的环境或工具，包括硬件、通信和网络、系统服务、安全设备、遵循的标准规范及管理等。在系统集成中，通过采用电缆、光缆、集线器、路由器、交换机等，以及相应的通信协议，建立相关计算机及电子设备的通信连接，将原本分离的各部分连接起来，常常形成移动、多路由的网络，确保信息数据能够在系统内自由畅通。互通是指不同系统、设备之间的信息数据能够有序联通共享。两个或两个以上互连的系统、设备或用户之间交换并使用信息数据或服务的过程，包括武器（作战）系统内部各组成要素之间的相互交换、各种武器（作战）系统之间的相互交换、不同军兵种武器（作战）系统之间的相互交换。互通涉及数据的格式和内容两个方面，包括文本、数据库、视频、语音、图像等多媒体形式的信息。

互操作提供了一种各种各样的社会组织和系统在一起工作的能力，具有广泛的社会意义。在技术层面，按照 IEEE 的定义，互操作是两个或多个相互独立的系统或实体之间交换信息数据以及对已经交换的信息数据加以使用的能力，包括语法上能够相互传递和交换数据、语义上能够自动精确解释所交换信息的含义并产生有用的结果两个方面。在已存在协作关系或指控关系的实体之间及系统、单元或用户之间交换信息数据时，可根据达成的协议和权限，允许相互间使用对方的系统、设备或功能。用户向（从）其他系统、设备或部队提供（接收）服务的能力，并利用交换服务使它们能一起高效地联合作战。互操作主要是面向用户和应用的，存在于系统、平台和设备多个层次的服务与应用领域，根源来源于异构性。互操作性是相互提供服务，彼此协作，使体系高效运转，共同提高工作质量和水平。显然，为了有效地实现互操作，不同系统必须符合跨领域之间的功能操作标准，对共享信息数据有共同理解，采用相同的数据标准、通信协议及接口界面。要求公共计算平台具备查询、发现、调用（统一接口）设备，实现系统内（间）的互操作。在海上大数据指挥控制体系信息基础设施架构中，互操作性处于物理域和信息域之间，包括信息/服务的交互；按照共同的语义/标准对信息或服务进行操作，使各系统、设备能够协同，完成特定的任务或功能。

技术上，尽管互操作是建立在互联网协议的基础上的，如IPv6，但实际的互操作内容不是在链路层，而是在数据层。这也是互操作从技术层面进一步到达组织层面的基础。其中关键是语法和语义的共同理解、唯一和可达。在物理实现上，在设备和软件层面要实现通用化、系列化和模块化；在系统和网络层面要实现可伸缩、可重组、可替换。

2.2.2 海上大数据智能指挥控制体系框架

指挥控制是有目的的组织行为。当前，智能化主导的大数据时代促进了作战指挥方式向“以认知决策为中心”的作战指挥方式转变。“以认知决策为中心”必然带来对信息认知优势的要求，认知优势必然带来决策优势的转变。在信息共享的基础上，对大数据进行智能处理，由战场感知到战场认知，准确实时地识别目标，分析把握敌我力量对比关系和战场态势的发展变化，从而准确及时地掌握敌方的战略企图、作战规律和兵力配置，客观预判对手的作战构想和行为特点，进而实现战场态势感知与智能认知实时同步。系统之间的指挥控制体系由以网络为中心转向“以认知为中心”的智能共享结构。

海上大数据智能指挥控制体系框架，是以大数据感知、大数据认知和智能决策为核心的基于GIG的大数据指挥控制整体应用结构。如图2.6所示，基于大数据分析的海上大数据智能指挥控制体系框架以大数据情报分析为基础，采用MapReduce并行计算和Storm流计算双模云计算平台架构，可以及时处理静态历史大数据和实时流变大数据，同时将平行仿真推演系统嵌入作战智能决策支持系统，构成云计算环境下的多模块、多功能层次结构。

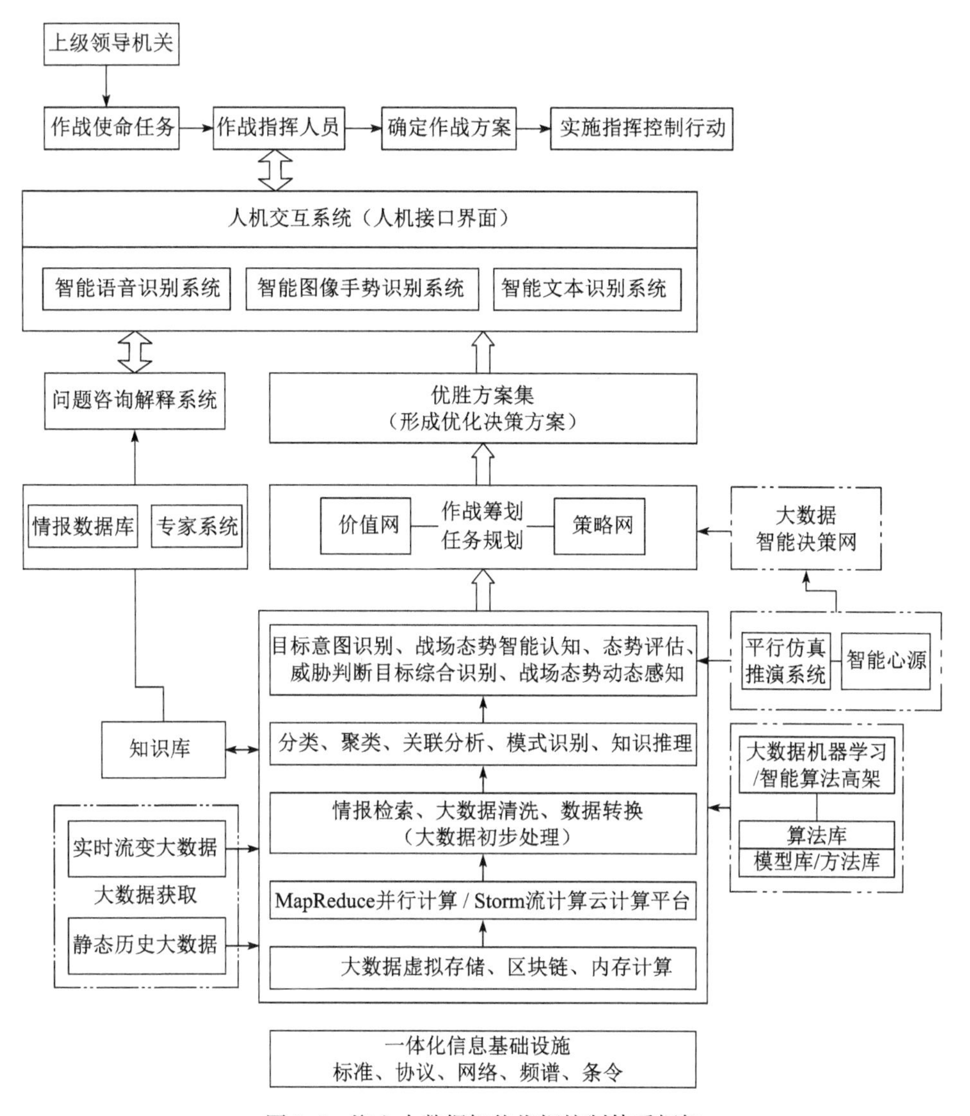

图 2.6　海上大数据智能指挥控制体系框架

其顶层是上级领导机关给出的作战使命任务，作战指挥人员通过人机交互系统（人机接口界面）从作战智能决策支持系统提供的优胜方案集中选择方案形成决策执行。与之配套的是问题咨询解释系统，包含情报数据库、专家系统和知识库，提供交互双方对使命任务、执行方案等的咨询、解释和问题保留说明等功能。

其底层是一体化信息基础设施，包括各种标准、协议、网络、频谱和条令，为整个决策支持系统的构建提供基础和约束。其上是双模大数据云计算平台，包括如下功能模块。

（1）大数据虚拟存储、区块链和内存计算模块，执行大数据分布式存储、检索和内存计算功能，其中应用区块链可以“数据块”及相应“链”式结构，分布记录和存储已经和正在发生的所有事物和信息，其共识共享机制、加密算法和不可篡改性等特性，可为战场大数据分布存储、点对点实时共享和真实一致性提供技术保证。

（2）MapReduce 并行计算/Storm 流计算双模云计算平台模块，提供对输入的各种静态历史大数据和在线流变大数据的接收、模型和方法的调用、各种智能算法的应用等功能及相应接口。

（3）大数据初步处理模块，完成情报检索、大数据清洗、数据转换等功能。

（4）大数据分类、聚类、关联分析、模式识别和知识推理模块，分别执行大数据分类、聚类、关联分析、模式识别和知识推理等功能。

（5）目标综合识别、战场态势动态感知，目标意图识别、战场态势智能认知及态势评估、威胁判断模块，分别执行目标综合识别、战场态势动态感知，目标意图识别、战场态势智能认知及态势评估、威胁判断等功能。连接大数据云计算平台的配套模块包括算法库模块、大数据机器学习模块/智能算法高架，以及平行仿真推演系统模块。

双模大数据云计算平台之上是大数据智能决策网。在大数据分析、机器学习基础上，大数据智能决策网经由价值网和策略网及相关支持系统构成。围绕作战筹划和任务规划，提供针对作战使命任务和环境的优胜方案集。

平行仿真推演系统进行大数据离线或在线嵌入式对抗博弈推演，提供预期的各种优化方案结果。

在规则不确定、信息不确定、数据爆炸与信息稀缺并存、活力对抗的体系博弈环境中，基于大数据情报分析的作战智能决策支持系统由“智能算法高架（Intelligent Algorithm Viaduct）”调用相应的智能算法从大数据中学习和获取知识，由云计算平台实现。

优胜方案集经过人机交互系统（人机接口界面）供作战指挥人员优选，进而实现基于大数据情报分析的作战智能决策支持。

其中，大数据是海上大数据智能指挥控制体系框架模型的基础和核心。数据驱动决策的推理机制由因果关系向数据相关性转变。各种算法和云计算是从大数据中发现和吸取知识的主要方法和手段。

2.3　海上大数据智能指挥控制体系功能模型

2.3.1　海上大数据处理的内容和要求

大数据的优势之一是全息性和整体性。海上行动需要作战指挥系统和作战人员在多维时空对战场态势及其变化做出快速而正确的反应，包括作战方案和行动策略：进攻策略、防御策略及机动策略。多平台联合作战还面临多作战主体联合决策与协同、时敏目标打击等问题。所有这些都需要战场上分布的作战实体和平台具有快速的态势感知和认知能力、科学的决策——特别是不完全信息下的科学决策和灵活反应能力。信息过多会造成灾难，有时比没有信息更坏；数据过少，会难以决策和控制；敌人的有意误导可能导致己方错误的判断，信息冲突会使人无所适从。如何去粗取精，获得精确信息和数据；去伪存真，获得真实的情报呢？"由此及彼、由表及里"，获取所需要的知识和信息，及时满足不同行动任务和目标需求，是大数据处理的价值所在。战略层面，这是大数据分析和高层信息融合；技术和战术层面，这是低层信息融合。这不仅需要及时准确的情报、信息和数据，还需要对战场态势的发展和敌方未来可能的行动进行分析，提供预测信息。所有这些都是建立在相应的数据分析和推断基础之上的。

1. 处理的内容

海上行动涉及兵力、火力、情报、监视与侦察（ISR）、机动、后勤等诸多决策分析的内容。海上大数据智能指挥控制需要实时感知战场空间，智能认知和理解战场态势，实施作战筹划和任务规划，进行博弈推演和态势评估、目标意图识别，对目标进行精确定位与打击，以及进行战场管理与支援保障——全领域和过程贯穿着消除不确定性，而战场上的信息缺失和信息爆炸常相互混杂。海上行动，特别是对于海上多平台联合作战需要各作战单元和要素高度融合，达成实体之间的行动协调与同步，要求提供满足不同层级、不同用户需求的一致战场态势图，并为各平台提供有机集成的作战规划、评估、支持工具及服务。

传统指挥控制通过抽象建立大模型（如各种物体运动模型、指挥决策模型）进行指挥控制，面临现实严峻的挑战：一是很难获取最佳决策信息与指挥员拥有大量原始信息之间的矛盾；二是指挥员在指挥决策活动中的主导地位与主观决策失误之间的矛盾；三是指挥决策的复杂性与时效性之间的矛盾；四是指挥决策的多解性与寻求最佳决策之间的矛盾。大数据背后隐藏着现实世界的知识和信息。海上大数据处理的主要任务：一是实现对海战场态势的正确理解，获得预见性的战场空间感知，及时的态势感知、认知；二是对未来行动进行正确决策处置，从分布式检测，战场目标综合识别、作战空间感知、智能认知到作战指挥决策，大数据需要处理来自海上、空中、太空、水下和地面的各种情报、信息和数据。特别需要对影响战斗力的“人、武器装备和战场环境”诸要素进行大数据挖掘和分析，包括作战平台、作战人员、武器装备、后勤保障装备、通信网络、导航设备、目标、使命和任务、战场环境和空间等的情报、信息与数据。

1）战略环境与基础信息分析

以提供战略信息、环境信息、目标信息和支援信息，包括以下几方面。

（1）战略环境分析。

区域海洋地缘政治环境及地理状况，区域政治经济环境及国内外舆论。现实和潜在对手的海洋发展战略和目标。现实和潜在对手的战争能力、战争潜力及后勤保障情况。

（2）基础海洋环境分析。

基础海洋环境信息包括海洋物理、化学、生物等各种环境参数，如海洋温度、盐度、密度、声速、重力场、磁力场、海流、潮汐、水色、透明度，以及海洋噪声与混响、声纳作用距离、海洋中尺度特征、跃层参数、会聚区参数等海洋物理水声环境信息；云、雾、气温、降水、湿度、台风等海洋大气环境数据；海域地质、地形、海岸线、岛礁、禁区、领海、人工设施等海洋地理环境数据等。

（3）海战场环境信息分析。

目标区域海战场地形、地貌、地质、岛礁、海岸线、气象、水文、海底地质、电磁环境、人工建造物、港口、机场、军事基地等。

（4）敌我人员装备数据和信息分析。

敌我作战人员、作战平台、作战装备、支援保障装备数量、种类和质量数据，敌方决策者及其主要指挥官的性格特点和行为特征。通过大数据分析，了解敌方领导者和主要指挥官的性格、能力、思维模式和行为方式。

（5）支援保障信息分析。

支援保障信息为海上行动和持续行动提供所必需的信息数据支撑和后勤勤务保障。支援信息分析包括天基支援信息分析、电磁对抗大数据分析、通信导航大数据分析、网络信息大数据分析等的支援大数据分析。保障信息分析包括物资保障数据分析、技术保障数据分析、勤务保障数据分析等的信息分析。

2）态势感知、认知与目标意图识别

获得预见性战场空间感知，实时分析相关环境（包括地理、气象、水文环境和人文环境）和约束条件，进行跨域多元态势认知计算和智能学习，准确判断正在发生的情况，预测事态发展变化趋势，分析敌人的意图和目标。

（1）作战空间和战场态势智能感知。

① 作战空间感知。基于遥感观测、全球定位系统（GPS）/北斗定位与导航、无线网络传感器、RS、射频识别器、移动感知测量设备、音视觉等各种输入信息和大数据分析，感知海战场作战空间和环境空间。军事 GIS 可实现战场环境信息空间查询与分析、环境信息作战敏感特征参数提取、航行路径分析、可探测区域分析、空间距离量算、面积（体积）量算等，为海上行动提供智能化作战决策支持。

② 战场态势智能感知。通过多源信息融合和目标信息数据处理，包括即时协调传感器生成具有作战质量的可用信息，战区地理空间注册，位置、跟踪、目标和时间的识别，感知不同作战行为时空关联关系和不同时空尺度行为之间的复杂关系，以及力量部署、行为状态、行为意图、交战情况、局势优劣等，聚类海战场目标和事件，生成动态、多层、一致的战场画面。

（2）战场态势智能认知和理解。

在态势感知的基础上，基于使命任务和敌我目标，将兵力分布、战场环境、敌我机动性、作战能力、具体事件等有机地联系起来，对敌兵力行动、敌我战场强弱形势、敌方战略战术行动意图进行准确判断。分析不同作战行为时空关联关系和不同时空尺度行为之间的复杂关系，智能地对作战单元间关联关系、行动意图、目标价值、力量强弱、潜在可能、局势优劣、整体与部分等当前战场态势进行分析，准确识别对手企图，预测对方可能行动、行动预期结果以及战场局势未来变化。

① 通过大数据深度学习，分析掌握各种关系、联系和规律。

② 进行平行仿真推演，对各种可能性及后果进行预测、评估。

③ 应用深度强化学习等学习、分析手段，智能认知和理解战场态势，对态势演化进行分析和预测。

④ 利用不确定性推理、Bayes 估计、元强化学习等，应对不完全信息和小数据情形。

（3）目标意图识别根据使命任务，基于目标效果，结合战场态势和目标类型、类别、状态，正在发生的事件，融合不同来源的海战场资源信息和大数据，应用模糊逻辑推理和智能学习等技术对目标意图进行综合识别、预测和判断，对敌我平台和武器系统活动、行为规律进行深度分析。

3）智能决策支持

战争具有典型的对抗性、开放性、动态性和不确定性。作战指挥决策相当于敌我之间从不同的视角在不同的场景中对同一问题进行学习和互动博弈求解。在复杂的海战场环境下，作战决策尤其需要对所有的过程、相关因素与结果进行有预见性的思考和策略选择。只有将技术思维和艺术思维结合起来，才能使作战指挥决策进入智能较高的层次。从胜率和谋略角度看，只有对战场态势获得对战场相关事物、现象和活动更深层次的理解并因此得到更有远见的策略时，才是智能决策支持较高的境界。以深度强化学习为代表的智能决策支持可以根据当前环境和状态积累的学习结果，做出平衡全局胜负的局部最优响应或动作，并评估相应的回报。计算出当前行为对任务目标的贡献值，进而实现对态势演化的分析和预测。需要包括大数据分析、基于值函数和策略梯度的智能决策分析技术，以及自主决策理论，特别是不完全信息条件下的自主决策理论的支撑。其大数据处理的内容包括以下几方面。

（1）提取隐含的、未知的具有现实价值或潜在价值的信息和知识，及时从海量数据中发现新知识和相关性。

（2）进行跨域多元智能认知计算，实时分析海上态势；具体分析相关环境（包括地理、气象、水文环境和人文环境）和约束条件，判断正在发生的事件，判断敌人的意图。

（3）进行态势评估和威胁判断，博弈推演事态发展变化趋势。

（4）确定我方行动目标和期望结果。

（5）制定或选择行动计划和方案。

（6）制定策略和谋略。

4）行动效果评估

基于反馈，收集战场态势变化数据和现场观察大数据及人工情报，进行实时或线下的行动效果评估。

5）管理与后勤保障信息

管理与后勤保障信息包括战场管理、物资调配、后勤保障等的信息、情报和数据。

2. 处理的要求

根据海上作战的目标任务需求及特点，海上大数据处理应及时从海量大数据中提取、得出所需要的数据、信息和知识，包括特定的、前瞻性的信息和知识，按类按需进行及时处理，预先处理和备用。内含预先分析、全源融合、按需分发、实时共享，提供最少的、足够可靠的情报信息和及时的精确数据，甚至提前推送相应的情报、信息和数据。

对于海上大数据指挥控制而言，从战略情报、战术信息到火控类数据的联合与区分，反应速度已成为作战制胜的关键要素。因此，对于目标信息和战场态势，大数据处理的系统性、及时性和精确性是现代大数据环境下获胜的关键因素。

（1）在大数据处理的全面性上，要求系统。

（2）在大数据处理的速度和节奏上，要求及时。海陆作战要匹配空天作战的速度和节奏，陆海作战应用的数据处理速度要匹配空天作战的节奏。

（3）在大数据处理的质量上，要求精确。它包括火控类质量要求、指挥类质量要求、规划类质量要求和保障类质量要求。

2.3.2　海上大数据智能指挥控制体系功能模型

海上行动是典型的人类组织行为。根据组织行为理论，健全的组织应该提供统一的努力、集中的指导、分散的执行、通用的原则及互操作性。由于海上联合作战的复杂多样性，海上大数据指挥控制体系功能采用“以认知为中心”、面向服务的集成体系结构。一个成功的组织结构也总是按照有利于增强可获得的信息和可用资产的方式进行。其跨领域的功能模型是层次化的，包括核心层、选择层和自适应层。核心层，功能出现在所有视线中；选择层，功能的出现取决于需求；自适应层，功能的出现基于系统的接口。每个层次模块使用较低层提供的服务，完成本层定义的功能，并为较高层提供服务。高层指导低层，低层对高层提供支持。高层功能是低层功能的涌现，低层功能是高层功能的逐层降解。

这种结构是一个资源、功能和载荷可扩展和伸缩的能力体系，具有高度的可扩充性、动态组织性，具有灵活集成、无限扩展等优点。表面上，它们相互独立；实际上，它们的工作面向服务相互协同、相互支持。Information Enterprise（IE）层次间的功能模块可调用和复用。因为系统采用层次结构，所以当任何一层发生变化时，只要接口关系不变，则这层以上及以下各层均不受影响。此外，某一层提供的服务可以增加、减少和修改。设计时，只需要考虑每一层本身的功能及与其他层次之间的接口，层与层之间通过服务接口扩展功能，同一层通过标准化的服务接口交互。其面向服务的体系架构（SOA）机制可与 COP/CTP 等很好地衔接，而自身的自适应层对于不同用户终端能够非常灵活地满足不同类型节点各自特定的要求，再通过可选层满足不同用户扩充和升级的需求。业务上，支持各级各类指挥机构和作战实体的语音、数据、图像、视频等各项业务；功能上，提供分布式计算、信息查询、态势标绘、定位、导航等，方便各级指挥机构随时随地接入，以支持联合作战的各项应用；

通过信息共享实现信息优势、决策优势，最终达到全面主宰战场的目的。战时，各作战实体和作战资源在使命任务的驱动下进行“汇合”和“对焦”，基于信息基础设施集成系统功能，形成多域体系联合作战力量。分布在各区域/领域的各级作战指挥中心、武器系统、作战单元及所有必要的信息源连接起来，形成一体化的超网络作战体系，实现空-海之间、岸-海之间、海上编队内部之间相互连通与互操作。

在大数据智能指挥控制过程中，作战要素可在不同层级上自由聚合，在不同的层次和方面综合集成，可根据不同需要构建不同规模和面向的能力系统，产生所需的知识和指挥行动策略的认知结果，提高作战效能和系统的生存能力。其中，军事行动指挥控制和非军事行动指挥控制的区别是：军事行动的指挥与控制含有丰富的体系对抗博弈行为；一般活动和非战争性军事行动的指挥与控制则以规划和计划为主。但它们都是包含数据处理、态势感知、态势认知、决策行动、协调、反馈等行为的有目的的组织活动。实体聚焦产生的效应可以用参与活动的成员之间共享感知的程度衡量；达到的质量可以用共享的理解的深度来度量。核心是认知共享。

云计算是一种计算模式。它通过虚拟化的数据中心为互联网用户和企业内部用户提供方便灵活、按需配置、成本低廉并包括计算、存储、应用等在内的多种类型的网络服务。其核心是分布可伸缩业务模式，可方便地通过网络完成备份并实时共享，可以部署在岸基指挥中心、海上编队指挥中心等各类指挥控制系统、平台和设备中。大数据应用与云计算对基础设施底层的要求是一样的，即标准化、自动化、灵活的资源配置、系统自愈性等。基于“云计算”的海上大数据智能指挥控制逻辑拓扑如图 2.7 所示。

基于以上逻辑架构，可从总体框架上构建一个对外部用户或应用透明的数据逻辑中心。数据逻辑中心由物理上分散部署的各级指挥信息系统的数据存储节点组成，各存储节点之间通过数据感知和同步手段实现全局基础共享数据的实时或定时同步，为作战应用提供逻辑上统一的数据来源，简化数据部署流程，保障各级数据的一致性。围绕数据逻辑中心，美国海军一直在寻求建立大数据生态系统并将其大数据生态系统软件平台，即海军战术云参考设施（NT-CRI）与分析工具和相关接口绑定，结合云计算、大数据和跨域技术，提供与态势有关的全部数据的实时视图，提升相关系统、平台和人员的作战能力。

技术上，随着大数据和 Web 2.0 模式的兴起，使得信息数据的产生、传播和应用发生了分离；知识的产生和应用传播更多的是靠用户之间的互动与交流。产品、平台、终端和用户逐渐分离，并可通过全向融合、集聚导向、预测触发等功能及时快速地提供智能化服务。使得技术上可以构建统一的基础和应

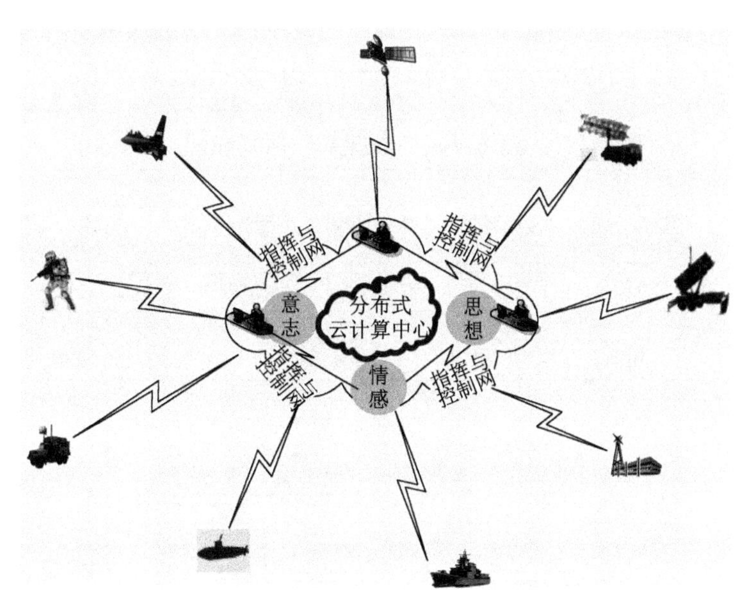

图2.7　基于“云计算”的海上大数据智能指挥控制逻辑拓扑

用平台，从软件即服务（SaaS）、平台即服务（PaaS）到基础即服务（IaaS）。大数据云计算平台是复杂海洋环境下多种力量联合作战的基础。用户的活动是应用各种软件或购买服务，如电子邮件、某个数据。但云计算要在海上大数据指挥与控制行动中使用，适合现在和未来可能的各种军事和非军事行动需求，必须有一个统一、开放的体系架构。其主要活动包括提供服务、资源抽象、分配管理及对构成云计算环境的物理资源层的控制等，如与用户和过程有关的业务支持、优化，服务的供应和配置，资源更改、监控和测量，以及支持在云间迁移服务和数据及互操作性支持等。这是一个开源和层次化的结构，内含计算功能、通信功能、管理功能、信息表示与服务功能、网络操作功能。最上层是各种应用和服务，中间层是资源抽象、云计算和系统控制，底层是标准和基础设施。上层指导低层并为其上层提供服务。其主要功能包括提供服务、资源抽象、分配管理及对构成云计算环境的物理资源层的控制等，如与用户和过程有关的业务支持、优化，服务的供应和配置，资源更改、监控和测量，以及支持在云间迁移服务和数据及互操作性支持等。

云计算平台是海上大数据智能指挥控制的基础。用户的活动是应用各种软件或购买某种服务，如电子邮件、某个数据。同时，云计算要在海上大数据指挥与控制行动中使用，适合现在和未来可能的各种军事/非军事行动需求，从资源、能力、平台到应用也必须有一个统一、开放的功能体系架构。

基于“云计算”的海上大数据智能指挥控制体系功能模型如图 2.8 所示。

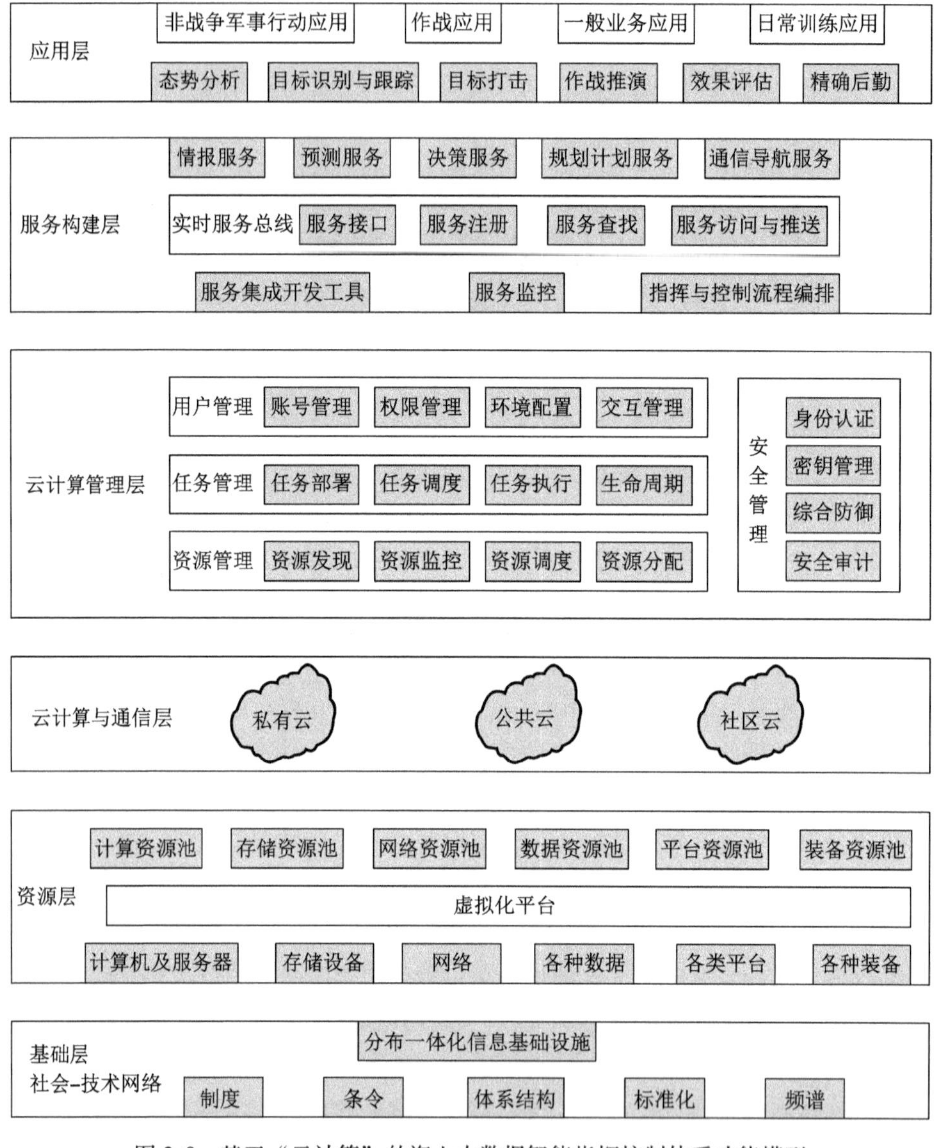

图 2.8　基于“云计算”的海上大数据智能指挥控制体系功能模型

1. 基础层

在基础层，信息共享、系统互连、信息互通、设备互操作。内容包括制度、条令、体系结构、标准化、频谱等的分布一体化信息基础设施。这是一个不断演进的社会–技术网络（Socio-technical Networks）体系。

2. 资源层

资源层包括计算机、存储设备、网络、各种数据、各类平台和各种装备等。经过虚拟化之后形成计算资源池、存储资源池、网络资源池、数据资源池以及装备资源池等各类资源池。虚拟化技术是一种资源管理的手段，它按现实的需要对资源的粒度进行划分，灵活地进行分配和组合，最大限度地提高资源应用效率，减少浪费。“池化”是对资源的一种逻辑抽象，是一种资源管理思想，也是提高资源利用率和灵活性的有效手段。在基础设施环境的基础上，所有软、硬件资源都可以看成在一个资源池中，需要时从中按需取出，不用时放回池内。资源池根据类型可以分为计算资源池、存储资源池、网络资源池、数据资源池等。

3. 云计算与通信层

该层是基于云计算的指挥信息系统体系架构的核心，提供不同领域和类型的大数据云计算业务和信息网络交换与协作服务，包括云计算服务器组件、网络中心企业服务软件（NCES）及高速网络设备等。其云计算的部署方式可根据用户选择公共云、私有云和社区云等方式。

在通信上，基于软件定义网络（Software Defined Networking，SDN）采用 Open-Flow 等技术，可实现数据通信网络控制与数据平面相分离。在虚拟化 SDN 中，根据应用对网络的多种不同需求，数据网络通信自适应多路由，快速、动态和可定制地变化。

4. 云计算管理层

云计算管理层是云计算的中枢，负责对资源池进行管理、监控和分配，对运行中的服务和任务进行调度与管理，对系统用户进行管理和权限控制。该层包括资源管理、任务管理和用户管理。

资源管理包括资源发现、资源监控、资源调度和资源分配。其基本功能是接受来自云计算应用服务的资源请求，并且把特定的资源分配给资源请求者；合理地调度相应的资源，使请求资源的作业能顺利进行。云计算资源很多，资源管理从逻辑上把这些资源整合起来作为一个集成的资源提供给用户。应用服务和资源代理进行交互，资源代理向应用服务屏蔽了云计算资源和云计算的复杂性。

任务管理完成服务启动、服务任务创建，并对服务任务进行调度，监控任务的运行状态。同时，它监控各个服务器的运载情况；利用调度算法，确定优化的任务分配方式，达到负载均衡和资源的合理利用。任务管理必须具备在各个服务器上动态迁移的能力，能够与资源管理进行交互，申请和释放资源。

用户管理和安全管理，主要完成系统的访问控制，完整性、安全性检测和反应，以及安全政策管理，贯穿于所有层次，包括增加、修改用户信息，修改权限信息，用户的身份认证，安全审计等功能；同时，提供数据加密、解密服务，确保信息传输的安全性。

5. 服务构建层

服务构建层是应用服务运行于云计算应用体系架构上的集成平台。一方面，通过服务构建层，应用服务可以运用统一的标准和接口来相互访问，远程节点也可以运用这些接口访问到云计算中心提供的服务；另一方面，云计算管理层也通过服务构建层对应用服务进行调度和容错处理。

基于面向服务的体系架构（SOA）的思想，开放接口采用中立的方式进行定义，独立于实现服务的系统硬件、操作系统和编程语言。各种服务可以一种统一和通用的方式进行交互，包括提供规范化的服务契约、松散耦合性、服务抽象性、服务重用性和服务自治性。

服务总线为应用构件提供服务发现、注册、访问等服务，进一步解除构件之间的耦合性，使得服务“即插即用”。应用构件通过标准的访问接口接入服务总线，并完成相互访问，完成系统的集成。同时，该层提供流程编排能力，视情况动态地改变系统业务流程。此外，服务构建层提供基于服务规范的开发规程和工具，以提高服务开发效率。

6. 应用层

应用层包括非战争军事行动应用、作战应用、一般业务应用和日常训练应用，内含态势分析、目标识别与跟踪、目标打击、作战推演、效果评估和精确后勤等。

上述开源的分层架构，整个体系是开放和集成的。可以充分发挥云计算平台技术面向分布式大规模系统的资源汇聚、管理和调度功能，提供高性能、可扩展的分布式通信、存储和计算能力，结合 SOA 理念，在大范围内提供对数据的统一支撑、服务的生命周期管理、交互管理、可靠性和可用性管理支持，实现系统范围内的松耦合架构和应用。其层次化结构的下层为上层提供支撑，上层为下层提供指导，突出了体系的灵活性和生长性。

为了应对海洋行动大数据带来的挑战，需要综合运用边缘节点、云计算等新技术，从基础设施层面构建支撑大数据存储、管理应用的平台。通过建立强大的数据存储分析能力支持海上行动需求，实现数据驱动的决策。其中，数据中心是整个系统体系的知识中心及通用的业务平台。“数据跨域分布集中、应用各取所需使用”的数据中心方式，不但能为本级各业务部门应用提供公共的存储资源，同时可以担负海上各级各类指挥信息系统的数据存储与管理，可有效地提升信息资源和基础设施的利用效率，为各种海洋行动大数据指挥信息系统技术应用提供基础层面的有力支撑。

对于大数据处理，目前主要使用两种核心软件平台技术：一是基于MapReduce磁盘处理任务调用的批处理Hadoop技术；二是基于内存计算的分布式实时流Storm技术。其中，Hadoop是基于Google公司2003年研发的Google文件系统（GFS）和2004年研发的MapReduce编程模型，包括分布式开源产品HDFS（Hadoop Distributed File System）和大数据集处理MapReduce架构及以其为基础建立的系列产品。Hadoop非常善于进行离线大数据批处理操作，特别是针对诸如文本、社交媒体订阅及视频等非结构化数据处理。其HDFS负责静态数据的存储，并通过MapReduce将计算逻辑分配到各数据节点进行数据计算和价值发现。Hadoop包含一个主节点（JobTracker）和众多从节点（TaskTracker）。作为核心节点，JobTracker主要负责调度、管理作业（Job）中的任务（Task）。TaskTracker作为任务节点，主要负责执行JobTracker分发过来的任务。当作业提交给Hadoop系统时，其将数据处理任务抽象为一系列的Map（映射）和Reduce（化简）操作对。Map主要完成数据的过滤操作，Reduce主要完成数据的聚集操作。输入、输出大数据均以〈key，value〉格式存储，用户在使用该编程模型时，只需要按照自己熟悉的语言实现Map函数和Reduce函数即可，MapReduce框架会自动对任务进行划分以做到并行执行。Hadoop的扩展能力得益于shared nothing结构、各个节点间的松耦合性和较强的软件级容错能力：节点可以被任意地从计算机集群中移除，而几乎不影响现有任务的执行。该技术称为RAIN（Redundant/Reliable Array of Independent（and Inexpensive）Nodes）。Hadoop卓越的扩展能力已在工业界（如Google、Facebook、Baidu、Taobao）得到了充分验证。其对硬件的要求较低，可以基于异构的便宜硬件来搭建集群，并且免费开源，因此其构建成本低于并行数据库。

但是，Hadoop也有明显的缺点，其MapReduce不适于处理实时性较强的流变大数据。对此，通常采用Storm等流计算框架。Storm是一个分布式的、可靠的、容错的数据实时流处理系统，Spout是Storm中的消息源，用于为Topology生产消息，一般从外部数据源（如Message Queue、RDBMS、NoSQL、Log）不间断地读取数据并发送Tuple给Bolt进行数据操作，Bolt是Storm中的消息处理者，用于为Topology进行消息处理，Bolt可以执行过滤、聚合、查询数据等操作，而且可以一级一级地进行处理。这种Topology模型采用消息传递方式交互数据，数据量相比较从磁盘获取要小，而且动态地读取，每次读取量小。Storm的高可靠性和容错性主要集中体现在Storm的数据重发机制上，由于每个Bolt可以启动多个task，每个task都会带有一个唯一标识的ID，Storm

将此 ID 持久化，在数据重发时读取发送失败 task 的 ID 状态，重新发送数据，保证数据的一致性。这明显优于 S4 实时流系统，而且 Topology 递交之后，Storm 会一直运行直到主动释放 Topology 或者 kill 掉。这明显优于 Hadoop 系统。

海洋行动数据中心可透过虚拟化和云计算框架进行设计。利用 Hadoop 平台强大的数据分析处理能力，融合 Storm 的实时流处理能力，结合云计算和大数据挖掘技术，可建立基于 Hadoop 和 Storm 的海上大数据智能处理模型架构①，如图 2.9 所示。

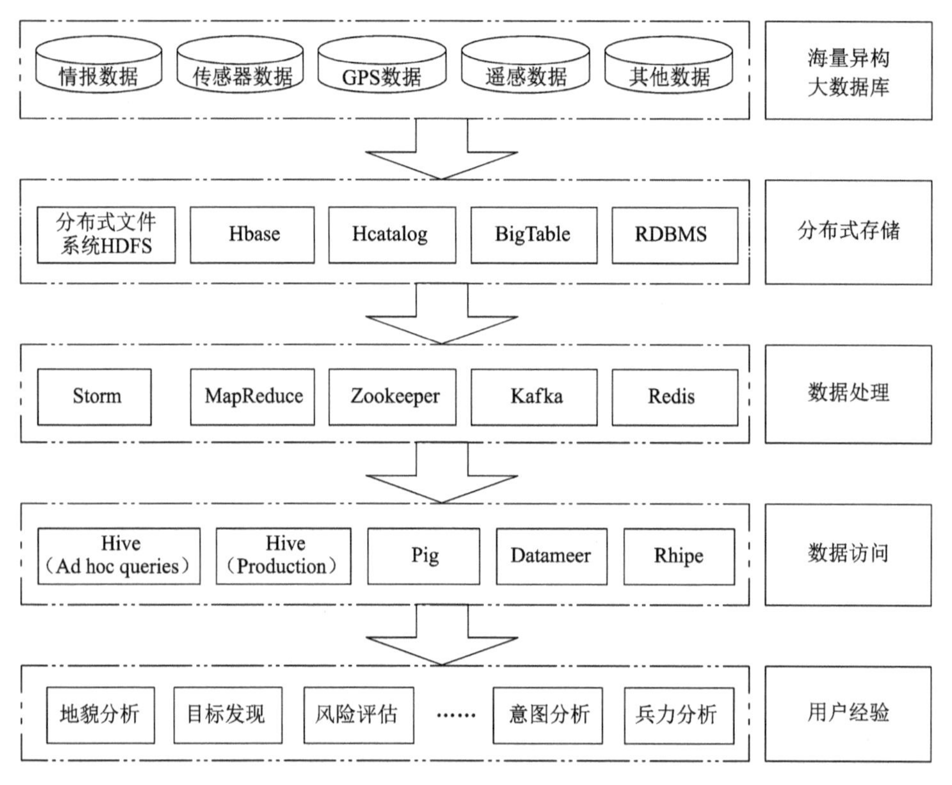

图 2.9 基于 Hadoop 和 Storm 的海上大数据智能处理模型架构

海量异构的多源数据经过抽取和转换，作为资源存储、传输到分布式计算平台；通过数据处理层的 Storm、MapReduce 等，分别对实时数据流和离线批处理数据进行处理。当外界请求地貌分析、目标发现、风险评估、意图分析及

① DEAN J，GHEMAWAT S. MapReduce：Simplied data processing on large cluster［C］//OSDIp04：Proceedings of the 6th Sympos-ium on Operating System Design and Implementation. New York：ACM Press，2004。

兵力分析等针对性更强的具体业务时，调用 MapReduce 层之上的 Hive、Pig、Datameer 及 Rhipe 等高级数据处理流程，执行面向大数据访问的深度分析和学习。

2.3.3 海上大数据智能指挥控制内在机理

战争是典型的有目的的“活力体系对抗”行为。其指挥控制是战略与战术相结合、经验与理性并存的高度艺术化的使命任务活动。智能指挥控制的核心在于智能思维。其发展和突破的关键是揭示智能指挥控制行为内在的智能机理，即揭示智能指挥控制主体行为背后思考的逻辑起点和运行机制、具体实现的方法和手段。如图 2.6 所示，大数据智能指挥控制的内在机理包括“智能心源”、大数据“智能算法高架”和大数据智能决策网 3 个相互支撑的关键部分。

1. 智能心源

大数据智能指挥控制基于大数据分析，通过大数据学习，主动深入地从海量大数据中发现有利用价值的关联规则和规律，吸取知识和智慧，直接作用于指挥控制过程，使得指挥控制充满智能，进而形成智能指挥控制系统，实现“从数据到决策”。其核心在于智能思维。

智能思维来源的机制，或者说形成智能思维的机制是学习、记忆和自我创造。其中，学习是智能主体在环境中学习及与其他智能体交互学习；记忆是智能主体对习得知识的不断凝炼、固化，进而形成先验知识和主观意志；自我创造是智能主体基于学习和记忆的行知突破。

对于人类来说，智能思维源于大脑所思，归于心之所想，包括思想、目的、意图和出发点等。目前，以深度学习为代表的人工智能算法尚不能向用户解释其想法和决策结论，用户也无法完全理解其决策过程，难以分辨其具体行动背后的逻辑。研究智能指挥控制的内在机理，目的之一即在于揭示智能指挥控制的智能来源，亦即智能指挥控制主体行为背后思考的逻辑起点和谋略引擎。本书称为“智能心源（Intelligent Source of Soul，ISS）”。它回答了动因，给出了智能主体行为背后思维的起源，指出了指挥控制的目的、意图、出发点，乃至“情感”，解释了其“为什么这样做而不那样做”的逻辑。对于人工智能来说，“智能心源”主要由两种来源：一种是外来加入的，如通过人为程序嵌入；另一种是自身在环境中习得领悟并加以固化的记忆，如机器学习中的价值体验。这在工厂智能制造系统和 DeepMind 团队开发的 AlphaGo 系列程序中表现得十分明显。

在智能化主导的大数据时代，“智能心源”成为智能指挥控制引擎（Intelligent Command & Control Engine，ICCE）。直接作用是以“智能心源”对大数据智能指挥控制进行调节和控制，其“点火”和运行机制如图 2.10 所示，包括“点火”方式、接口系统、运行内容（“智能心源”芯片组）及相关支持部分。

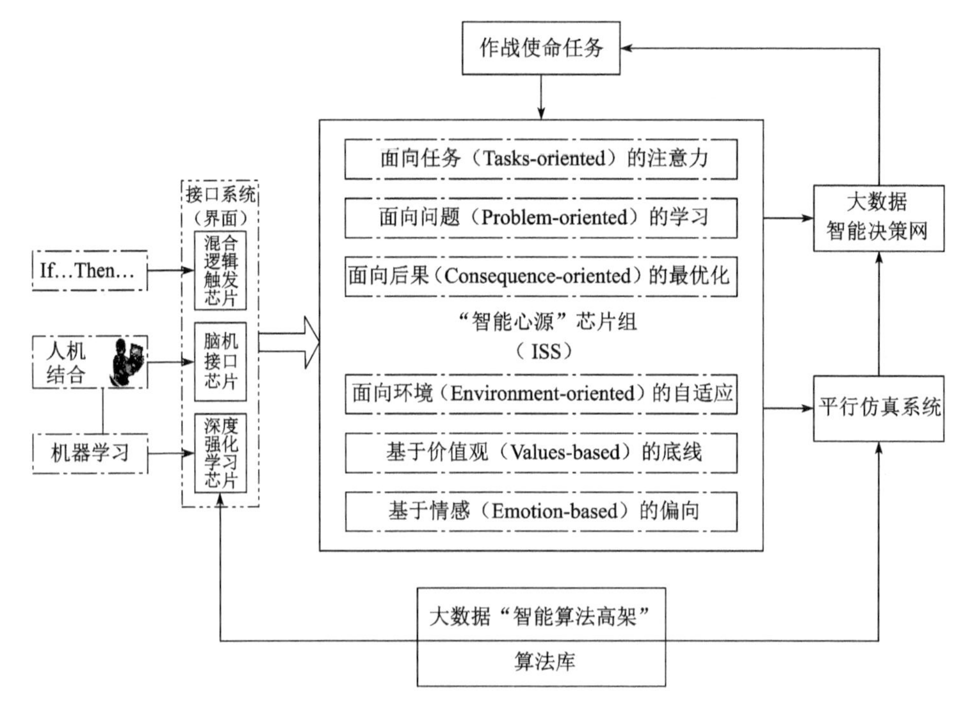

图 2.10 “智能心源”点火和运行机制框架

具体“点火”方式分 3 种。

（1）采用“If…Then…”，结合“与或”/“与非”等逻辑构成多元混合逻辑触发器，物理实体是多元混合逻辑触发芯片；该方式成熟，易于实施，但不适应复杂变化的情况。

（2）应用人机结合方式，通过在人脑中植入芯片将人脑和人工智能系统相连，或将类脑认知计算模型引入人工智能系统，以人机协同的混合-增强智能形态进行，物理实体是脑机接口芯片。2020 年 8 月 29 日，美国创新企业家 Elon Musk 宣布成功在猪颅内植入脑机接口芯片（Neuralink），下一步将用于人脑试验。鉴于智能指挥控制应由人类把控，以及脑机接口芯片未来可期，应用人机结合的方式是理想方式。

（3）机器学习方式，即大数据智能指挥控制系统自己通过大数据学习、环境学习和领悟进化，形成具有自我意识的方式。这意味着系统已经不受人类控制，可以自主发动指挥控制行动，目前还比较遥远。

运行机制包括以下几方面。

（1）面向任务（Tasks-oriented）的注意力机制。

（2）面向问题（Problem-oriented）的学习机制。

（3）面向后果（Consequence-oriented）的最优化机制。

（4）面向环境（Environment-oriented）的自适应机制。

（5）基于价值观（Values-based）的底线机制。

（6）基于情感（Emotion-based）的偏向机制等。

可以通过软件定义（Software Defined）的形式嵌入系统中。根据需要，其表现形式既可以单个机制为主导发挥作用，也可以多个混合交互共同起作用，而且随着时间和场景的不同，具体形式和内容也可以不同。

2. 大数据“智能算法高架”

算法是实现从数据中发现和获取知识的方法与手段，目前常用的算法包括统计分析、机器学习、并行搜索、预测决策、D-S证据理论、模糊推理、Bayes估计、……、平行仿真等。但是这些算法和方法都有各自的适用性和应用范围。智能算法的进一步发展应用出路在于混合进化方法。大数据“智能算法高架（Intelligent Algorithm Viaduct）”的设计思想是“算法匹配任务，程序围绕着数据转”，算法和知识相互促进、相互引导，交互螺旋演化。

如图2.11所示，首先问题咨询与分解系统对作战使命进行解释、说明，对任务进行分解，将其归为一类或分解为若干类，如归为目标图像识别类或目标意图识别类等。同时，决策支持系统在算法库的支持下对大数据进行分析和预处理，将不同来源的大数据按其性质进行标记和分类；然后，根据任务分类结果与算法库进行“算法-任务”适应性匹配与组合。当只有一类任务时，一般调用一种相匹配的算法；当有多类任务时，则调用多种算法进行组合。譬如，在目标识别和战场态势感知方面，当有大量数据且特征模糊时，可采用机器学习中的深度学习方法；当只有少量数据但为特征信息时，可运用Bayes估计；当信息不确定时，可运用模糊不确定推理算法。

在指挥决策领域，根据不同的博弈对抗环境，或采用基于规则的暴力搜索方法（“深蓝”），或采用基于语义的统计推理算法（“沃森”），应用专家系统，以大数据关联分析和统计特征进行挖掘和追踪；或应用平行仿真技术，采用Monte Carlo搜索树及博弈试探方法（“深绿”），博弈推演对手的行动及结果，通过预测战场中未来可能发生的各种分支和情况，为指挥控制决策提供支撑。

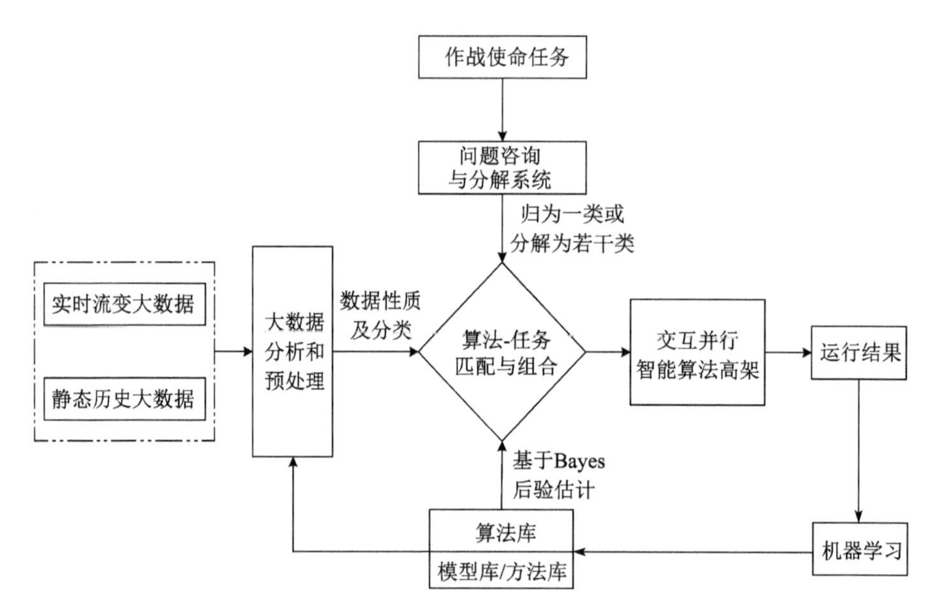

图 2.11　大数据“智能算法高架”运行框图

各种智能算法在各个相应的应用层面按需调用，并行工作，自适应交互，综合运用，最后得到运行结果。同时，通过机器学习将经验和知识反馈到算法库，并基于 Bayes 后验估计不断改进“算法-任务”匹配与组合。在基于大数据情报分析的作战智能指挥控制系统中，通过大数据“智能算法高架”自适应工程设计，在目标任务、决策支持系统与大数据间实现计算资源、知识和智能算法实时共享。

3. 大数据智能决策网

大数据智能决策网是大数据智能指挥控制系统进行作战筹划、任务规划和方案选择的关键部分，内含博弈推演、决策分析和面向后果的反馈控制机制。如图 2.12 所示，大数据智能决策网包括基于系统大数据智能网络学习算法生成的价值网和策略网，以及作战使命任务、战场态势认知与评估、决策分析、“智能心源”、平行仿真推演系统等模块。

“智能心源”受作战使命任务的制约，同时以分布式方式嵌入到平行仿真系统中，赋予大数据智能指挥控制以“思想”，其直接作用是对智能指挥控制主体行为进行调节和控制；平行仿真推演系统与实际的大数据智能指挥控制行动并行同步，实时获取真实的和虚拟的作战大数据，通过平行仿真推演，预测评估结果，指导真实的指挥控制行动。在作战使命任务和“智能心源”的引导和驱动下，以深度强化学习为代表的各种算法基于“任务”匹配（见大数据“智能算法高架”）进行大数据分析与计算，实现对战场初始态势的精准画像和可视化分析，从关键态势要素实体关系的角度建立对作战态势要素的基本认知，进而为构建整个战场态势思维图景奠定基础，并通过知识推理发现态势要素之间的隐含关联关系；基于作战能力、目标和效果进行作战体系分析，推理分析敌情威胁，辨识敌我作战重心和高价值军事目标。

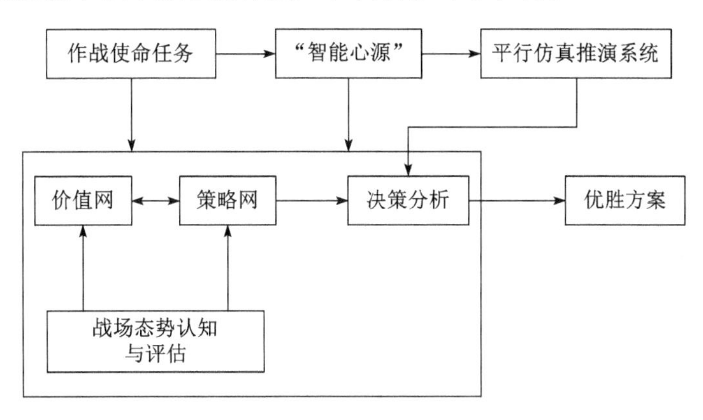

图 2.12　基于深度强化学习的大数据智能决策网组成结构

智能决策网在战场态势感知和战场态势智能认知、态势评估和威胁判断的基础上，结合平行仿真推演，通过决策分析产生具有自主价值的优化决策方案。其中，通过策略网进行决策分支选择，降低决策方案搜索的宽度；通过价值网评估全局战场形势，减小决策方案搜索的深度。两者相互融合，模拟人类作战指挥决策深思熟虑的搜索评估过程。在多域体系对抗中，这是一个体系对抗“博弈推演”决策过程。

其中的知识分为两类：一类是全局知识，代表所需解决问题的方向；另一类是局部知识，提供解决具体问题的途径。

2.4　关键系统和技术

基于大数据情报分析的海上大数据智能指挥控制关注作战“大数据”，实际是着眼于其业务和功能，包括大数据战场态势感知、战场态势智能认知、威胁判断、目标任务分析、任务分解与作战行动筹划、作战资源调度与规划等，需要相应的专门系统，应用诸多领域的关键技术进行处理，快速揭示和获取有价值的知识和信息。这是一系列收集、存取、管理、智能分析、筹划决策、共享与可视化的系统与技术集合，包括大数据情报分析技术、大数据机器学习技术、动态智能决策技术，大规模并行处理技术、流式数据处理技术、分布式计算技术、资源虚拟化技术、非关系型数据库（NoSQL）技术、自然语言处理技术、网络分析技术、分布式数据库技术、可视化技术、嵌入式平行仿真技术、专家系统等。这里主要从大数据智能指挥控制角度介绍其中相关系统和技术。

2.4.1 关键系统

1. 大数据分析处理系统

数据的核心是发现价值，而驾驭数据的核心是大数据分析处理。一是对战场各种目标进行智能自动识别，通过光学、红外、电磁、雷达、声音、网络等多源的大数据及目标特征大数据，对战场上各类作战目标快速自动识别；二是针对战场多源异构海量情报信息，利用本体建模、深度学习、大数据处理等智能化技术，聚焦图像情报智能判读、文本语义智能理解、目标智能关联处理等，实现信息分析及处理容量的提升，加快从数据到决策的节奏；三是态势智能认知，聚焦作战体系结构建模、体系重心/弱点挖掘、作战体系能力综合评估、敌目标活动规律挖掘、非协作目标行动预判以及战场环境建模与影响预测、作战形势分析预测等；四是围绕态势信息按需定制及信息智能共享分发，研究解决基于用户行为特征的信息需求挖掘、用户关键信息需求自适应生成、态势信息按需匹配与信息智能推荐等，提高态势服务的精准度和效率。

实际的目标、关系和实体行为通常十分复杂，如决策和偏好，很难检测和依靠先验建模分析，而当前大规模激增的情报大数据背后隐藏着现实世界的知识和信息。除了传统的分类、聚集、关联、信息融合，以及各种统计推断方法外，利用诸如数据挖掘的自动建模能力等更高层次的大数据智能分析技术有可能解决这个问题。大数据分析处理系统在对信息进行自动快速搜集处理的基础上，智能地对单位间关联关系、行动意图、目标价值、力量强弱、局势优劣等当前战场态势进行分析，准确识别对手意图，预测敌方可能的行动、行动预期结果以及战场局势未来的变化等，包括深度学习、强化学习、迁移学习、高层信息融合与知识发现等智能分析与处理。在大数据智能分析处理中，知识和算法相互转换，多传感器和多源渠道获取的数据存放在数据仓库中，经过数据清理、预处理，贝叶斯网络、分析聚类、机器学习、决策树、模式识别和评价等数据挖掘处理过程，得到较准确地描述传感器所在环境的模型，动态地识别目标及其行为，展开背景分析、特征分析、关系分析、态势分析和意图分析，实现对其作战能力和行为意图的认知。例如，美国军方与动态研究公司合作开发了“Rainmaker”智能大数据分析技术。该技术是一种基于战术云计算环境的大数据分析技术。该大数据分析技术平台包括1800多个处理芯片及PB级别的大数据分布式存储器，可提供海量数据分析与处理能力。该技术已装备化并已于 2010 年部署到阿富汗。目前，美国国防部高级研究计划局（DARPA）正在开展一项可视化数据分析（XDATA）研究计划，旨在开发用于分析大量半结构化、非结构化数据的计算技术和软件工具。其中最具挑战性的技术是可伸缩的算法用于分布式数据存储、应用，如何使人机交互工具能够迅速有效地定制不同的任务，以方便对不同的大数据进行视觉化处理。对开源软件工具包的灵活使用，使得其能够处理大量应用数据。

这就是需要实时大数据分析处理系统。如图 2.13 所示，实时大数据分析处理系统面向海量数据，采用“以数据资源组织为基础，以批量数据处理与挖掘为手段，以数据分析服务为宗旨”的实时大数据分析处理架构。具体来说，以数据为中心，从结构上可分为数据获取层、数据分析层和数据显示层，基于数据获取层提供的基于时空网格的海情数据快速存储和访问能力，开发海情数据分析软件，并将数据分析结果及时予以展示。

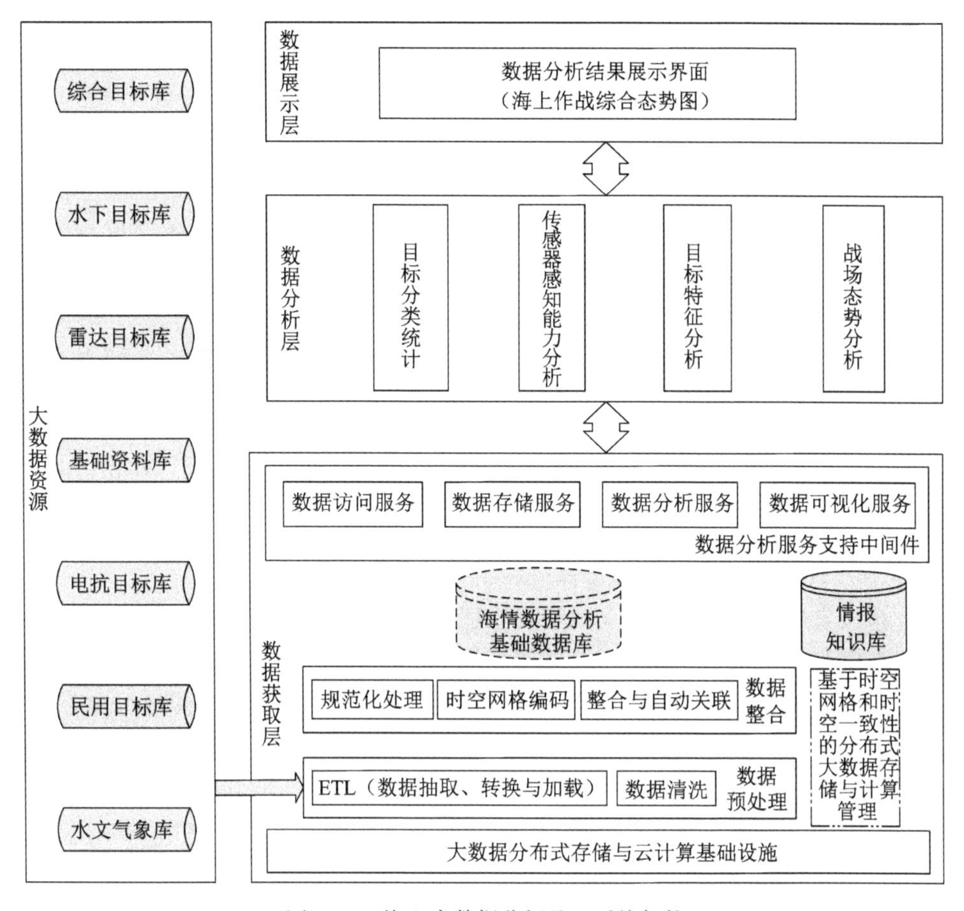

图 2.13 海上大数据分析处理系统架构

（1）数据获取层，基于海情数据分析存储与计算基础设施，采用数据整合工具实现对传统海情关系数据库数据、文件接口数据以及未来流式数据的批量接入；对数据予以基本的抽取、清洗等预处理工作，并基于剖分网格编码技术对海情数据进行高效存储与组织，实现海量海情数据的关联与整合，形成海情数据分析基础库，为后续数据挖掘与分析提供数据支持，同时为应用提供大批量数据快速访问能力。

数据分析服务支持中间件，通过服务接口向上层应用提供透明、统一、高效的数据和应用服务，支撑上层业务应用快速开发。主要包括数据访问服务、数据存储服务、数据分析服务以及数据可视化服务。其中数据分析服务提供通用的数据挖掘算法，满足客户数据分析挖掘功能；数据可视化服务，提供图形、表格等通用可视化方式。

（2）数据分析层根据用户需求，基于数据分析支持中间件提供的数据访问、存储、统计计算、挖掘方法以及可视化服务，针对海情业务需求，实现目标分类统计、目标特征分析、态势分析以及传感器战场感知能力分析的功能应用，将分析结果存储于知识库中，并向显示软件推送。

本层软件为业务核心软件，其中，海上目标分类统计软件是根据情报源、时间、空海类别、敌我属性、国家/地区等条件分类统计系统记录的海上目标状态数据，形成某时间段各类型目标统计图表，辅助用户掌握当面情况和分析近期变化趋势，形成辖区目标总量及趋势知识；传感器战场感知能力分析软件是分析系统记录的传感器数据，提取传感器或探测平台实际能力指标，形成情报源实际感知能力知识；海上目标运动特征分析软件是分析系统记录的海上目标侦观察数据，提取海上目标运动特征以及综合特征，形成目标综合识别特征知识；战场态势分析软件结合地理信息、传感器能力和部署等信息，分析系统记录的海上目标数据，形成目标活动规律、目标行为和意图、目标关系和战术等战场态势知识。

（3）数据显示层以 Web 方式向用户呈现分析结果。

该大数据分析处理系统架构既可以适应现有硬件设施，也可以适应未来分布式数据存储与云计算平台中，如基于 Hadoop 的高性能海量数据处理平台，仅需增加分布式数据存储与云计算管理软件，即可解决因数据量级大、数据多源、数据多样等因素导致的海情数据分析困难的问题。

2. 大数据智能决策支持系统

信息和数据是作战指挥决策的依据。海上行动需要作战指挥系统和作战人员对战场态势及其变化做出快速而正确反应，包括作战方案和行动策略、进攻策略、防御策略及机动策略。多平台海上联合作战还面临多作战主体联合决策与协同的问题、时敏目标打击的问题。所有这些都需要战场上分布的作战实体和平台具有快速的分布决策能力和灵活的反应能力。这不仅需要及时、准确的数据，还需要对战场态势的发展和敌方未来可能的行动进行分析，提供预测信息。所有这些都是建立在相应的数据分析和推断基础之上的。这需要高智能的辅助决策系统的支撑。传统的智能决策支持系统（Intelligent Decision Support Systems，IDSS）应用专家系统、决策模型、学习机制和分布式数据库不断地观察和处理来自战场上的各种情报信息数据，将其与已有的知识和信息相互结合，在博弈推演、定势判断的基础上选择策略，并通过反馈不断学习、不断适应新的环境和竞争信息。

其组成结构如图 2.14 所示。

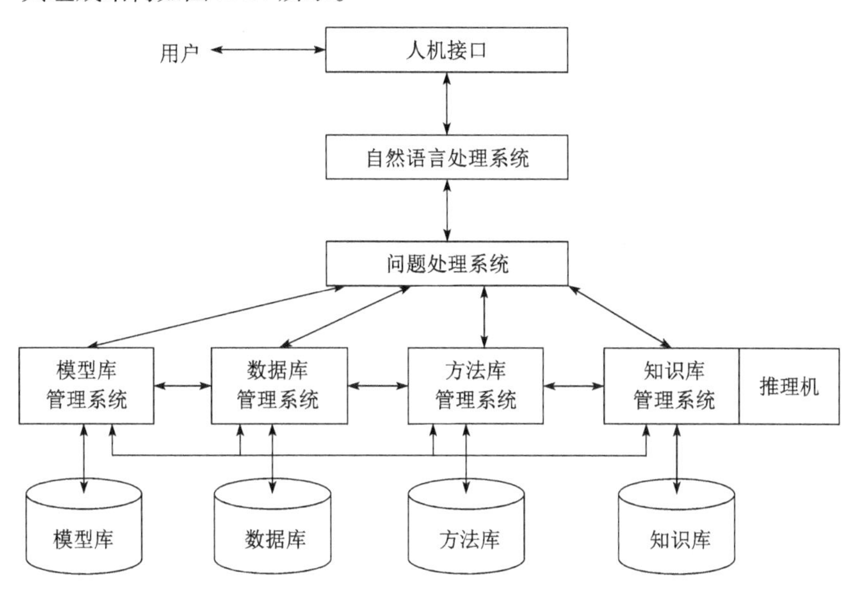

图 2.14　传统的智能决策支持系统组成结构

2007 年，美国 DARPA 提出 21 世纪“深绿（DeepGreen）”计划。该计划的核心思想是应用大数据，将人工智能（AI）引入作战辅助决策系统。该系统应用大数据：一方面，对未来多种可能进行快速仿真推演，预判敌人的可能行动；另一方面，根据战场实时信息和数据不断更新估计。其中的大数据包括以下几方面。

（1）战场环境背景信息大数据。

（2）武器平台信息大数据。

（3）兵力部署和作战计划信息大数据。

（4）重要平台活动信息大数据。

（5）电磁活动信息大数据。

（6）敌我目标特征信息大数据。

（7）目标威胁度信息大数据。

（8）其他一切相关信息大数据。

这些信息大数据涉及兵力、火力、ISR、机动、后勤等决策分析的内容。海上作战要求对海上出现的最新情况、随机发现的敌方目标，及时做出反应。反应速度已成为作战制胜的关键因素。然而，实际指挥决策面临许多严峻的挑战：一是很难获取最佳决策信息与指挥员拥有大量原始信息之间的矛盾；二是指挥员在指挥决策活动中的主导地位与主观决策失误之间的矛盾；三是指挥决策的复杂性与时效性之间的矛盾；四是指挥决策的多解性与寻求最佳决策之间的矛盾。作战指挥与行动必然滞后于战场实际。决策时，需要对所有的过程、相关因素与结果进行有预见性的思考和行为选择。这就要求增强两方面的功能：一是预测功能，通过某种机制及相应的技术手段，提高信息用户对可用信息的预见性；二是触发功能，即针对不同作战单元提供实时更新的“战场态势图”和关键时节的关键信息，并及时向联合作战体系相关单元分发。大数据智能决策支持系统（Intelligent Decision Support Systems by Big Data，IDSSBD）就是通过对大量相关和不相关的数据进行时空属性分析，对数据进行归类、关联，揭示数据之间内在的层次和联系，并进行推演。对于数据的变化，分析其变化的原因，跟踪其变化的过程，进行综合评估。

在多主体合作型决策中，大数据智能决策支持系统通过多主体交互、学习，在既定的规则和环境条件下，以整体的利益和全局优化形成协同行动；在与敌对抗型决策中，在不确定信息乃至虚假信息环境下，通过交互、预测和底线思维，得到当前态势的策略选择，进行活力对抗。

3. 军事地理信息系统

军事地理信息系统是地理信息系统（Geographic Information System，GIS）在军事上的应用，指在计算机软、硬件以及网络技术的支持下，综合运用信息科学、地形学、图形图像学、人工智能、运筹学、军事学等理论和方法，对一切与地理空间位置相关的战场地形地貌、环境、敌情等空间信息进行分析、综合，动态地存储、管理、合成和输出，为作战提供战场军事情报、环境信息以及作战辅助决策支持的信息系统。对于现代海上作战，以地理空间位置为基准的军事 GIS 可以为数字化海战场建设提供多维、多尺度、多分辨率、多数据源、高精度的战场基础性数据，为海上联合作战中的导航、精确打击、决策支持等提供战场地理信息和空间态势支持。

军事 GIS 的信息和数据来源于海、陆、空、天的各种探测及遥感系统和装置，包括：天基的遥感卫星、海洋监视卫星以及侦察卫星等；空中有人侦察飞机、无人侦察飞机以及飞艇等搭载的光电探测雷达、高分辨率成像和遥感装置、气体气旋分析装置等；岸基的高频天波雷达、地波雷达、微波超视距雷达、激光探测雷达、光学探测与成像装置、无线电信号探测与分析装置以及海洋气象与水文探测与分析装置等；海基的测量船、浮标、潜标、潜艇（包括UUV)、蛙人、沉底式海床基、接驳器等携载的各种物理生化传感器、光电探测器、水听器。主要任务有以下几种。

（1）基础海洋环境信息保障。主要包括海洋环境参数（温度、盐度、密度、声速、海流、潮汐、地质、地形、透明度、水色等)、大气环境要素(云、雾、气温、降水、湿度、台风等)、电磁环境参数、航行安全参数（海岸线、岛礁、禁区、领海、人工设施）等。

（2）作战应用产品信息保障。主要包括海洋水声环境信息（声传播损失、海洋噪声与混响、声纳作用距离、海洋中尺度特征、跃层参数、会聚区参数等)、水下航行深度优化参数、磁力场、重力场等。

（3）信息采集与更新保障。主要有战场空间数据、军事专题数据、作战应用产品信息实时获取、动态更新，按需实时进行网络化发布。

（4）智能化作战决策支持。随着高新技术的飞速发展，特别是在 GPS、RS、先进传感器、无人作战平台等技术支撑下，为信息化海战决策提供支持。具体包括以下几方面。

① 空间环境分析。军事 GIS 可以实现战场环境信息空间查询与分析、环境信息作战敏感特征参数提取、航行路径分析、可探测区域分析、空间距离量算、面积（体积）量算等。

② 战役战略层次智能任务规划。如海军军事基地规划、军事基础设施管理、战区规划、联合作战任务规划、作战方案支持、导弹攻击支持、打击效果评估、应急作战准备规划、作战目标分析等。

③ 战术层次智能化作战管理。主要包括战场模拟、战场监测、战场管理、区域战区规划、航行计划、导航管理与控制、阵地规划与配置、战术原则、后勤保障规划、武器打击轨迹分析与效能评估等。

④ 实时作战信息支持。主要包括实时海图、战术机动方案优化、地形匹配与水雷目标识别、航行路径优化等，为联合作战提供不同层次和粒度的 COP 支持与多媒体专题信息服务。

4. 智能信息分发系统

信息是潜在价值的源泉，然而，要实现信息的价值，实现信息增值，并不是由信息搜集和处理过程决定的，而是由信息共享的程度和速度决定的。信息只有流动起来并到达所需要的地方，才可能发挥信息应有的作用。在海上大数据智能指挥控制行动中，无论是兵力兵器的相互配合，还是不同火力的相互协同完成使命任务，都涉及信息的准确传递和服务问题，即实时地共享战场态势，在恰当的时间将适当的战场情报、指控信息、战术数据等各类信息和数据传递给适当的人、系统或设备，甚至预先为下一个决策提供所需的信息。在用户按需订阅信息服务的基础上，利用模糊逻辑技术、语义关联技术分析用户信息需求及偏好，生成基于用户的差异化特征的信息需求，为用户智能化推送各类战场信息，同时根据用户的战术任务及地理区域，生成用户信息关联需求，主动推动信息共享。

智能信息分发就是根据不同用户的信息需求，以最恰当有效的方式提供所需信息的感知和访问，并根据战场环境和通信能力（通信带宽）及时、动态地调整信息传递的优先等级，即所谓智能化“信息推送”服务。

一是对信息进行分类，按用户需求进行分发。联合作战的一个特点存在有大量探测跟踪数据和联合交战指令需要在众多平台之间共享，包括战略信息、战术信息和火控类信息，分为情报类、指控类、保障类。用户需要的是特定信息而不是全部信息。传统的信息分发系统由于无法自动地确定哪些信息是用户所需要的，只好对不同级别、粒度的信息不加区分，全部发送出去。二是按不同用户作战需求的轻重缓急及时、动态地分发。譬如，对战场态势变化信息需求紧迫，需要在1min内实时传达；对导弹预警信息更要在1s内发送，而天气、计划、命令一类的情报和信息可视情稍后发送。三是根据用户状态和带宽情况及时发送。由于存在大量远程数据交战和在不同平台间的接力控制，这些数据信息往往是差异的、无限的，状态变化不均、传输时限要求不一，所依托的主要是复杂电磁环境下的有限带宽通信和数据网络，面向的是处于不断运动中、任务可能随时改变的用户终端。这意味着，同样的信息对于不同的用户性质是不一样的。在考虑不同信息报文需求的优先级、用户节点移动性和外界干扰的情况下，必须建立一种具有战术通信、导航定位和目标识别等功能的综合集成系统——智能信息分发系统，针对不同传输链路的可用性和历史效能，智能、动态地调度各条通信传输链路，按轻重缓急进行信息和数据分发。智能信息分发系统源于战术信息分发系统（TIDS），在信息分发和传输方法及时机上引入了人工智能技术和专家系统，基于分析和预测确定不同类型的信息、数据和知识在节点之间流转的方向和速度，所需的带宽和传输速率。具体的分发规则如下。

1）汇集规则

汇集是将传感器或数据终端采集到的数据发送到指定逻辑节点的过程。目的是进一步综合分析和融合，形成态势数据，供数据发布使用。数据或信息汇集的基本要求是既要保证平时的指挥隶属关系，又要兼顾实体间的相互支援和协同关系。

（1）隶属优先规则。该原则按照作战编组的指挥关系，各类行动实体的数据终端应优先将采集到的数据发送到其所属的上级指挥实体，以保证对直接所属实体的实时控制。该类数据主要包括实体的空间位置数据和行动信息，以及实体间的协同信息等数据。

（2）汇集节点自治规则。汇集节点自治是指节点能主动地探测网络的通信情况，缓存重要数据；能根据通信链路的情况按数据的优先级转发数据，并在上级节点损坏的情况下自动接替其有关功能，形成对所属下级所有节点的中心节点。在数据分发中，为了分布式的指挥控制对信息的最低需要，通常在某个逻辑指挥节点上设置数据的汇集点，确保在该节点与其他节点之间在通信临时中断的情况下对所属实体的独立指挥。汇集节点可分为中心节点和一般节点。前者负责搜集网络中所有其他节点的数据，后者负责搜集所属实体的数据并按照逻辑关系将数据转发到上级数据节点。

2）定制分发规则

定制分发是按照事先规定的通信链路、信息类型和用户享受的权限，根据信息传送的优先等级，由信息发布节点主动地向某个或某些用户发送。发送的信息主要有上级下达的指令、目标状态、本级和友邻的位置、隶属关系的变更，以及网络配置的变化等信息。

3）订阅分发规则

订阅分发是用户根据自己的特殊需求，自主地选定所需信息和信息类型，主动向信息发布节点索取，经信息发布节点对用户身份、权限认证后，检索相关的信息并经过处理打包后及时发送给用户，并可接收用户的反馈信息，进一步完善服务。

4）强制分发规则

对于用户必须接受的信息，分发节点在系统的控制下强制性地将用户必须接受的信息发送给用户。这类信息在分发节点具有最优先级，并自动优先执行，如系统设备数据的清除、网络配置的变更、设备的自毁信息等。

在海上联合作战中，舰艇编队、岸基火力和指挥中心，太空、空中作战平台位置分布，有的相距遥远，要求各个作战实体能构成“智能”共同体，展现出从时间协同到空间融合有机统一的态势。这就要跨越时空及时通信，在复杂多变的战场环境下，分类按需、适时高效地分发所有信息和数据，并尽可能预先为下一个决策提供所需的信息。智能信息分发系统是提供及时的态势感知、有效的指挥控制、精确的软硬打击、灵活的勤务保障，以及导航定位、目标识别等信息传输与服务的公共平台。其通信容量、周期时间、数据更新率、报文差错率和抗干扰能力，比一般数据链高出若干数量级。

5. 战场管理系统

海上作战涉及非常复杂的系统和过程，涉及广泛的战场资源，以及情报、信息和数据，但所有这些要有序化，并汇合成为有效果的整体行动才能称为是力量。这就需要围绕作战目标，进行战场资源管理，监控作战运行过程；对目标、数据库、支持保障条件等进行动态管理和协调，通过调整信息管理过程用于满足特定的使命驱动。相应的知识和信息管理是关键，包括传感器调配、武器分配与协同、后勤保障支持、作战信息管理、数据库管理、文电管理、频谱管理等。

战场管理是以知识和资源业务管理为核心的战场综合管理：一是维持各个系统的正常运行；二是支撑联合作战。含作战区域协调、作战区域传感器协调、频谱管理、作战空间协调、作战空间武器装备与人员协调、各平台信息协调、各平台完好性协调和平台指挥、目标管理、过程管理等。常见的战场管理系统的体系结构有分布式和集中式两类。例如，“自动作战管理辅助工具集(ABMAs)”[①] 就是一种典型的分布式业务战场管理系统。

战场管理系统管理并描述各种信息，进行认知和共享理解，在管理中实现价值增值。过程包括信息和数据收集、整理并条理化信息和数据，用于战场管理决策；对运行进行管理和对过程进行优化控制。根据不同的管理和决策的目标（如指挥控制、引导、后勤补给），这个过程有不同的形式和内容，强调在合适的时间生成具有所需内容和质量的合适信息，满足任务需要。

（1）传感器调配。选用适当类型的传感器、运行模式和时统，为多个区域的战场监视提供最有价值的信息，满足使命任务需求；根据作战指挥优先级，为传感器覆盖范围内的用户分配传感器的使用。

（2）信息处理和数据融合。融合不同来源的战场资源信息和数据，使不确定性最小化。包括即时协调传感器生成具有作战质量的可用信息、地理空间注册、位置、跟踪、目标和时间的识别，聚类战场目标和事件，生成正确的态势感知。

---

① ABMAs 是一种网络化、互连的分布式决策支持工具集。它通过支持公共的集成威胁评估、动态地提出更佳的射击建议以及传感器的动态交叉调配而对指挥官提供帮助，在传感器、武器和 C^2 资源管理、优先次序及优化中为参战人员提供支持。它们通过提供有效管理交战链的灵活性、自适应性、重组性和时效性支持不同的 FnEPs“包”。在作战层面上，ABMAs 支持部队级的集中规划和协调，以及支持所有的 TTP 和按照联合与组合学说而形成的交战规则（ROE）的分布实施。

（3）信息服务。信息服务包括不同领域、服务模块、谱系、结构、数据库等，支持实时、动态的信息管理。

（4）战略/战术数据和信息分发。数据方式和重要性，以及信息内容、结构、反应时间、网络限制和用户技术能力的持续制图。

（5）用户定义的可视化。以适于用户需求的形式展示信息，用户友好。

为提高自动化程度和智能化水平，现代战场管理系统大都是基于数据库辅助决策支持的大系统，具有信息和资源分类整理、战场数据实时显示，以及综合分析和演绎等功能。关注信息的种类、来源和属性，评估信息的质量。在多功能标准显控台，可通过多媒体和相应的人机接口对系统运行进行监控。目前，难点是如何对全源信息情报的一致性和完整性进行管理与同步控制，以及一致更新，保持适当的更新率。

2.4.2 关键技术

1. 大数据存储与管理技术

大数据在客观物质世界中存在存储问题。实时、海量、分散、变化、异构大数据的出现对指挥信息系统的数据存储与管理能力提出了更高的要求。海量数据的存储与管理是大数据分析的基础。SAN 等传统数据存储体系架构已经不适应大数据的存储需求。

目前，各种指挥信息系统存储架构多采用主流的存储区域网络结构，使用光纤方式连接共享存储。存储资源本身具备一定的扩充能力，单从存储容量上看，只要有硬件支持应该不是问题，但如果基于这种存储架构要获取对 PB 级以上数据的快速访问能力，则基本没有可能。根本原因在于在磁盘存储容量快速增加的同时，磁盘数据的存取（I/O）速度却未能与时俱进。影响磁盘数据存取速度的主要因素是寻址时间和传输速率。寻址是将磁头移动到特定磁盘位置进行读/写操作的过程。这一过程远远慢于传输速率的提高，如果数据集中存储，当使用基于数据库管理系统的“点查询”访问模式时，尚且可以获得低延迟的数据检索效率，但当对海量数据采用“批处理”的访问模式时，这种数据迁移模式无法支持数据的计算，因此，基于共享存储、有限扩容的传统数据存储管理机制已经不适应对大数据的快速访问要求。

本质上，存储是计算的静止状态，在一定条件下可以相互转化，转化过程即为数据传输。为保证海量数据的高可用、高可靠和经济性，并且考虑到存储系统的 I/O 性能，云计算环境采用物理分散、逻辑分区的存储机制对规模巨大的情报产品数据进行存储及管理，将大规模情报数据集的检索操作分为两个主要阶段，即 Map 阶段和 Reduce 阶段。在 Map 阶段进行任务分解，将检索任务分发给一个主节点管理下的各分节点共同完成；在 Reduce 阶段整合各分节点的中间结果，从而得到最终的检索结果。大数据分析平台采用 Hadoop 的 MapReduce 模型，这种并行计算模型能大大加快对情报大数据的处理和查询速度。MapReduce 采用数据分块及冗余存储，通过增加副本复制开销以保证存储数据的可靠性；构建廉价服务器集群，达到较高的经济性；利用容错技术解决存储节点时效问题，实现系统的高可用性，并最终通过采用计算存储融合技术消除数据存取问题，达到计算即存储、存储即计算的目标。

目前，常用的大数据存储技术是 HDFS（Hadoop 分布式文件系统）。HDFS 是一种基于多台计算机的集群系统。它采用主从模式，由一个元数据节点和若干个实际存储数据的数据节点构成。其架构如图 2.15 所示。

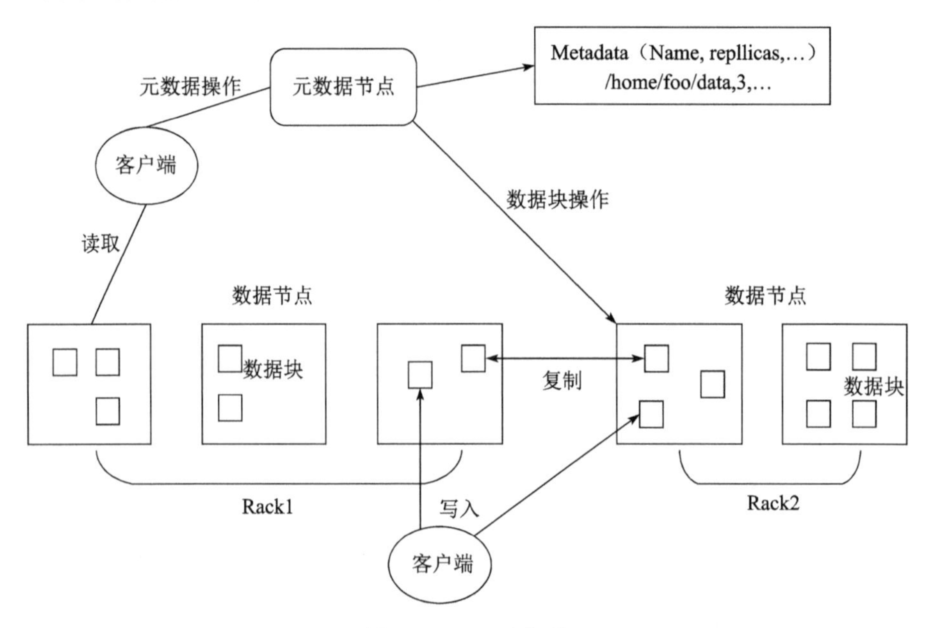

图 2.15　HDFS 架构

在写入文件过程中，对于一个大小达到 GB 量级甚至更大的文件，HDFS 首先将其按照一定的大小分割为若干个数据块，然后以数据块为单位，按照特定的随机算法自动将每个数据块存储到集群中的多个数据节点上，并通过计算机集群的元数据节点实现对数据块的有效组织管理。在读取文件过程中，客户端通过与元数据节点沟通获取与被读取文件相关的文件数据块列表，列表包含了组成该文件每个数据块的具体位置，便于客户端从这些位置中获取数据块并合并得到所需访问的文件。在获取数据块过程中，客户端可优先从最近的位置获取数据块。HDFS 将文件的每个数据块保存为多个副本，通过增加副本的形式，提高容错率，当某一副本丢失以后，系统可自行恢复；它能够处理超大文件，可用于存储和管理百兆、数百 TB 甚至 PB 级的数据；它还采用了流式数据访问的形式，数据一旦写入后无法进行修改，只能追加，确保了数据的一致性。

2. 大数据高速并行处理技术

海量信息高速并行处理是一种以数据为中心的系统技术。大数据计算技术提供了使用多台计算机进行高速并行计算的能力，同时具有对计算任务进行自动分解并发执行的功能。目前，最常用的大数据高速并行处理技术是 MapReduce 和 Spark。

MapReduce 是一种支持程序并发执行的技术，包括映射过程“Map”和归纳过程“Reduce”两个过程，可以对大数据进行预处理，从中抽取重要的部分信息以进行更深入的研究。其特点是处理各种非结构化文本信息，支持批处理、内存计算、流计算和图计算等多种计算模式，并能实现多种计算模式的资源分配和统一调度。

在具体处理过程中，程序围绕着数据转。Map 将实现对各分块数据的处理并产生中间结果，Reduce 完成对中间结果的归约。MapReduce 极大地简化了分布式编程，将程序开发者从繁杂的并行程序设计及高可靠性与可扩展性解决方案的构建中解放出来，为其专注于应用本身的开发提供了可能。MapReduce 执行流程如图 2.16 所示。

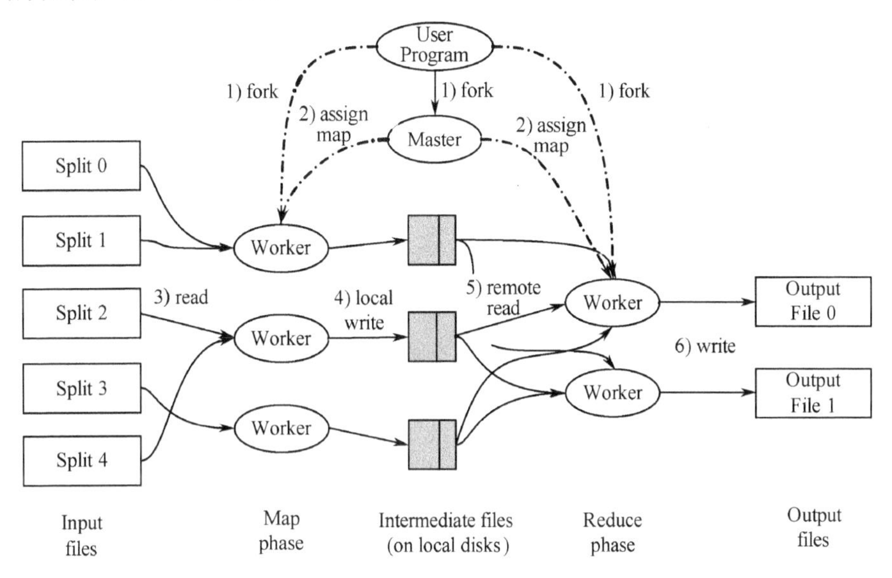

图 2.16　MapReduce 执行流程

Spark 是一个专用于大规模数据处理而设计的通用计算引擎，用于构建大规模、低延时的应用程序。它扩展了广泛使用的 MapReduce 计算模型，并且支持更多的计算模式，包括交互式查询和流处理。它无须将计算的中间结果输出至磁盘中，因此能够实现更加高效的计算。Spark 基本工作流程如图 2. 17 所示。其中，Cluster Manager 用于控制和管理整个集群，Worker 用于控制计算节点，Driver 用于运行程序的主程序并创建 Spark 上下文，Executor 用于执行具体任务。

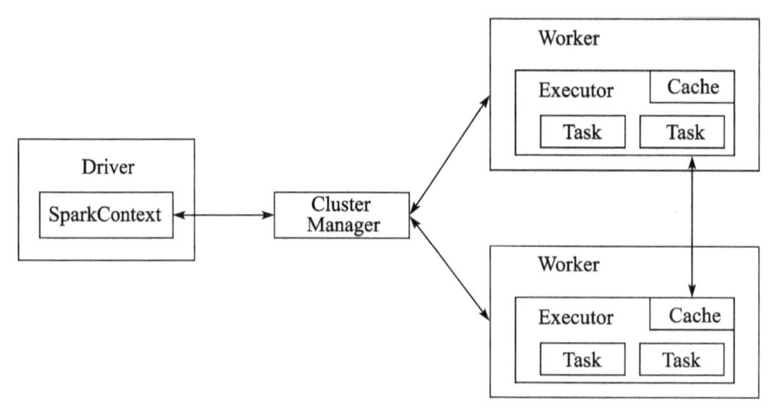

图 2. 17　Spark 基本工作流程

弹性分布式数据集（Resilient Distributed Dataset，RDD）是 Spark 最基本的数据抽象，为 Spark 的核心，它是一个不可修改、可分区、内部元素可并行执行的集合，具备自动容错、位置感知性调度和可伸缩性等特点。在 Spark 运行过程中，通过算子对 RDD 进行计算。算子是 RDD 中定义的函数，包含转换（Transformation）和行动（Action）两类。其中，转换算子用于通过一个已有的 RDD 生成的一个新的 RDD；行动算子用于返回结果或者持久化存储结果。转换算子具有延时加载特性，只有程序运行到一个行动算子时，转换算子的代码才会真正地执行，从而使得 Spark 能够更有效率地运行。

3. 大数据智能决策筹划技术

大数据智能决策筹划技术是支撑系统获取决策优势的关键。它是指利用知识工程、信息智能检索、嵌入式平行仿真等技术，按照上级领导机关和作战指挥人员的意图和战场态势，快速地进行任务分析筹划、决策预案制定、作战计划验证优化和动态调整、作战行动智能规划等，智能地实现决策的快速性和精准性，提高作战决策的质量效益。其主要涉及以下技术。

（1）作战任务智能分析技术。主要聚焦作战任务建模、作战任务分解和作战目标提取等。针对打击和防护的具体目标，解决目标价值评估、目标关联要素分析、目标毁伤影响预测等问题，支撑任务清单、目标清单、打击和防护策略的快速生成。

（2）作战资源智能规划技术。主要涉及基于作战任务的兵力、火力、信息力量、保障力量和时空频谱等资源的需求测算与任务分配。另外，针对兵力编成编组，研究兵力编组准则、基于任务或能力的匹配模型、兵力编组方案优选技术，提高兵力编成编组智能化水平。

（3）作战行动智能规划技术。主要面向作战资源的优化运用，聚焦研究兵力兵器布势分析与优化、多平台运动协同规划、侦察行动规划、信息对抗行动规划、联合火力行动规划、信息火力一体行动规划、综合保障行动规划等技术，同时采用平行仿真推演进行行动规划的自动验证，提高作战行动规划的精确性和有效性。

（4）作战计划智能生成技术。围绕作战计划协同拟制和生成问题，基于作战计划的关键要素、拟制过程和主要控制点，研究关键要素萃取、组织和过程控制技术，构建作战计划智能生成过程模型，支持作战计划智能快速生成。

4. 大数据态势认知与综合深度推理技术

战场态势认知、推理和判断是作战指挥决策的关键。如何从实时、海量、分散、变化、异构大数据分析和处理中获得对战场相关事物、现象与活动深层次的理解，得到决策所需要的条件和机会，进而做出判断，即大数据态势认知和综合深度推理技术。需要认知和实时处理实体、行为、时间、空间、环境、目标、状态、事件、效果之间复杂的动态联动关系。

具体而言，利用大数据、区块链等技术，收集并获取分散多源、多维度、多层次、碎片化的情报、信息和数据，进行关联、汇聚和分析；通过深度学习、深度强化学习等智能学习和分析技术，对战场态势和目标特征信息进行自主抽取与聚类分析；面向使命任务，基于目标、环境、作战空间、约束条件和反馈信息，进行大数据分析、智能学习，综合不同层次的因果关系和博弈推演，获得对当前战场态势的深层理解；在数据挖掘的基础上进行综合，形成更高层次的见解和认知，进行目标意图识别、态势评估和威胁判断。相关技术包括以下几方面。

（1）基于多源信息融合的态势智能生成技术。

（2）基于深度学习的多特征目标识别技术。

（3）基于机器学习、知识图谱、专家系统等的目标意图识别技术。

（4）基于博弈推演、专家系统和态势模板生成的态势预测技术。

（5）基于目标、环境、事件、任务等复杂深层关系的态势认知与理解技术。

5. 大数据智能决策分析技术

大数据决策是大数据指挥与控制的核心，需要识别敌方的行为和行为空间、意图和使命任务、策略和策略空间。实际的目标行为、态势演变、战场环境等十分复杂，充斥着“迷雾”和不确定性。当前激增的情报和大数据隐藏着这个世界的知识和信息。大数据决策是建立在预测、博弈推演和对策分析基础之上的。驾驭大数据的核心是大数据分析。大数据智能决策分析就是除了传统的决策模型、专家系统方法之外，综合运用自主搜索、强化学习、深度强化学习、Bayes 估计、决策树、模式识别、对抗神经网络等大数据智能决策分析技术，对作战时空进行认知，对敌意图和行为进行判别；基于任务、环境、态势演化，进行对策分析、博弈推演，谋篇设局，包括行动时间维、空间布置维和策略设计维。

在大数据作战指挥决策中，大数据智能决策分析体现为如何基于大数据分析，在学习和博弈互动中提出对策措施。具体技术包括以下几方面。

（1）基于作战时空关系的行为认知与意图判断技术。

（2）面向稀缺和小样本的混合学习技术。

① 基于稀缺和小样本的认知学习方法。

② 基于对抗神经网络的无监督深度强化学习方法。

③ 面向多任务作战认知的知识共享与记忆移植的迁移学习方法。

④ 模糊不确定逻辑推理学习方法。

（3）不完全信息条件下的自主决策技术。

① 作战特征理解技术。

② 博弈策略动态优化选择技术。

③ 面向关键特征和行为的注意力机制。

④ 面向自主决策的深度强化学习和 Bayes 估计。

（4）多模智能人机协同交互技术。

（5）基于深度强化学习的多 Agent 协同决策技术。

6. 嵌入式平行仿真技术

现代海洋行动复杂多元，相应的行动计划往往难以因应，而海上态势瞬息万变，如何实时乃至提前提供相应的指挥与控制行动信息，既是复杂环境下海上指挥控制行动的关键，也是态势推演、态势评估的关键。嵌入式平行仿真构建与实际指挥海洋行动信息系统平行运行的仿真系统，通过与指挥信息系统之间持续的交互，获取真实的最新的海洋行动大数据，基于仿真模型，对真实系统全局或者局部进行实时和在线的交互式仿真，不断构建和修正仿真实体并进行超实时仿真推演，并根据仿真模型、基础数据和历史经验，对敌方目标可能的作战意图和行为做出判断，生成下一时刻的预测结果并反馈给指挥信息系统，循环往复，使指挥人员能够“透视”未来并及时做出响应，从而指导真实的海上行动指挥与控制。嵌入式平行仿真技术改变了以往仿真系统的非主导地位，其角色从被动到主动、静态到动态及离线到在线，使仿真成为现代海洋行动指挥决策核心能力的组成部分。

嵌入式平行仿真系统主要包含平行仿真引擎、情报处理、仿真实体管理、意图行为分析、态势仿真推演和决策知识库等模块，其组成结构如图 2.18 所示。

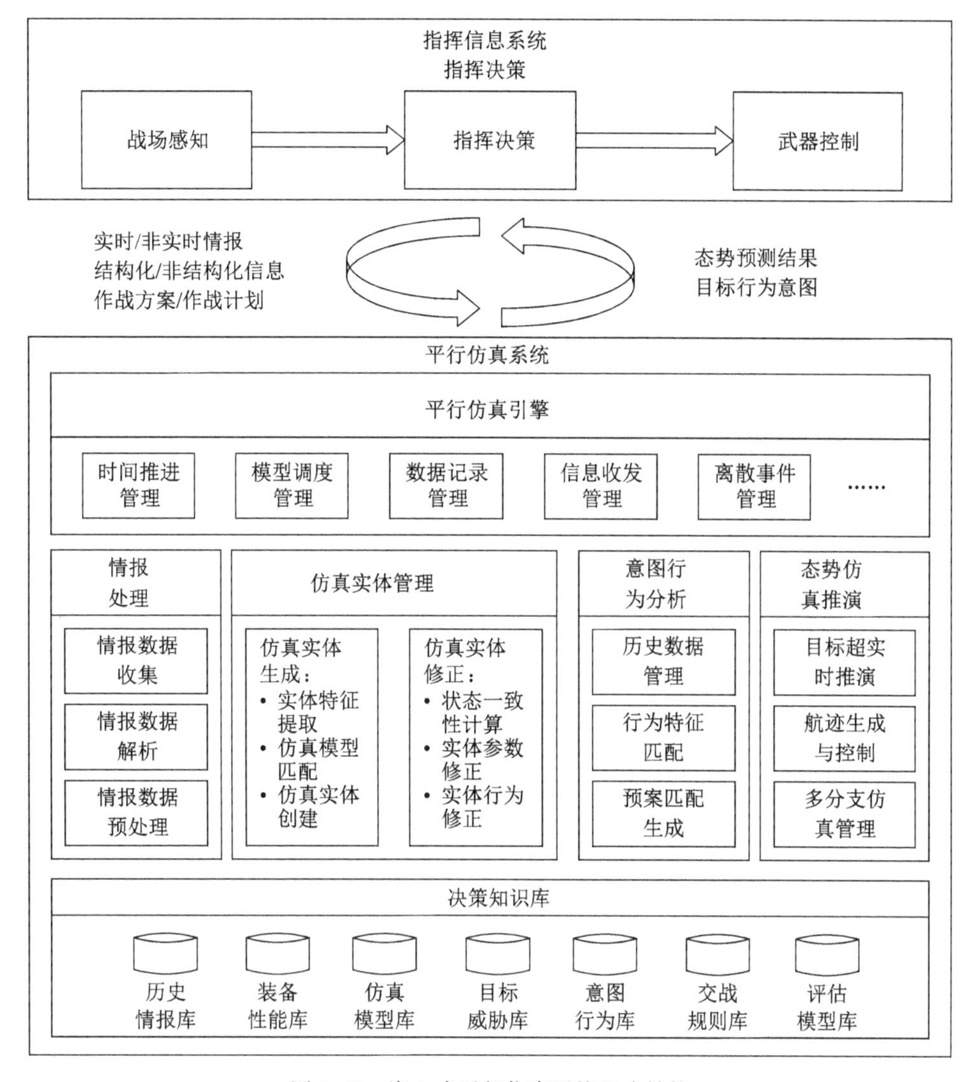

图 2.18　嵌入式平行仿真系统组成结构

其中，平行仿真引擎负责仿真时间推进、模型调度、离散事件管理、数据记录管理等，是系统运行的核心部件；情报处理组件用于接收海、陆、空和电等情报数据，并从情报数据中解析出目标实体的特征参数，进行格式化处理并分类存储；仿真实体管理模块用于实时动态修正和调整仿真实体，根据情报处理组件得到的实体目标数据，经过与仿真模型库中的仿真模型进行匹配关联，将实体模型实例化后加载到平行仿真系统中，同时，根据实时更新的实体目标数据对实体参数进行修正；意图行为分析模块用于在仿真实体构建基础上，根据装备基础参数、历史经验数据及作战规则等，通过匹配和计算，获取敌方目标可能的行动计划；态势仿真推演模块负责对当前战场态势进行超实时仿真，预测未来战场可能出现的情况；决策知识库为战场实体动态修正、实体行为意图预测及态势多分支仿真推演等提供基础数据支撑。

7. 大数据可视化技术

战场数据的采集、提取和理解是信息系统感知与认知战场态势的基本途径之一。大数据可视化技术为信息系统洞察数据的内涵、理解数据蕴藏的规律提供了重要的手段。联合作战背景下的战场态势要素范围广泛，包括陆、海、空、天、电、网等多维战场空间下的敌、我、友、环境信息。在不同比例尺、不同视图下，需要自动组织解算不同粒度的战场态势要素，实现同一态势数据在不同观察模式下的清晰展现。具体可通过以下方式实施。

（1）运用战场状态与战场形势相结合的展现方法，通过二、三维地图上军标显示、隐喻关系展现、动画/视频展现等多模态展现模式，实现战场状态与形势的综合展现。

（2）构建战场状态要素和战场形势研判要素之间的关联关系，建立关联关系模型，以拓扑关系图、和弦图等形式进行隐关系展现，如敌方编队间的协同关系、敌方行动与其作战计划的关联关系、我方作战行动与敌方兵力部署的制约关系等。

（3）运用基于时间因素的态势动态展现方法，以时间为横轴，动态展现战场形势的演化过程，构建一个有限的想象空间，按照指挥员的设想勾画未来一段时间内的战场态势。

对于复杂的大尺度数据，已有的统计分析或者数据挖掘方法往往只是对数据的简化和抽象，隐藏了数据的真实结构，使得隐藏在大数据背后的价值难以发挥出来。如何帮助人们认识并理解这些数据，将数据转换为人们更容易且更能迅速探索的形式，成为大数据时代需要迫切需要解决的问题。对于人类而言，人眼是一个高带宽的、巨量的视觉信号输入并行处理器，具有很强的模式识别能力，对可视符号的感知速度比对文字和文本快了多个数量级。大数据支持下的数据可视化技术能够运用计算机图形学和图像处理等方式，将数据转换为图像或图形在屏幕上形象地显示出来，并通过人与人、人与数据之间的图像交互，实时发现非结构化、非几何的抽象数据背后的本质问题，从而促进知识发现，为人类洞察数据的内涵、理解数据蕴藏的规律提供重要的手段。

在海上大数据智能指挥控制中，通过采用三维图形学、虚拟现实、增强现实、地理信息系统、科学计算可视化等技术，经过数据采集、数据处理和变换、可视化映射和用户感知等数据处理流程，实现对海上地形环境、水文气象环境、战场电磁环境、战备工程、作战目标等要素的可视化处理，为海上指挥与控制行动提供直观、形象、丰富的战场信息和隐知识，显著地提升指挥员的战场态势认知，进而提升指挥员大数据决策质量。

8. 实时大数据安全技术

由于大数据的重要性，针对大数据应用的攻击需要实时主动保护并防患于未然，包括云端的数据安全技术和网络设施的安全技术，保障大数据来源安全、传输安全，抗击各种侵入、干扰和破坏。

安全保护内容包括身份认证、访问控制、异常检测、补丁管理、数据备份及系统恢复等，需要采用实时大数据安全技术进行预防、检测、诊断并对攻击做出反应，使“云”应用和基础设施在受到攻击时能够继续运行，并允许个别主机和任务损失。

第3章 海上大数据战场态势感知分析与计算

态势感知是实施作战指挥与控制行动的基础和前提。只有及时正确地感知战场态势，才可能及时准确地进行战场态势评估与威胁判断，进而基于目标和效果，展开作战筹划和任务规划，实施科学的指挥与决策。

战场态势感知是一个综合的、动态的、持续的系统过程。大数据战场态势感知则是一个基于大数据收集、大数据获取与大数据分析，实时、全面了解和掌握战场态势情况及其变化的综合处理过程。当前，海、陆、空、天、电各种预警探测系统和网络平台在海上态势感知中得到了广泛的应用，已能够全频谱、大范围、立体监视和捕获到大量的遥感、SAR 与可见光图像、情报及数据。如何从这些海量的大数据中快速、准确地感知战场态势是实时准确理解战场形势，进而做出正确判断和决策的关键。随着多域体系联合作战成为新的作战形式，战场更加强调体系对抗和体系作战，迫切需要综合运用各种手段，全方位、多视角、多层级提供体系态势感知能力，提升对态势智能认知和联合作战精确打击决策控制的支撑。为此，需要基于战场目标级态势，进行多维目标间关联规则挖掘，提取不同目标在时间、空间、任务、环境、能力等之间的关联关系，以及敌方典型行动的组合特征，聚焦目标与目标之间的秩序和内部联系，通过对诸情报要素信息之间的聚合、抽象、关联和推理等，形成一致认知的体系化、多层次的战场态势感知能力体系图谱，实现对战场态势的全面、精准掌控，为作战指挥决策提供信息能力保障。

鉴于态势信息的不确定性和战场态势变化的复杂性、快速性、多维性及非线性，美军先后启动了大量研究与应用课题，布局了“洞察（Insight）”“可视化数据分析（XDATA）”“深度文本发掘与过滤（DEFT）”“实时对抗情报与决策（RAID）”“心灵之眼（Mind’s Eye）”等计划和项目，发展从文本、图像、声音、视频和传感器等多源数据中获取及处理信息、挖掘关联关系的相关技术，研究图像、文本、声音、视频等不同类型多源数据，进行关键特征信息提取、智能关联分析、情报深度处理、模式关系挖掘，推动战场态势感知不断向战场态势智能认知发展。

本章首先介绍战场态势感知的概念和内涵，然后从完备性、准确性和实时性3个指标对战场态势感知进行量化分析。在此基础上，引入“态势感知度”的概念对海上态势感知进行定量描述，进而建立海上大数据战场“态势感知度”探测和计算模型，并举典型示例进行分析和计算。最后，介绍大数据深度学习方法和大数据深度学习模型，重点介绍大数据深度学习方法和模型在海战场态势图像目标检测、目标识别及目标/目标群行为意图识别等方面的应用。

3.1　大数据战场态势感知的概念和内涵

3.1.1　战场态势感知的概念

顾名思义，战场态势包括“态”和“势”两个方面。其中，“态”是指当前战场环境、敌我双方兵器、兵力分布情况和战场事件等实时信息以及作战单元实体的现状反映；“势”是当前战场中包含的势场信息以及战场未来变化的走向信息，即“有关兵力兵器部署和运动所构成的形态和阵势”。这是一个全局和整体性的概念，也是一个静态和动态相结合的概念。对于战场态势这个概念，早有典籍对此进行了形象描述。《孙子兵法》云：“激水之疾，至于漂石者，势也。”又曰：“故善战人之势，如转圆石于千仞之山者，势也。”[①] 这里的“势”不是指战斗中的队形、作战样式之类的形式、格式，而是指战场上有利的运动变化形势、趋势，即使自己处于主动、灵活、多变、控制的地位。

现代海上作战是一种体系对抗。海战场态势是各种因素综合作用的结果，是敌我双方投入的兵力编成、兵力兵器分布等情况及其在海上作战环境中的行动与相互作用的综合反映，体现了敌我双方的战略战术思想、作战意图，气象、水文、地理等情况，以及影响作战的其他诸因素（如政治、外交、装备性能等因素）对军事行动的影响。

海战场体系对抗空间作战环境如图3.1所示。

其中，单个作战实体的空间机动和作战群的空间变动，除具有战术价值外，还会因相互之间空间关系、时间关系、因果关系、功能关系的改变，造成战场态势的变化而具有战役或战略价值。当然，目标和/或观察者的消失也将

① 见［春秋］孙武：《孙子兵法》第五篇“势篇”。

造成战场态势的改变，这可看作一种特殊情况。

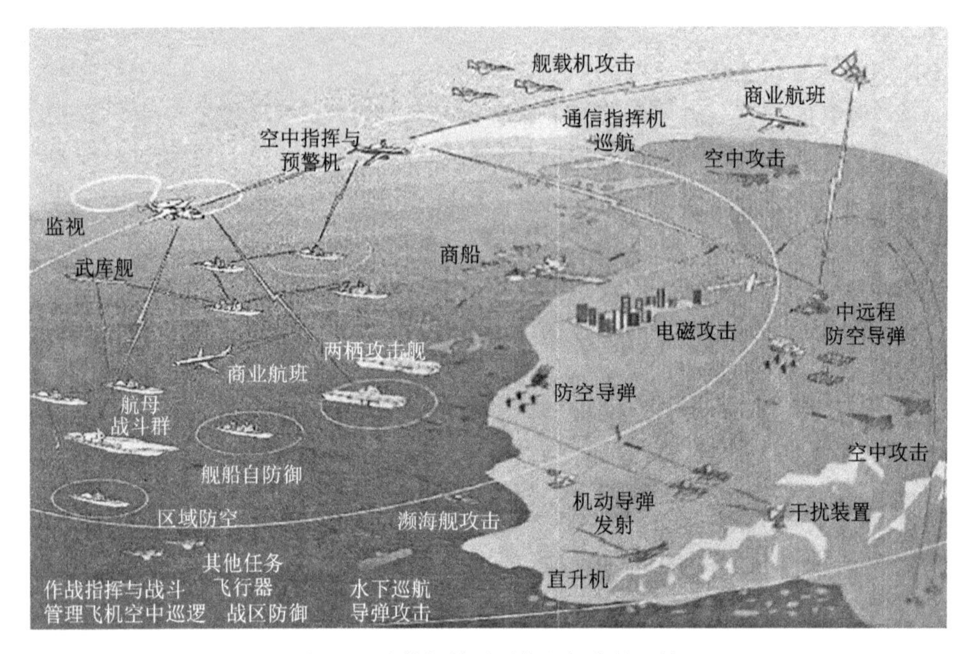

图 3.1　海战场体系对抗空间作战环境

数学上，战场态势可用作战实体及其特征、作战实体编组关系和位置关系来表示，即

$$S::=<E,F,L>$$

式中：$E=\{e_1, e_2, \cdots, e_n\}(i=1, 2, \cdots, n)$ 为作战实体集合，作战实体 e_i 含有 m 个特征属性 $(f_{i1}, f_{i2}, \cdots, f_{im})(m\geqslant 1)$。作战实体的相关信息被记录在系统平台数据库和目标状态数据库中。$F::=\{(e_1, e_2, \cdots, e_n) \mid \forall e_j, \exists e_i, \text{Command}(e_i, e_j) e_i\in E, e_j\in E_i, E_i\subset E, e_i\neq e_j\}$ 为作战实体的编组关系或群关系。其中，$\text{Command}(e_i, e_j)$ 谓词表示作战实体 e_i 和作战实体 e_j 存在控制关系，并且 e_i 直接控制 e_j。对于由 e_i 直接控制的所有作战实体 e_j，用集合 E_i 表示。

$L::=\{(e_1, e_2, \cdots, e_n) \mid \forall e_i, \forall e_j, \text{Direct}(e_i, e_j)\vee \text{Distance}(e_i, e_j), e_i\in E, e_j\in E, e_i\neq e_j\}$ 为具有编组关系的作战实体之间的空间位置约束关系；$\text{Direct}(e_i, e_j)$ 谓词表示作战实体 e_i 和 e_j 之间具有方向约束关系；$\text{Distance}(e_i, e_j)$ 谓词表示作战实体 e_i 和 e_j 之间具有距离约束关系。

从作战的角度看，战场态势主要由敌我等交战方的使命任务及约束条件、作战能力、作战意图以及与作战有关的环境特征等构成。战场态势感知便是从时间、空间、战场环境、作战域、作战规模和层级、战场结构与实体关系等多个方面和维度对战场空间内敌我双方兵力部署、武器配备、运动情况和战场环境（如地形、地貌、气象、水文等）等信息的实时掌握。对于不同的作战任务、作战对象和战场环境，由于作战实体的属性、作战实体之间的编组关系和位置关系不同，将构成不同的战场态势。显然，随着战斗的展开，战场态势将呈现出一个不断变化的状态，与作战使命、作战目标、组织策略、谋略手段及作战资源相联系。因此，战场态势感知（Situational Cognition）即是在一定的作战时空环境下对战场态势要素的察觉、理解和预测，包括战场环境感知、战场空间感知和战场目标感知 3 个方面。

技术层面，战场态势感知是应用各种感知系统和设备，运用各种方法和手段探测、侦察和判断外界事物和现象的活动过程。因此，战场态势感知除了侦察、监视、情报、目标指示与毁伤评估等内涵外，还包括信息共享及信息资源的管理与控制。

图 3.2 显示了一个局部海战场态势感知画面。

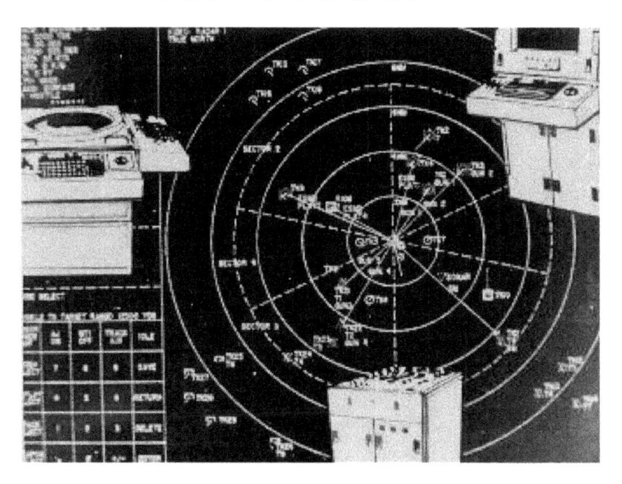

图 3.2　某舰艇战术台显示的局部海战场态势感知画面

3.1.2　大数据战场态势感知的概念

由于互联网和信息融合技术的发展，现代海上信息来源空前广泛。目前，信息化海战场预警探测系统和设备已从传统舰船平台跨越到星座、无人机、岸基观通站、无人潜航器、海洋声纳阵等多样化平台，信息来源也从单一类型传感器发展到包括互联网在内的多种类型传感器和媒介，探测方式从就近探测发展到全域、远距离、主动侦查，形成了一个全方位、大纵深、立体化、分布式的多频谱海上信息获取和感知体系。战场态势感知开始进入一个大数据态势感知的时代。

大数据战场态势感知（BigData Situational Cognition）即是通过对战场大数据信息获取和感知、分析和处理，以及运用深度学习等人工智能方法，发现、识别和跟踪作战使命任务要求掌握的战场环境、战场空间和战场目标。主要活动分为战场态势大数据收集与获取、多源信息融合处理两个过程，包括即时协调传感器生成具有作战质量的可用信息，战区地理空间注册，位置、跟踪、目标和时间的识别，感知不同作战行为时空关联关系和不同时空尺度行为之间的复杂关系，以及力量部署、行为状态、行为意图、交战情况、局势优劣等，聚类海战场目标和事件，生成动态、多层、一致的战场画面。具体到海战场，由于不同层次和方面的作战人员所关心的战场态势元素不同，以及不同的战役规模，大数据战场态势感知从感知范围、信息粒度，到内容和标准是不同的。例如，为了完成火力打击任务，火控层次用户侧重于关注目标对象的位置及速度，感知能力体现为战场态势图①上准确、及时的目标航迹信息；为了完成作战指挥，战役层次用户更侧重关注目标的位置、身份属性和作战意图等信息。战略层次用户可能只重在关注目标的身份属性和位置。其次，不同用户在感知的要求上也有所差别。为了精准地打击目标，火控用户对目标位置等特征信息的准确性会提出很高的要求，1km 的误差将导致信息完全不可用；而在作战指挥决策中，只要确定目标的大致方位，1km 的位置误差对用户来说已经足够。

3.1.3 大数据战场态势感知的内涵

由上述可知，大数据战场态势感知即是在大数据时空环境中对战场态势要素的察觉、理解和预测，具体包括大数据战场环境感知、大数据战场空间感知和大数据战场目标感知 3 个方面。

1. 大数据战场环境感知

大数据战场环境感知包括水文环境感知、气象环境感知、地质环境感知、地理环境感知和地缘环境感知。内容包括水文环境、气象环境、地质环境、地理环境和地缘环境各种环境参数和情况，如海洋温度、盐度、密度、声速、重力场、磁力场、海流、潮汐、水色、透明度，以及海洋噪声与混响、声纳作用距离、海洋中尺度特征、海水跃层参数、海洋会聚区参数等海洋物理水声环境信息；云、雾、气温、降水、湿度、台风等海洋大气环境数据；海域地质、地形、地貌、海岸线、岛礁、禁区、港口、航道、机场、领海、军事基地等海洋

① 何佳洲．战场态势图互操作性及其关键技术分析［J］．指挥控制与仿真，2010(1)：1-7。

地理环境数据。

2. 大数据战场空间感知

战场空间是由作战任务空间定义的。大数据战场空间感知包括几何空间感知、电磁空间感知、信息网络空间感知，以及空间关系①感知。其中，几何空间又包括水面、水下、陆上、空中和太空。

大数据战场空间感知基于遥感观测、GPS/北斗定位与导航、无线网络传感器、RS、射频识别器、雷达、移动感知测量设备、音视觉等各种探测和输入进行大数据分析，及时或在线感知战场作战空间和环境空间。其中，军事 GIS 可提供战场空间环境信息查询与分析、战区地理空间注册、目标定位、环境信息作战敏感特征参数提取，航行路径分析、可探测区域分析、空间距离量算、有效面积（体积）量算等。

3. 大数据战场目标感知

作战系统要能及时地攻击或防御目标，必须看得见、看得清、看得准、看得快。相应的战场目标感知包括战场电磁频谱监视、重要区域探测、重点目标侦察与跟踪、海洋环境监视、导弹预警、水下探测，以及情报信息交换等。感知内容包括目标属性、类型、类别，目标群，目标/目标群关系和联系，目标/目标群位置、运动趋势、威胁度等情报、信息和数据。

具体空中、水面、水下大数据战场目标感知的内容包括以下几方面。

（1）敌方空中目标/目标群的类型、数量、位置、高度、速度、航向、作战意图等信息。

（2）敌方水面目标/目标群的类型、数量、位置、速度、航向、武器、作战意图等信息。

（3）敌方水下目标/目标群的类型、数量、位置、速度、航向、作战意图等信息。

（4）我方空中、水面、水下目标/目标群的类型、数量、位置等信息。

战场目标/目标群信息，尤其是动态目标/目标群信息瞬息万变，并且会对指挥控制与决策产生最明显和直观的影响。这使得大数据作战目标感知成为了大数据战场态势感知中最为核心的要素，而大数据战场环境感知和大数据战场空间感知则作为背景要素与关联要素在相关应用中出现。鉴于此，本章以大数据战场目标感知为重点对大数据战场态势感知进行研讨。

---

① 指各实体空间之间的关系，包括拓扑空间关系、顺序空间关系和度量空间关系。由于拓扑空间关系对 GIS 查询和分析具有重要意义，因此在 GIS 中，空间关系一般指拓扑空间关系。

3.2 海上大数据战场态势感知分析

战场态势感知是实施战场指挥控制行动的基础和前提。因此，如何评估一个战场态势感知的能力和水平是一个重要的课题。从战场态势感知的活动过程可知，“信息获取”“精确信息控制”和“一致性战场空间理解”是影响战场态势感知能力和水平的三位一体的要素。“信息获取”是指及时、充分、准确获取敌、我、友部队的状态、行动、计划和意图等信息；“精确信息控制”是指动态地控制和集成战术指挥、控制、通信、计算机、情报、监视与侦察等各种信息资源；“一致性战场空间理解”是指参战人员对敌、友和地理环境理解的水平与速度，保持作战部队和支援保障部队对战场态势理解的一致性。

综合以上 3 个要素，海上大数据战场态势感知能力和水平可用当前感知的海战场态势与真实的海战场态势相一致的程度为指标来衡量。具体分析指标包括海战场态势感知的完备性、准确性和实时性。

3.2.1 战场态势感知分析的信息论基础

当前，战场数据来源广、格式多、数据量巨大，而且内容多、信息复杂。如何在多维、复杂、海量信息、快速变化的战场，实时准确地感知战场态势是大数据时代实施作战指挥与控制行动的首要问题。建立海上大数据战场态势认知分析与联合作战决策模型，开发智能决策支持系统，首先需要解决的也是战场态势感知的问题。

类似于用“信息熵”来描述信息分布的情况，可用“知识熵”具体描述大数据战场态势感知知识分布的情况。

所谓知识熵，也称为香农知识熵，测量满足一定概率分布的知识量，是随机变量的平均不确定性的度量。根据香农（C. E. Shannon，1916—2001）研究的成果，我们可以把态势感知信息理解为对战场系统或事件的状态描述或是有关该状态的消息。

令 $X=\{x_1, x_2, \cdots, x_n\}$ 是战场系统所有可能状态集，$P=\{p_1, p_2, \cdots, p_n\}$ 是战场系统各状态的出现概率集，且 $\sum_{k=1}^{n} p_k = 1$，$P(x_k)=p_k$ 成立。

根据知识熵的概念，如果系统或事件的状态出现概率能够用数学表示，则该系统或事件的知识熵定义为

$$H(X) = -\sum_{k=1}^{n} P(x_k) \ln P(x_k)$$

知识熵反映了信息接收主体对系统或事件认知的不确定性，而接受信息则意味着不确定性的消除。可见，信息的本质是不确定性的减少、知识的深入。知识的不确定性越大，其知识熵就越大，决策知识就越少；反之，其知识熵就越小，决策知识就越多。随着不断接收大数据信息，主体对事件或过程反复认知，认识知识随之逐渐趋向稳定和清晰，知识熵不断减至最小。用知识熵来表示决策知识，同时利用最大知识熵 $H_{\max}(X)$ 对决策知识进行归一化处理，可得到决策知识的数学描述：

$$K(X)=\frac{H_{\max}(X)-H(X)}{H_{\max}(X)}=1-\frac{H(X)}{H_{\max}(X)}$$

X 中每个状态元素的值都可能存在一定的不确定性，假设元素值的不确定性服从多元正态分布，则 X 的不确定性概率分布 $f(X)$ 可表示为

$$f(X)=(1/\sqrt{(2\pi)^{C}|\Sigma|})\mathrm{e}^{(-1/2(X-\mu)^{\mathrm{T}}\boldsymbol{\Sigma}^{-1}(X-\mu))}$$

式中：$\mu=\{\mu_1, \mu_2, \cdots, \mu_n\}$ 为状态 X 中每个状态元素值的均值；$\boldsymbol{\Sigma}$ 为协方差矩阵。

对于多元正态分布 $f(X)$，决策知识的数学描述可以简化为

$$K(X)=1-|\boldsymbol{\Sigma}|/|\boldsymbol{\Sigma}|_{\max}$$

假设战场上的目标数是一个随机变量，用 U 表示，$P(U|U=n)$ 表示在系统控制范围内有 n 个目标的概率；$P(U|V=n')$ 表示在系统控制范围内系统感知到 n' 个目标的概率。在等概率情况下，即系统没有获得关于战场目标的任何信息，$P(U|U=n)=1/(n+1)$，相应的系统知识熵取极（最）大值：$H(S)=\ln(n+1)$。

在完全获得战场目标信息的情况下，$P(U|V=n)=1$，$P(U|V\neq n)=0$，系统知识熵取极（最）小值：$H(S)=n\ln 1=0$。

这样知识熵的差量也就可以用来度量信息的增益，或者说知识的增加。因此，接受并理解了有关信息也就能了解和掌握事物的状态及其变化，通过指挥控制信息也就能指挥控制相应的物质和能量转化形式及走向。

统计学上，知识可以分为先验知识和后验知识两大类。先验知识是指在做出任何判断、决策之前已经存在的知识，如上例中说到的在别人告知之前，人们就已知道的知识就属于先验知识。后验知识是别人告知某个信息后，人们以此为依据或条件反过来推断得到的知识。先验知识和后验知识之间的关系由贝叶斯（Thomas Bayes，1702—1761）公式来描述：

$$P(B_i|A)=P(B_i)P(A|B_i)\Big/\sum_{j=1}^{n}P(B_j)P(A|B_j)$$

式中：B_1，B_2，$\cdots$，B_n 为一组事件，它们在样本空间中互不相容，并且这些

事件之和是样本空间全体。$P(B_i|A)$ 是在得知进一步信息（事件 A 发生）的情况下，对事件 B_i 原先的估计 $P(B_i)$ 的重新估计。如果把事件 B_i 看作原因，事件 A 看作结果，现在已知一个结果 A 发生了，那么，根据贝叶斯公式可知，从结果 A 可推出原因 B_i，其概率为

$$P(B_i|A)=P(B_i)P(A|B_i)\Big/\sum_{j=1}^{n}P(B_j)P(A|B_j)$$

该公式反映了态势感知信息应用的价值。战场态势信息不但自身有价值，而且还能在应用中产生新的价值。战场态势信息的价值和作用正是建立在信息的这种增值应用性基础之上的。这点在信息处理和应用的许多方面，如目标识别、态势评估、决策判断等，得到了广泛的应用。

一般而言，战场上的目标是事先未完全确知的。假设系统对所有目标的发现概率均为 q，那么，条件概率 $P(V=n'|U=n)$ 服从二项式分布：

$$P(V=n'|U=n)=b(n':n,q)=\binom{n'}{n}q^{n'}(1-q)n-n'$$

再假设系统一获取信息就对其进行处理，那么，对所有的 $n=1$，2，…，m，当第 k 个传感器报告时，由贝叶斯公式知概率 $P_k(U=n|V=n')$ 为

$$P_k(U=n|V=n')=\frac{P_{k-1}(U=n)b(n':n,q)}{\sum_{u=0}^{m}P_{k-1}(U=u)b(n':u,q)}$$

式中：第 k 个传感器报告时的先验概率为

$$P_{k-1}(U=n)=P_{k-1}(U=n|V=n')$$

相应的战场态势知识熵为

$$H[P_k(U|V=n')]=-\sum_{u=0}^{m}P_k(U=u|V=n')\ln[P_k(U=u|V=n')]$$

归一化后的战场态势知识熵为

$$K(U|V=n')=\frac{\ln(m+1)-H_k(U|V=n')}{\ln(m+1)}$$

相对于环境，战场系统的变量可分为两大类，对环境有直接作用或直接从战场系统外部能观察到的变量称为输出变量，记为 $S_0=\{x_1,\ x_2,\ \cdots,\ x_{l-1}\}$，其余的变量统称为内部变量，记为 $S_{\text{int}}=\{x_l,\ x_{l+1},\ \cdots,\ x_n\}$，即

$$S=\{S_0+S_{\text{int}}\}$$

不难证明：

$$F=F_{\text{t}}+F_{\text{b}}+F_{\text{c}}+F_{\text{n}}$$

或

$$\sum_{k=1}^{n} H(x_k) = T(E:S_0) + T_{S_0}(E:S_{\text{int}}) + T(x_1, x_2, \cdots, x_n) + H_E(S)$$

式中：$F = \sum_{k=1}^{n} H(x_k)$ 对应战场系统总的知识活动量；$F_t = T(E: S_0)$ 为战场系统知识流通量，表示战场系统输出与环境之间的相关性度量；$F_b = T_{S_0}(E: S_{\text{int}})$ 为战场系统知识阻塞量，表示不包括在输出中的战场系统知识输入量；$F_c = T(x_1, x_2, \cdots, x_n)$ 为战场系统知识协调量，表示战场系统内部各变量相互限制的程度；$F_n = H_E(S)$ 为噪声，表示战场系统变量中存在的不确定性。

3.2.2　海上大数据战场态势感知完备性分析

态势感知完备性是指在一定的作战时空内，系统在规定使命任务区域内正确感知到的战场态势目标类型和目标数与客观战场态势中真实存在的目标类型和目标数相吻合的程度。鉴于用户对战场态势细节的不同需求，这里将目标细化为多个战场态势特征，定义完备性为用户需求的目标态势特征被感知的程度。鉴于海上大数据态势感知的信息优势，海上大数据态势感知完备性显著上升。海上大数据态势感知完备性衡量了用户基于大数据获取所需战场态势信息的全面程度。其大小取决于一定时间内作战系统大数据采集、处理、分发等环节探测和发现海上相应目标的能力。

设 t 时刻海上目标类型数为 $M(t)$，目标总数为 $N(t)$，$N(t) = \sum_{i=1}^{M(t)} n_i(t)$，$n_i(t)$ 为第 i 类型的目标数；系统正确感知到的目标类型数为 $M'(t)$，$M'(t) \subseteq M(t)$，相应的目标总数为 $N'(t)$，$N'(t) = \sum_{j=1}^{M'(t)} n_j(t)$，$n_j(t)$ 为第 j 类型的目标数；系统期望获得的目标类型数为 $\mathrm{JM}(t)$，相应的目标总数为 $\mathrm{JN}(t)$，$\mathrm{JN}(t) = \sum_{i=1}^{\mathrm{JM}(t)} n_i(t)$。信息完备性指标 $F(t)$ 由目标类型完备性和相应类型目标数量完备性共同构成，即

$$F(t) = \frac{M'(t)}{M(t)} \sum_{i=j=1}^{M(t)} \left(\theta_i \frac{n_j(t)}{n_i(t)} \right)$$

式中：θ_i 为第 i 类目标在当前时刻海战场上的重要性权重，$\sum_{i=1}^{M(t)} \theta_i = 1$。

上式是从系统大数据信息能力的角度定义的。实际海战中，战场态势感知完备性与具体的作战需求密切相关。不同时刻、不同的系统对态势感知完备性的概念是不一样的，如反潜作战系统可能只关心海战场态势中的水下目标，防空作战系统可能只关心空中目标。因此，准确地讲，态势感知完备性只与感知

到的目标中用户所希望获得的目标有关。当且仅当系统所需要的目标信息被全部正确感知时，对其而言，才是态势感知完备的，而不需要的那些信息与态势感知完备性无关。可见，态势感知完备性 $F(t)$ 需要用相关性来修正，即 t 时刻海战场中用户期望获得的目标有多少包含在被系统正确感知到的目标当中，此时，上式修改为

$$F(t)=\frac{\mathrm{JM}'(t)}{\mathrm{JM}(t)}\sum_{i=j=1}^{\mathrm{JM}(t)}\left(\theta_i\,\frac{n_j(t)}{n_i(t)}\right)$$

易见，态势感知完备性取值范围为［0，1］。当系统在给定时间内探测并发现到使命任务空间内全部相关目标时，信息完备性为1；当系统没能获得任何一个相关目标信息时，态势感知完备性为0。在海战场，对于相同的覆盖空间，态势感知完备性与系统正确识别目标概率 p_{c}、目标漏警概率 p_{m}、错误识别目标概率 p_{e} 相关。现实主要挑战的是系统对隐身目标和时敏目标的探测跟踪能力，因为这些目标通常是系统需要及时发现的重要目标，但难以发现。

3.2.3 海上大数据战场态势感知准确性分析

态势感知准确性是指对于一定的作战时空，系统所获得的战场感知态势中的目标特征与实际目标的特征相一致的程度，包括特征参数匹配程度和参数量值一致程度两个方面。对于一个系统来说，当且仅当其所需要的信息的所有特征参数被完全正确感知且量值一致时，才是感知准确的。它取决于系统信息采集、处理、分发环节中获得的信息的精确性。

所谓特征参数匹配程度，是指系统获得的目标特征参数与战场态势中相应目标的特征参数的吻合程度，如类型、位置、速度、频谱（对于电磁目标）等。当目标所有的特征参数均被系统正确感知时，目标特征参数吻合程度为1；当目标部分特征参数被正确感知时，取值在［0，1］之间；当感知的目标特征参数与实际目标特征参数不吻合时，取值为0，即系统感知目标的准确性为0，甚至可为负值，如把民航班机误认为是敌战斗机，把低空飞行的直升机当成水面快艇。

设 t 时刻，战场态势中第 i 个目标的特征参数数为 $H_i(t)=\{h_{i1},h_{i2},\cdots,h_{il}\}$，$i\in[1,N(t)]$；感知态势中第 j 个目标的特征参数为 $G_j(t)=\{g_{j1},g_{j2},\cdots,g_{jk}\}$，$j\in[1,N'(t)]$。若 $H_i(t)=G_j(t)$，则称感知态势中第 j 个目标的特征参数和战场态势中第 i 个目标的特征参数完全吻合，否则，称该目标信息特征参数是部分吻合的或不吻合的。

态势感知准确性衡量的是用户获取的战场态势信息与客观实际的吻合程度。这种衡量的出发点是保证用户获取的所有信息都与客观实际相一致，这是

一种高标准的要求。对于用户来讲，这种要求可能是不必要的。获取的信息中有些是用户感兴趣的，有些与当前任务无关而是用户不感兴趣的。其中用户感兴趣的态势信息与真实情况的吻合程度才是度量的关键所在。特征参数匹配程度也与具体的作战需求密切相关。一个目标通常对应多个特征参数，如目标类型、位置、速度、频谱分布等。不同的作战人员对信息特征参数匹配程度指标的需求是不同的。系统也往往只关心目标态势特征中的某些特征参数，如火控系统关心的是目标的位置、速度等航迹特征参数，电子对抗系统重点关心目标的电磁特征参数，而作战指挥人员主要关心目标的位置、身份、意图等。当且仅当其所需要的信息的特征参数被全部正确感知时，对其而言，才是目标信息准确的。

参数量值一致程度则是指态势感知中目标的每个特征参数量值是否在规定的误差范围内与对应的真实目标相符。设 $u_{ig}(t)$ 为战场态势中第 i 个目标的第 g 个特征参数量值，$v_{jh}(t)$ 为态势感知中第 j 个目标的第 h 个特征参数量值，δ 为误差域值。当 $i=j$ 时，第 j 个目标的第 h 个特征参数量值一致程度 $e_{jh}(t)$ 定义为

$$e_{jh}(t)=1-|v_{jh}(t)-u_{ig}(t)|/u_{ig}(t)$$

相应地，第 j 个目标特征参数一致程度 $E_j(t)$ 表示为

$$E_j(t)=1-\sum_{g=h=1}^{l}\frac{|v_{jh}(t)-u_{ig}(t)|}{|u_{ig}(t)|}\bigg/ l$$

当 $E_j(t)\leqslant\delta$ 时，称该参数是信息精确的；当 $E_j(t)>\delta$ 时，称该参数是信息不精确的。感知态势的信息准确性 $E(t)$ 为

$$E(t)=\sum_{i=j=1}^{N(t)}\left[1-\sum_{g=h=1}^{l}\frac{|v_{jh}(t)-u_{ig}(t)|}{|u_{ig}(t)|}/l\right]\bigg/ N(t)$$

目标特征参数量值一致程度的要求根据具体情况有所不同。对于火控系统或制导系统，需要非常精确的数据，1km 的偏差将导致信息完全不可用；指挥系统可能只需要概略的数据即可，1km 的偏差，完全可以看作是信息精确的。实际情况是，有些目标在特征参数（如高度和速度）量值上有时非常接近，特别容易混淆，如把直升机当成快艇。这就要针对不同的情况，设定不同的误差阈值 δ。

需要说明的是，大数据态势感知准确性对于目标类型等“特征型”目标参数，其准确性与“数值型”目标参数准确性描述不同，计算时需要先将其量化处理后才能用上式计算。以“目标类型”参数为例，若战场态势中目标类型为轰炸机，感知态势中的类型参量依其感知的目标类型而设定不同的值，如表 3.1 所列。

表 3.1　大数据态势感知中目标类型参数估值

战场态势（$u_{ij}(t)$）	战斗机（1.0）
感知态势（$v_{ij}(t)$）	战斗机（1.0），轰炸机（0.8），其他飞机（0.5），导弹（0.3），其他（0）

设海上态势的目标类型为“战斗机”，类型参数值为 1.0。当感知态势中目标也为“战斗机”时，感知完全准确，类型参数值为 1.0；若感知为“轰炸机”，类型参数值设为 0.8；若感知为“其他飞机”，类型参数值设为 0.5 等。感知目标类型与战场目标类型相差越大，类型参数值越小，直至为 0。

综合特征参数匹配程度和参数量值一致程度两个指标，海上大数据战场态势感知准确性定义为

$$E(t) = \frac{G_{jk}(t)}{H_{il}(t)} \sum_{g=h=1}^{l} (\theta_g \lambda_g e_{jh}(t))$$

式中：λ_g 为第 g 个目标特征参数在当前时刻战场上的重要性权重，$\sum_{g=1}^{l} \theta_g = 1$。

3.2.4　海上大数据战场态势感知实时性分析

对于用户来说，态势感知信息到达或更新得越快，就越能被高质量处理，从而保持优良高效的态势感知。一般来说，用户对需求的态势信息都存在一个时限，有关态势信息必须在时限之内到达，否则，超过时限的态势信息可能变得毫无意义。实时性描述的就是信息满足使用者时间要求的程度。

大数据战场态势感知实时性是指从大数据采集战场态势信息开始，经信息融合处理至形成相应的公共作战态势所需的时间满足作战需求时限的程度，表示感知态势的更新速度满足用户及时需求的程度。其实时性取决于系统对于一定的作战空间采集、处理和分发相应态势信息的速度。很多情况下，我们关注了用户获取信息所花费的时间而忽略了态势感知信息是否及时到达。

显然，若大数据信息系统没有任何延时，则实时性最好。但延时多少就认为没有使用价值呢？这需根据不同的作战任务设定一个时效临界时间 $T_{\mathrm{C}}(t)$。当态势信息延时超过这个临界时间，信息已没有任何作战意义，可以此定义感知态势信息的实时性。由于不同时间的作战空间及其内容是变化的，对于第 i 个目标第 g 个特征参数，设 t 时刻完成任务时效临界时间为 $T_{ig\mathrm{C}}(t)$，系统的信息时延为 $\Delta t_{ig}(t)$，$T_{ig\mathrm{C}}(t)$ 表示信息系统的实时性，则该特征参数态势信息实时性定义为

$$\delta T_{ig\mathrm{C}}(t) = 1 - \Delta t_{ig}(t) / T_{ig\mathrm{C}}(t)$$

对于整个海上态势，态势信息实时性可定义为

$$T_{\mathrm{C}}(t)=\frac{t\text{ 刻能正确感知并能足作需求限的目标数}}{t\text{ 时刻战场态势中实际的目标数}}$$

即

$$T_{\mathrm{C}}(t)=\frac{\sum_{i=1}^{N(t)}\sum_{l=1}^{l}\delta T_{ig\mathrm{C}}(t)}{\sum_{i=1}^{N(t)}T_{ig\mathrm{C}}(t)dN(t)}$$

在上述关于海上态势感知完备性、准确性和实时性的 3 个海上大数据战场态势感知能力指标中，战略类情报信息关注的往往是信息完备性和实时性，火控类信息重点关注的是实时性和准确性，如实时雷达情报、技术侦察情报的处理都要小于秒（s）级，对飞机、坦克等战术武器平台的指挥时间延迟更要小于 0.1s。侧重点不同，加上权重因子后，系统的战场态势感知信息能力 $\mathrm{CI}(t)$ 可表示为

$$\mathrm{CI}(t)=\omega_1 F(t)*\omega_2 E(t)*\omega_3 T_{\mathrm{C}}(t)$$

式中：ω_1、ω_2、ω_3 分别为战场态势信息完备性、准确性和实时性在当前时刻海上态势中的相对重要性权重，$\omega_1+\omega_2+\omega_3=1$。

值得注意的是，在态势完备性度量中，感知到所有目标数量并非意味着态势信息是完备的。一个目标对应着多个态势特征（如位置、速度、类型等），感知到态势目标的部分特征（如位置、速度、类型）并不能认为目标被正确感知了；在态势准确性度量中，对于一些难以量化的目标特征，如目标类型、敌我属性等，还需要进行一些特定处理，以满足具体的用户感知需求。

3.3　海上大数据战场态势感知度计算模型

战场态势感知是客观物质世界的内容以数据化、知识化的形式向客观知识世界的一种转化。[①] 即由人、传感器、物联网等感知客观物质世界中的各种事物、现象、运动、变化和联系，通过各种媒介和形式记录下来，进行综合处理，最后转化成客观知识世界的信息、数据和知识。这一过程是相对客观的。

在前述“信息熵”“知识熵”描述信息和知识分布的基础上，可用战场态势“感知度”来定量描述和分析战场态势感知及其分布的情况。其衡量指标是对当前态势的感知及其推断与真实情况符合的程度。

下面以感知战场态势为使命的预警探测系统为例，首先介绍战场态势感知

① 卡尔·波普尔. 客观知识——一个进化论的研究［M］. 舒炜光，等译. 上海：上海译文出版社，1987。

度的概念，然后给出海上大数据战场态势感知度探测模型，进而得到海上大数据战场态势感知度计算模型，最后给出典型计算示例。

3.3.1 战场态势感知度的概念

1. 战场态势感知度的定义

战场态势“感知度”是用来定量描述战场态势预警探测系统对战场信息获取能力的一个量化指标，国内外至今尚无统一的定义。

由于“战场态势”代表了原始信息，而“感知态势”反映了经战场预警探测系统采集、处理和分发后的战场态势感知信息（获得的知识熵），充分体现了战场态势预警探测系统的信息能力，因此，可以用战场预警探测系统的信息能力①分析和衡量“战场态势”与“感知态势”及其吻合程度，即

信息能力=感知态势/战场态势

式中：战场态势是客观的；感知态势则是客观反映和主观认识的统一，它可分为物理域的信息感知、信息域的态势感知、认知域的态势感知和社会域中的态势共享。物理域的信息感知主要是通过分布在各个战场空间的雷达、侦察预警卫星、声纳、电子侦察等系统和设备，以及其他所有信息手段获取战场信息，确定和辨认战场上各种兵力、兵器和相关设施的位置、数量、类型、运动状态、火力等情报，各类电磁频谱信息，以及其他战场环境信息。

在物理域，可用“感知度”来量化海上大数据预警探测系统对战场信息的获取能力。其基本含义是指在给定的任务空间及规定的时间内，系统感知到的战场信息和实际符合的程度，包括己方部队、友军、各作战平台的位置，侦察情报得到的敌军位置及各类目标信息、敌我双方的兵力部署、作战态势和周围环境等。在信息域，态势感知表示信息系统“输出”的态势信息与战场客观态势的一致程度。它反映了信息系统收集、处理和分发以形成统一态势的能力，是系统了解战场威胁、敌人部署和军事企图并进而制定对策的依据。当感知度为0时，说明没有获得或无法获得战场目标的任何信息；感知度为1时，表示获得战场目标的所有有关信息，战场完全透明，意味着此时目标一旦进入战区就能被及时发现、有效跟踪和可靠识别。通常，这两种极端情况不会出现，一般情况下，感知度都在［0，1］区间内。在认知域，态势感知表示指挥员对在其控制半径范围（任务空间）内的敌、我、友各方部署情况的理解和领会程度，主要衡量指挥员对当前态势的认知和推断与客观态势的符合程

① 有意义的是，信息系统的信息能力是一个相对的概念。这里仅就信息采集能力、信息处理能力和信息分发能力进行分析，没有包括信息对抗能力和信息利用能力。

度，是较高层次的态势感知。在社会域，态势感知为态势共享，表示不同系统和人员对同一战场态势认识互动和理解的统一程度。

可见，战场态势感知度是对战场态势预警探测系统在一定时间内对指定观察区域战场态势信息感知能力的一种综合度量，包括对目标的发现、识别和跟踪能力等。

下面重点从系统信息能力的角度分析态势感知的知识熵。

目标信息通常以概率的形式表示，如目标出现的概率表示为 $P(x)$，其概率密度函数为 $f(x)$。设 K_{Rj} 表示红方某作战单位 j 的态势信息量（简称信息量）；K_{Bi} 表示蓝方某作战单位 i 的信息量，且在某方控制半径内有 n 个敌方目标，则问题可描述为

$$P(V=\nu \mid U=\mu)=b(\nu:\mu,q)=\binom{\mu}{\nu}q^{\nu}(1-q)(\mu-\nu),\quad \nu=0,1,2,\cdots,\mu$$

式中：U 表示在控制半径内的敌方战斗单元数量；V 表示在控制半径内被我方侦察并定位到的敌方战斗单元数，且 U，$V\in\{0,1,2,\cdots,n\}$；q 表示传感器对敌方目标的发现概率。

由于综合的态势感知可通过通信网络来形成，不妨定义通信网络中第 i 个传感器（或侦察分队）通过网络报告时，作战指挥人员根据该传感器探测到的 v 个敌方目标，做出控制区域内共有 u 个敌方目标的概率为态势感知概率。根据贝叶斯公式得到战场态势感知概率：

$$P_i(U=\mu \mid V=\nu)=\frac{P_{i-1}(U=\mu)b(\nu:\mu,q)}{\sum_{\mu=0}^{n}P_{i-1}(U=\mu)b(\nu:\mu,q)}$$

式中：第 i 个传感器报告的先验概率为

$$P_{i-1}(U=u)=P_{i-1}(U=u \mid V=v)$$

由上述概率模型及信息熵的理论可知，该态势感知的信息熵为

$$H[P_i(U \mid V=\nu)]=-\sum_{\mu=0}^{n}P_i(U=\mu \mid V=\nu)\ln[P_i(U=\mu \mid V=\nu)]$$

归一化得

$$K_i(U \mid V=\nu)=\frac{\ln(n+1)-H_i(U \mid V=\nu)}{\ln(n+1)}$$

由此，可以提出相对信息优势的表达式：

$$K_C=\frac{1}{k}\sum_{i=1}^{k}K_i,K_C\neq 0$$

可见，信息优势是一方在态势感知上相对于另一方的一种不平衡状态。它源自于信息能力，是一个无量纲的值，取值区间为［0，1］。就具体的某个海战场空间而言，用信息能力反映的感知态势由3个基本因素表征：一是获取目标信息的数量及相关性；二是目标信息的精确性；三是目标信息的实时性。这种感知态势与实时的战场态势相比是有偏差（包括误差）的。根据上面分析，我们知道，正是这种偏差（包括误差）反映了系统的信息能力。因此，我们可以从这三个基本量的偏差（包括误差）入手进一步分析系统的信息能力——探测跟踪能力、识别能力、信息处理和分发能力（包括信息对抗能力），据此建立前述“完备性”“准确性”和“实时性”三维指标。如图3.3所示，双方对抗的信息能力可表示为这三维指标在作战空间构成的两个伸缩体。

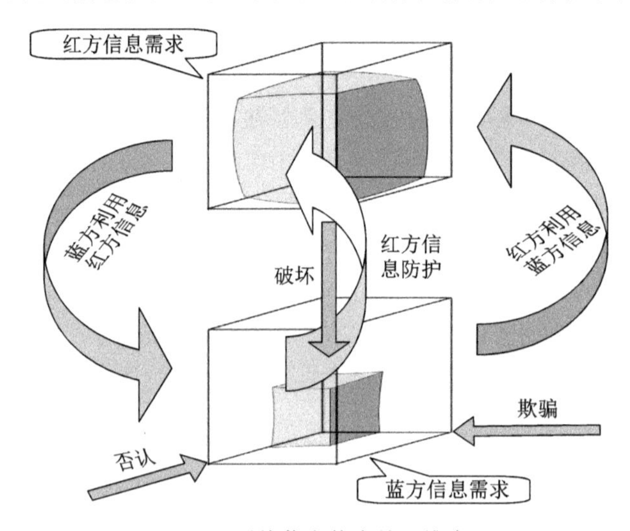

图3.3　系统信息能力的三维表示

三维体空间的体积大小表示了红蓝双方系统信息能力的大小，即

信息能力=信息获取的完备性×信息获取的准确性×信息获取的实时性

可见，战场态势感知是一个相对意义上的概念，谈绝对的战场态势感知没有太大的价值。

根据以上对信息能力的三维量化分析，红蓝双方在整个对抗过程中总的战场态势感知能力对比情况为

$$\mathrm{CI}_r(t)=\frac{\mathrm{CI}_r(t)}{\mathrm{CI}_b(t)}=\frac{\omega_1 F_r(t)\omega_2 E_r(t)\omega_3 T_{\mathrm{Cr}}(t)}{\omega_1' F_b(t)\omega_2' E_b(t)\omega_3' T_{\mathrm{Cb}}(t)},\quad \mathrm{CI}_b(t)\neq 0$$

这样，$\mathrm{CI}_r(t)$ 就反映了一体化对抗过程中战场态势感知信息能力优势的动态变化情况。在某一阶段，红蓝双方战场态势感知信息能力 CI_s 为

$$\mathrm{CI_s} = \sum_{t=1}^{n} \mathrm{CI_r}(t)/n$$

式中：n 为对抗过程分解的时段个数。它是一个在区间［0，1］内变化的时间函数。在不同的时刻 t，系统的信息能力是不同的，在激烈地进行信息对抗时更是起伏变化。

对于一定的作战时空，不同的系统有不同的信息能力。这里存在 3 种情况：一是一方的信息能力强于另一方的信息能力；二是一方的信息能力弱于另一方的信息能力；三是两方的信息能力相当。因此，当不同系统在某个作战空间信息能力不同时，就产生了在该空间作战的信息优势。

很明显，战场态势感知优势来源于对抗双方信息能力的差异。在军事行动中，要夺取并保持这种占先的信息位置，一方面，己方要具有功能相对强大的信息系统，利用各种手段获取信息并确保有效的信息流通，充分利用渗透性共享产权和信息连接，实现物质流、能量流和信息流的有机结合，形成联合战斗力；另一方面，尽可能采取有效手段破坏、干扰、迟滞对方的信息活动，削弱敌方的信息优势。其中，进攻信息作战的期望是把敌方信息空间中的一维、二维或三维压缩到零点；防御信息作战的期望是保持己方的信息空间不被压缩。当一方在战场全部空间或关键的空间对另一方的信息优势足够大，足以控制或限制对方信息能力时，就拥有了对战场信息的主导权，也就拥有了所谓的制信息权。

在作战分析和模拟中，可通过设定一定的临界值来分析和计算有关方大数据信息优势与制信息权，如以敌方信息能力为基准的“5 级”评估参考方案。

（1）绝对信息劣势：$0 \leqslant \delta I_r(t) < 0.25$，敌方拥有制信息权。

（2）明显信息劣势：$0.25 \leqslant \delta I_r(t) < 0.5$。

（3）相当信息能力：$0.5 \leqslant \delta I_r(t) < 2$。

（4）明显信息优势：$2 \leqslant \delta I_r(t) < 4$。

（5）绝对信息优势：$4 \leqslant \delta I_r(t) < \infty$，己方拥有制信息权。

需要说明的是，在两者都不具有制信息权的情况下，红方或蓝方都可能具有信息优势。即使在一方拥有制信息权时，另一方仍可能在某种情况下或某个方面拥有特定的信息权。这为实施不对称作战方式（如游击战）提供了理论依据。

2. 海上大数据战场态势感知度的影响因素

根据战场感知度的定义，影响战场态势感知度的主要因素有目标特性，目标背景环境，预警探测装备的功能、性能及使用方式，多传感器信息融合质量和水平。

1）目标特性

目标特性是指目标暴露的电磁、声学等信息量，信息强度和运动状态。目标暴露的信息量越多、强度越强，其战场感知度就越高。相反，采用各种方法和手段隐藏或消解自身电磁、声学等暴露信息的目标，因难以被对方发现而被称为低可探测目标，如隐身战斗机、隐身舰艇等，其被战场感知度低。

2）目标背景环境

目标背景环境是指环境对信息传输的衰减、背景噪声、敌方的人为干扰等。环境衰减量越小、输入的噪声和干扰越少，其战场感知度越高。反之，由于上述环境因素，将导致战场态势感知度趋低。

3）预警探测装备的功能、性能及使用方式

它包括传感器的类型、种类、属性、数量、分布，以及使用方式等。探测装备灵敏度越高、分辨率越高、探测距离越远，使用时受外界影响越小，其战场态势感知度将越高。

4）多传感器信息融合质量和水平

多传感器综合运用越恰当、信息融合质量和水平越高，其战场态势感知度越高。它包括根据不同目标、环境和用户需求，自适应地选择和组合传感器资源，自适应地优化信息融合过程、方式和手段，进行像素级融合、特征级融合和决策级融合。

3.3.2 海上大数据战场态势感知度探测模型

从本体而言，战场态势是指战场状况的真实情况。这里以多源传感器为例建立海上大数据战场态势感知度计算模型。①

设需感知的海战场面积为 X，感知的手段有 M 种，目标以速度 v 穿过海战场。在海战场上分布有虚假目标，则在 X 空间的探测概率为

$$P(f) = \int_x p(x)b(x,f(x))\mathrm{d}x \tag{3.1}$$

式中：$p(x)$ 为目标的分布概率密度；$b(x, f(x))$ 为探测函数；$f(x)$ 为分配函数。

为区分真假目标的探测概率，式（3.1）可分别写成：

真目标探测概率为

$$P_{\mathrm{T}}(f) = \int_x p(x)b(x,f(x))\mathrm{d}x \tag{3.2}$$

假目标探测概率为

$$P_{\mathrm{F}}(f) = \int_x q(x)a(x,f(x))\mathrm{d}x \tag{3.3}$$

① 徐少彬，姚景顺. 海战场预警探测感知度建模与计算［J］. 指挥控制与仿真，2006(5):24-27。

式中：$q(x)$ 为虚假目标的分布概率密度；$a(x, f(x))$ 为虚假目标探测函数。

1. 目标探测函数

目标探测函数受两个重要变量的影响：一是探测器单位时间的覆盖范围（探测率或搜索率）；二是在覆盖范围预警探测系统发现目标的能力（发现概率）。很明显，预警探测系统单位时间覆盖范围越小，探测到目标的可能性也小；反之，预警探测系统单位时间覆盖范围越大，在目标区域就有更多的机会探测到目标。预警探测系统发现目标的能力弱，即使覆盖范围再大，探测到目标的可能性（概率）也不会大。因此，预警探测系统发现目标能力主要用以描述预警探测系统的质量和类型。

基于上述，定义目标探测函数为

$$\begin{cases} b(n)=f_0(n)\dot{A} \\ b(t)=f_0(t)\dot{A} \end{cases} \tag{3.4}$$

式中：$f_0(n)$、$f_0(t)$ 表示发现概率密度函数；$\dot{A}$ 表示探测器单位时间探测范围（A 表示探测器在范探测时间 t 内的搜索范围）。

2. 目标识别时间模型

设识别一个在 x 点探测到的假目标的期望时间为 $\tau(x)$，虚假目标数的期望值为 $E(N)$，则耗费于识别虚假目标的期望时间为

$$\tau_{\mathrm{F}} = E(N)\int_x \tau(x)a(x,f(x))\,\mathrm{d}x \tag{3.5}$$

3. 第一种海上大数据战场态势感知度数学模型

第 m 个传感器的有效探测区域 A_m 简化计算为

$$A_m=\left(\frac{\theta\times\pi}{360}+\frac{2v_{\mathrm{s}}}{|v_{\mathrm{t}}|}\right)R^2 \quad (v_{\mathrm{t}}\neq 0) \tag{3.6}$$

式中：R 为雷达平台探测威力；v_{s} 为平台机动速度；v_{t} 为目标相对雷达平台的径向运动速度；θ 为传感器的搜索扇面。

那么，第 m 个传感器的感知度为

$$S_{\mathrm{T}m}=\left(1-(1-p_{\mathrm{d}})^{\frac{t}{T}}\right)\cdot \mathrm{e}^{-\lambda\frac{R-r}{R}}\cdot \mathrm{e}^{-\lambda\frac{A_{\mathrm{c}}-A_m}{A_m}} \tag{3.7}$$

式中：λ 的取值与各传感器的最大预警距离相关，空间效率因子和作战空间 A_{c} 与探测平台的有效探测区域 A_m 的比值相关，拟为 $\mathrm{e}^{-\lambda\frac{A_{\mathrm{c}}-A_m}{A_m}}$；时间效率因子和探测平台发现目标的距离相关，拟为 $\mathrm{e}^{-\lambda\frac{R-r}{R}}$；$t$ 为雷达用于搜索整个区域的时间，即数据率；T 为雷达对探测范围的观测时间；p_{d} 为雷达的发现概率。

按概率统计方法，该预警探测系统的战场态势感知度为

$$S_{\mathrm{T}}=1-\prod_{m=1}^{n}(1-S_{\mathrm{T}m}) \tag{3.8}$$

式中：n 为预警探测系统传感器的数量。

4. 第二种海上大数据战场态势感知度数学模型

我们把出现一次接触称为探测到目标；接触、识别，证实该接触信号来自目标称为识别目标；探测到并识别出目标称为感知到目标。由此可见，感知度与探测概率和识别率有关。感知到目标是受时间约束的，必须在规定的时间内完成对某类目标的感知过程，否则，过时的目标感知就失去了情报价值。

具体探测概率与目标的分布、探测资源的分配方式等因素有关；识别率与识别时间、探测者的经验、探测设备的性能有关，一般用一个均值表示。

综上所述，预警探测系统的战场态势感知度可概括地表示为

$$S_{\mathrm{T}}=f(p_{\mathrm{c}},p_{\mathrm{d}}) \tag{3.9}$$

式中：S_{T} 为系统的感知度；p_{c} 为系统的发现能力；p_{d} 为系统的识别能力。

5. 第三种海上大数据战场态势感知度数学模型

1）单一探测器的感知度模型

设需感知的海战场面积为 X，在规定时间 T 内，当耗费于识别虚假目标的期望时间为 τ_{F} 时，探测时间为

$$t=T-\tau_{\mathrm{F}} \tag{3.10}$$

单一探测器海上感知度为

$$S_{\mathrm{T}}=P_{\mathrm{T}}(f)=\int_{X}p_{\mathrm{t}}(X)b(X,f(X))\mathrm{d}X \tag{3.11}$$

式中：$\rho_{\mathrm{t}}(X)$ 为目标的分布概率密度；$b(X,\ f(X))$ 为探测函数。

2）多探测器的感知度模型

设在海战场面积 X 内分布有 m 个探测器，每个探测器的感知度为 $S_{\mathrm{T}i}$，$(i=1,\ 2,\ \cdots,\ m)$，则多个传感器的战场感知度为

$$S_{\mathrm{T}}=1-\prod_{i=1}^{m}(1-S_{\mathrm{T}i}) \tag{3.12}$$

多探测器的海战场感知体系存在着信息融合效益，因此，探测模型和识别模型应根据情况作适当完善。设 λ_1 为融合后探测效率提高因子（$\lambda_1\geqslant1$），λ_2 为融合后识别效率提高因子（$1<\lambda_2\leqslant1$），则真目标探测概率为

$$P_{\mathrm{T}}(f)=\int_{X}\lambda_1 p(X)b(X,f(X))\mathrm{d}X \tag{3.13}$$

虚假目标探测概率为

$$P_{\mathrm{F}}(f) = \int_X \lambda_1 q(X) a(X, f(X))\,\mathrm{d}X \tag{3.14}$$

耗费于识别假目标期望时间为

$$\tau_{\mathrm{F}} = \lambda_2 E(N) \int_X \tau(X) a(X, f(X))\,\mathrm{d}X \tag{3.15}$$

探测时间为

$$t = T - \sigma_{\mathrm{T}} - \tau_{\mathrm{F}} \tag{3.16}$$

式中，探测时间 t 为除去虚假目标识别时间 t_{F}、数据传输滞后时间 σ_{t} 外，传感器实际进行有效感知时间段。

于是，单个探测器（$i=1$，2，…，m）的感知度为

$$S_{\mathrm{T}i} = P_{\mathrm{T}i}(f) = \int_X \lambda_1 p_t(X) b(X, f(X))\,\mathrm{d}X \tag{3.17}$$

m 个探测器的感知度为

$$S_{\mathrm{T}} = 1 - \prod_{i=1}^{m} (1 - S_{\mathrm{T}i}) \tag{3.18}$$

3.3.3　海上大数据战场态势感知度计算模型

由上述分析可知，利用目标的先验信息，从不同的特征域（时域、空域、频域、任务、逻辑等域以及多种不同域间的联合域），合理地使用和运用相应的探测装备，使得探测装备的特性和时空覆盖范围与目标的分布空间匹配，则可以最大程度地获得战场状况的真实情况，感知战场态势。海战场大数据是多种来源的大数据。这里以雷达、光电等多源传感器为例建立海上大数据战场态势感知度计算模型。

1. 探测器信息矩阵

探测器信息矩阵分为对空、对海、对水下 3 种，区别是这 3 种情况下的探测器作用距离、检测概率和探测器类别不一样。设探测器信息矩阵中的所有探测器都有目标识别能力。

舰艇编队探测器信息矩阵为

$$\boldsymbol{A} = \begin{bmatrix} a_{11} & a_{12} & a_{13} & a_{14} \\ a_{21} & a_{22} & a_{23} & a_{24} \\ \vdots & \vdots & \vdots & \vdots \\ a_{M1} & a_{M2} & a_{M3} & a_{M4} \end{bmatrix} \tag{3.19}$$

式中：a_{i1} 为探测器 i 作用距离（km）（对空、对海、对水下是不同的）；a_{i2} 为探测器 i 扫描角速度（(°)/s）；a_{i3} 为探测器 i 接触率（P_k），雷达、光电、侦

察装备各不相同；a_{i4} 为探测器 i 识别假目标所需时间（a_{i3}、a_{i4} 是有关系的）（$i=1, 2, \cdots, M$）。

信息矩阵中的探测器号顺序按作用距离的大小排列（作用距离最大者排为 1 号，最小者排为 M 号），舰艇编队探测覆盖范围只考虑半径。

陆基、岸基探测器信息矩阵为

$$\boldsymbol{A}=\begin{bmatrix} a_{11} & a_{12} & a_{13} & a_{14} & a_{15} & a_{16} \\ a_{21} & a_{22} & a_{23} & a_{24} & a_{25} & a_{26} \\ \vdots & \vdots & \vdots & \vdots & \vdots & \vdots \\ a_{M1} & a_{M2} & a_{M3} & a_{M4} & a_{M5} & a_{M6} \end{bmatrix} \tag{3.20}$$

式中：a_{i1} 为探测器 i 安装点经度；a_{i2} 为探测器 i 安装点纬度；a_{i3} 为探测器 i 作用距离（km）（对空、对海、对水下是不同的）；a_{i4} 为探测器 i 扫描角速率（对空、对海、对水下是不同的）；a_{i5} 为探测器 i 接触率（P_k），雷达、光电、侦察装备各不相同；a_{i6} 为探测器 i 识别假目标所需时间（对空、对海、对水下是不同的）（$i=1, 2, \cdots, M$）。

信息矩阵中的探测器号顺序按作用距离的大小排列（作用距离最大者排为 1 号，最小者排为 M 号）。另外，地基、岸基探测器探测覆盖范围与每个探测器安装的地点有关，只有作用半径是不够的。近岸防御、要地防御、重点区域作战感知计算用到探测器安装地点数据。

升空平台探测器信息矩阵为

$$\boldsymbol{A}=\begin{bmatrix} a_{11} & a_{12} & a_{13} & a_{14} & a_{15} & a_{16} & a_{17} \\ a_{21} & a_{22} & a_{23} & a_{24} & a_{25} & a_{26} & a_{27} \\ a_{31} & a_{32} & a_{33} & a_{34} & a_{35} & a_{36} & a_{37} \\ \vdots & \vdots & \vdots & \vdots & \vdots & \vdots & \vdots \\ a_{M1} & a_{M2} & a_{M3} & a_{M4} & a_{M5} & a_{M6} & a_{M7} \end{bmatrix} \tag{3.21}$$

式中：a_{i1} 为探测器 i 扫描到地球表面上的波束宽度（km）；a_{i2} 为探测器 i 扫描到地球表面上的波束一边纬度；a_{i3} 为探测器 i 扫描到地球表面上的波束另一边纬度；a_{i4} 为探测器 i 飞行速度（对空、对海、对水下是不同的）；a_{i5} 为探测器 i 接触率（P_k），雷达、光电、侦察装备各不相同；a_{i6} 为探测器 i 运动速度（km/s）；a_{i7} 为探测器 i 识别目标所需时间（对空、对海、对水下是不同的）（$i=1, 2, \cdots, M$）。

信息矩阵中的探测器号顺序按扫描波束宽度的大小排列。作用距离最大者排为 1 号，最小者排为 M 号。

2. 关系矩阵

为了表征探测器信息矩阵中各种类型探测器信息共享关系，定义关系矩阵为

$$\boldsymbol{B}=\begin{bmatrix} b_{11} & b_{12} & b_{13} & \cdots & b_{1M} \\ b_{21} & b_{22} & b_{23} & \cdots & b_{2M} \\ b_{31} & b_{32} & b_{33} & \cdots & b_{3M} \\ \vdots & \vdots & \vdots & \ddots & \vdots \\ b_{M1} & b_{M2} & b_{M3} & \cdots & b_{MM} \end{bmatrix} \tag{3.22}$$

式中：$\boldsymbol{B}$ 为 $M\times M$ 阶矩阵；元素 $b_{ij}=0$ 表示第 i 个探测器与第 j 个探测器信息不共享；$b_{ij}=1$ 表示第 i 个探测器与第 j 个探测器信息共享。

3. 计算流程和步骤

如果在探测时间段内，传感器能对目标区域进行一遍以上次数的探测（探测区域覆盖目标区域多次），这时，前后几次探测对假目标识别是有改善作用的，可以类似多个传感器探测目标区域时的方法进行计算，但是信息融合改善因子要有变化。

预警探测系统战场态势感知度计算流程如图 3.4 所示。

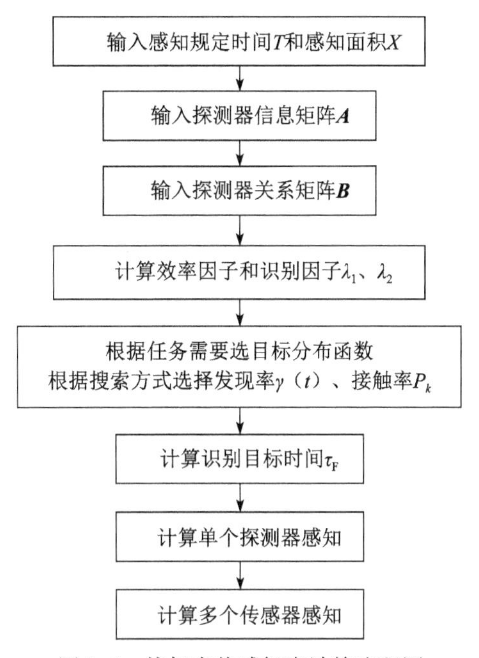

图 3.4　战场态势感知度计算流程图

下面以舰艇编队对空感知为例来说明感知度的计算步骤，需计算对海、对水下感知度时，只要换探测器信息矩阵和关系矩阵即可。岸基、陆基及升空平

台的感知度计算步骤以此类推。

（1）输入目标感知区域的面积 $X(\mathrm{km}^2)$。

（2）输入感知规定时间 T。

（3）输入需要识别的虚假目标数目 $E(N)$ 和识别每个虚假目标所需的时间 τ。

（4）用信息关系矩阵确定融合后探测效率提高因子 λ_1（探测器相关 $b_{ij}=1$ 时，$\lambda_1=1.5$；否则，探测器不相关 $b_{ij}=0$ 时，$\lambda_1=1.0$），融合后识别效率提高因子 λ_2（探测器相关 $b_{ij}=1$ 时，$\lambda_2=0.5$；否则，探测器不相关 $b_{ij}=0$ 时，$\lambda_2=1.0$）。

（5）引入 a_{i3} 探测器 i 接触率 P_k。

（6）引入目标分布密度函数 $p_t(X)$。

（7）计算探测时间为

$$\tau=T-\lambda_2\times E(N)\times\tau-\sigma_t$$

（8）用探测器 i 作用距离 $a_{i1}(\mathrm{km})$ 和扫描角速度 $a_{i2}((°)/\mathrm{s})$ 计算探测器 i 覆盖面积为

$$\dot{A}=\left(\frac{\theta\times\pi}{360}+\frac{2v_s}{|v_t|}\right)R^2,\quad v_t\neq 0$$

（9）用目标感知区域的面积 X、探测器 i 覆盖面积 A 等组成探测函数为

$$b(X,f(X))=(1-\mathrm{e}^{-\frac{A}{X}})\dot{A}$$

（10）计算积分 $S_{Ti}=\int_0^t\lambda_1 p(X)b(X,f(X))\mathrm{d}t$ 即为探测器 i 的感知度。

舰艇平台所有探测器对同一目标感知区域总的感知度为

$$S_T=1-\prod_{i=1}^{m}(1-S_{Ti})$$

3.3.4 海上大数据战场态势感知度计算示例

舰艇编队的主要威胁来自于空中。舰艇编队对空态势感知度，是评估海战场态势感知的一个重要维度，有助于提高战场透明度，提升舰艇编队的防空作战能力。下面以舰艇编队的对空整体感知度计算为例，介绍对某一目标的感知区域总感知度计算过程。

假设舰艇编队有 4 个具备对空探测能力的探测器，根据作战需要，规定感知时间为小于等于 16s，假定空中假目标期望数为 5 个，每个假目标的探测识别时间为 2s，舰艇编队平台机动速度为 30kn，敌方空中目标马赫数为 1.8，传感器的搜索扇面为 120°，探测距离约 200km。

根据式（3.19），可以计算探测时间为 5.8s。根据式（3.20），探测器覆盖面积为 45898.23km²，则单个探测器的战场感知度为 0.5970。根据式

(3.22)，舰艇编队平台所有探测器对空中目标的总战场感知度为0.9736。

3.4 海上大数据战场态势感知深度学习

近年来，随着深度学习在机器视觉、图像与语音识别以及决策控制等领域的应用日益成熟，人们开始将大数据、深度学习等技术应用于战场态势感知和理解领域。例如，美军在“对抗环境中的目标识别与适应（TRACE）”项目中，针对智能化电磁频谱感知与侦察领域引入智能深度学习算法，发展出一种准确、实时和低功率需求的目标识别系统；应用深度学习和迁移学习等智能算法解决对抗条件下战场态势目标自主认知难题，帮助指挥员快速定位、识别目标并判断其威胁程度。2009年，DARPA进一步启动了“深度学习（Deep-Green）”计划，尝试采用深度学习方法，从战场获取的大量无标签的声音、视频、传感器和文本数据中抽取更多隐藏的有用特征，并将其用于模式识别和特征分类，挖掘关联关系、监测异常、描述事件的时间关系等。2012年5月，DARPA启动“深度文本发掘与过滤（DEFT）”项目，更加明确地提出要利用深度学习技术发掘大量结构化文本中隐含的、有实际价值的特征信息，同时还要具备可将处理后的这些信息进行进一步整合的能力。在此基础上，将这些技术用于作战评估、规划、预测的辅助决策支持中。

海上大数据战场态势感知深度学习以应用大数据深度学习等为关键技术来对海上复杂环境中的诸多目标进行智能识别，通过不断试验改进深度学习模型提高识别准确率和识别速度，从而达到提升海上大数据态势感知度，缩短海上大数据态势感知时间的目的。

3.4.1 海上大数据战场态势感知深度学习概念

深度学习是由人工神经网络（ANN）发展而来的，属于传统的连接主义学派。2006年，G. E. Hinton等首次提出了基于“深度置信网络（DBN）”的无监督概率生成模型，阐述了深度学习的基本原理。① 大数据深度学习以大数据和高速运行计算机为支撑，通过搭建含有多个隐层的神经网络模拟人脑逐层抽象学习的机制，对外部输入数据进行特征提取，并由大量数据的经验建立规则（形成网络参数），实现基于特征的自主学习，进而从中获取所需的信息。这样的方法模型具有很高的存储效率，而线性增加的神经元使其能表达指数级

① 以2006年7月G. E. Hinton和R. R. Salakhutdinov在*Science*上发表题为“Reducing the Dimensionality of Data with Neural Networks”的论文为标志。

增长的大量信息。随着大数据时代的到来以及计算能力的不断发展，人工神经网络也取得了长足的进步，促进了深度学习向纵深发展，卷积神经网络、循环神经网络、进化神经网络等具有良好大数据处理能力的深度学习模型纷纷出现，打开了大数据在模式识别、分类、图像识别、信息检索、自然语言处理等战场态势感知智能处理方面的应用。

在现代海洋行动中，海、陆、空、天等各种预警探测系统和网络平台在战场态势感知中得到了广泛应用，能够全频谱、大范围、立体化监视和捕获到大量的遥感、SAR 和可见光图像等情报和数据。从这些海量大数据中计算分析得到目标的身份和位置信息对作战筹划、任务规划和指挥辅助决策以及精确打击具有重要价值。同时，各种预警探测系统和网络平台在实际海战场环境中，不可避免地要受到光照、薄雾、遮挡等各种自然和人为因素的影响，获得的大数据也是复杂的。

此外，海战中除了要对付和处理正常目标外，还有一些隐身目标、小目标、快速机动目标。这些敏感目标本身的姿态和尺度具有多变性。这些因素也会对海战场态势感知性能造成相当大的影响，也给传统的目标打击和作战组织带来新的挑战。

深度学习神经网络来源于传统神经网络，又高于传统人工神经网络，远远多于传统人工神经网络的层数让深度学习更接近人类的大脑结构，具有很强的学习能力，尤其是善于处理时间序列相关的数据结构。如图 3.5 所示，基于卷积神经网络的深度学习系统在特征提取、模式识别等方面通过对大量训练数据的自动学习，提取出识别目标所需要的重要特征，从而完成识别任务。

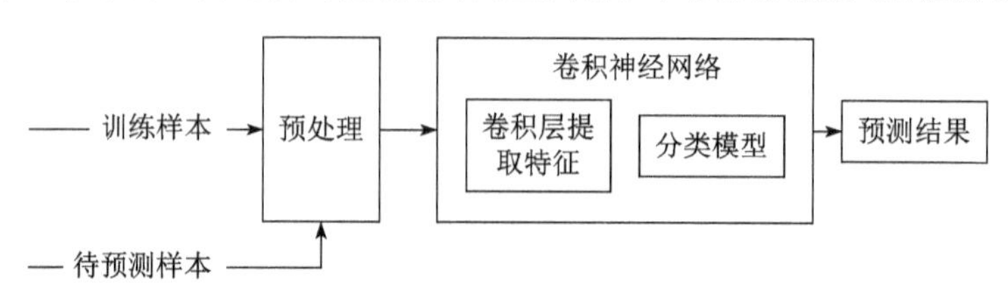

图 3.5　基于卷积神经网络的深度学习系统处理流程

需要说明的是，深度学习算法依赖于大量的数据基础。只有训练数据量给足了，才能训练出好的模型，才有使用深度学习的条件。同时，如何利用深度学习方法从时域、空域、频域、任务、逻辑等域以及多种不同域间的联合域出发，实现战场大数据态势特征提取与表示仍然是当前一大挑战，仍需进一步突破。

3.4.2　海上大数据战场态势感知深度学习体系框架

随着大数据深度学习技术的发展，将其应用于海上目标全维态势感知中，有利于提升基于大数据的海战场目标信息融合和快速关联识别能力。根据海上大数据战场态势感知的使命、任务和能力需求，结合深度学习的原理和优势，构建海上大数据战场态势感知深度学习体系框架如图3.6所示。

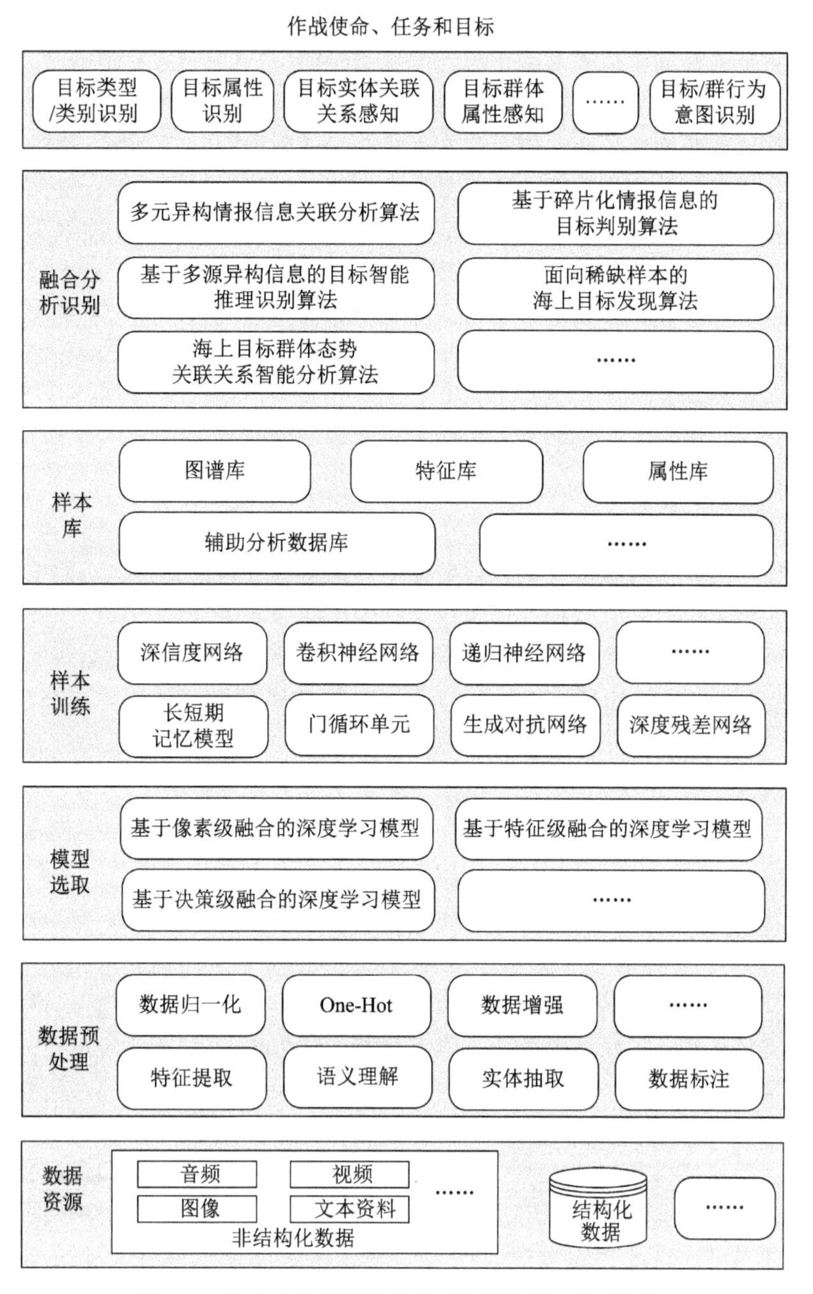

图3.6　海上大数据战场态势感知深度学习体系框架

在图 3.6 中，系统将通过各种情报手段获取的音频、视频、图像、文本资料等非结构化数据和数据库中的结构化数据，通过数据归一化、One-Hot、数据增强、特征提取、语义理解、实体抽取、数据标注等大数据预处理后，采用基于像素级融合的深度学习模型、基于特征级融合的深度学习模型，以及基于决策级融合的深度学习模型等，进行深度学习模型选取；然后利用深度置信网络、卷积神经网络、递归神经网络、长短期记忆模型、门循环单元、生成对抗网络、深度残差网络等算法进行样本训练，生成图谱库、特征库、属性库、辅助分析数据库等深度学习样本库；最后结合输入的目标数据，综合使用异构情报信息关联印证算法、基于碎片化情报希的目标判别算法、基于多源异构信息的目标只能推理识别算法、面向稀缺样本的海上目标发现算法、海上目标群体态势关联关系智能分析算法等进行目标态势融合分析识别，进行目标类型、类别判别，目标属性判别、目标实体关联关系感知、目标实体属性感知等战场态势目标全维感知。

相应地，基于大数据的海上战场态势感知深度学习过程如图 3.7 所示，分为数据样本构建、线下学习和在线学习、对抗推演等几部分。

1. 数据样本构建

深度学习是由数据驱动的，以数据本身的客观规律为基础，对数据进行表示学习。深度学习输入数据的质量决定了输出结果的合理性。因此，需要构建完备合理的数据集。用于基于深度学习的态势感知模型学习的数据获取主要有 3 种途径：一是从海战场实战或演习中通过各类传感器获得的真实战场数据；二是通过人在回路的仿真推演中生成的仿真数据；三是军事专家针对海战场中态势感知特定研究问题，利用作战模拟系统生成的数据样本。

对数据的收集强调时间、维度、类型等范围的全面拓展，力求构建多样化、多维化、多源化的海战场态势数据集。例如，以某兵棋推演中的数据为基础，评估战场态势感知度，构设未来海空作战想定，力量编成包括红蓝双方的数百艘（架）舰船、飞机等实体，重点抽取作战平台、机/舰载设备、武器性能、作战任务等几大类，目标位置、航速、航向、属性、探测半径、发现概率等数十个特征项，分别构成训练、校验和测试样本集。

2. 线下学习

首先对海战场作战态势感知样本数据库进行挖掘处理，提取海战场态势问题特征，挖掘战场作战行为模型，形成作战行为模式库，通过对作战行为的时空特性分析，了解海战场作战行为，实现对战场规律和规则的认知掌握。

在此基础上，进行战场的仿真推演，通过深度学习自我博弈和指挥员的博弈，对博弈结果进行评价认知，实现深度学习模型的自我学习、升级。

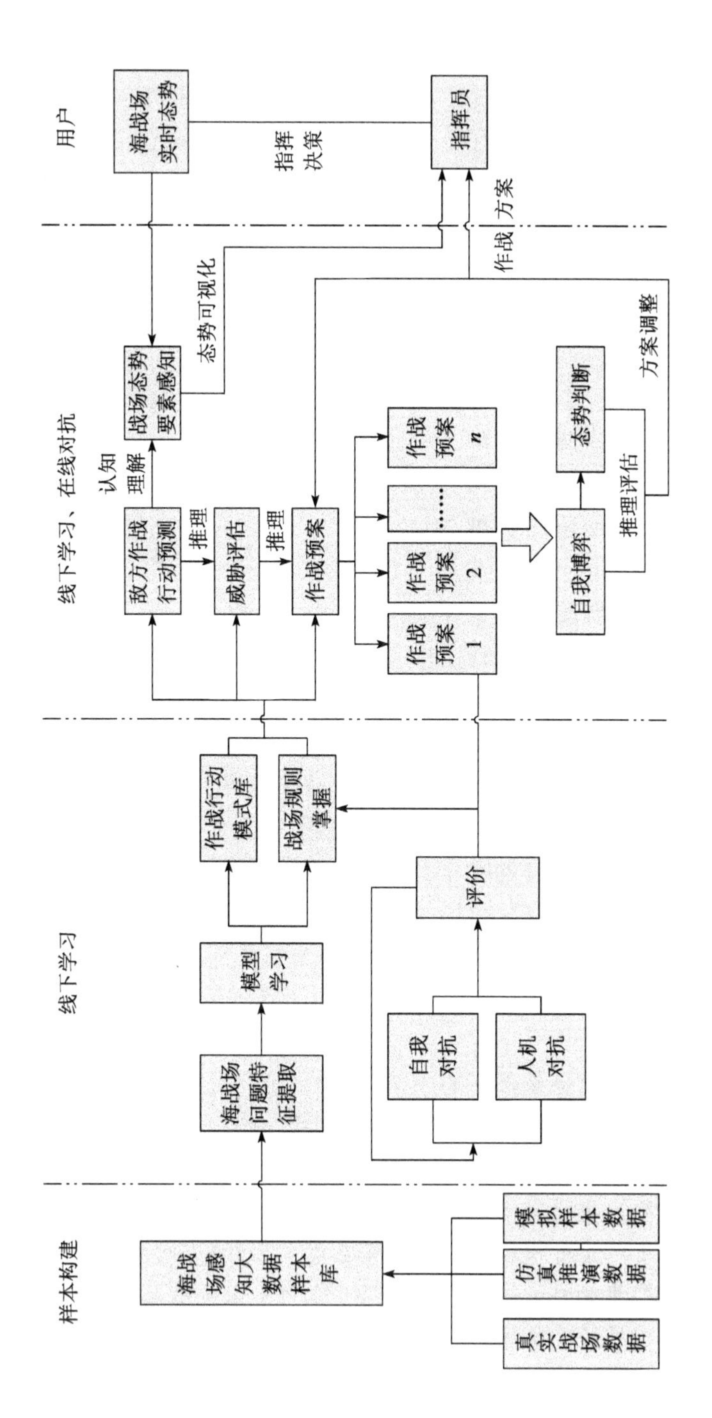

图3.7　基于深度学习的海上大数据战场态势感知学习过程

3. 在线学习、对抗推演

在实战对抗中，基于深度学习的态势感知模型通过各类传感器获得实时战场数据，通过对数据的特征提取、聚类分析，实现对战场事件的认知理解。在实际对抗中，结合模式匹配和行为关联分析，根据战场规律和作战条令，对敌方的攻击意图、战场态势进行预测，进行威胁判断，提出作战方案，并对作战方案仿真推演，评价各个方案可能对态势产生的影响，进行方案调整，同时完成对态势感知模型的更新，最后由指挥员进行选择决策。

在线学习、对抗的整个过程中，各个环节的处理结果均可视化地呈现给指挥员，便于指挥员更加清晰、全面地把握战场态势。

通过大数据战场态势感知，可以获取作战目标、作战力量以及相应的预警探测力量等分布情况。其中某局部战场态势感知态势如图 3.8 所示。

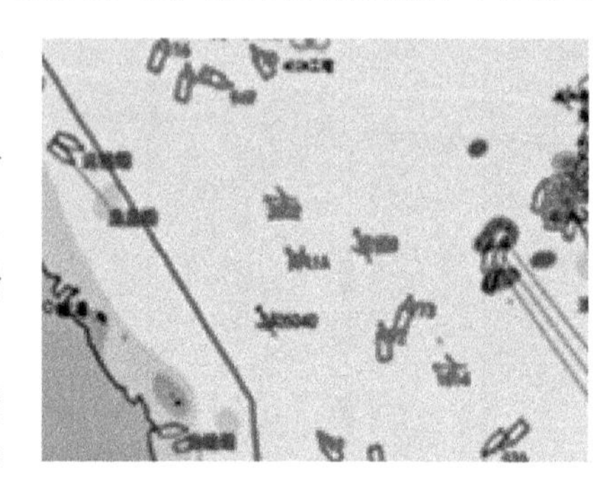

图 3.8　基于深度学习的某战场态势感知局部图

3.4.3　海上大数据战场态势感知深度学习模型

战场态势感知是一个综合的、动态的持续过程。深度学习从底层模拟人脑神经元活动的主要工作机制，采取多层感知器模型有机融合与集成的网状结构，具有逐层抽象和理解的学习能力，在多层学习、自主分析、非线性特征提取等方面具有其他方法无法比拟的独特优势。其多层神经元能够综合浅层的态势要素，实现战场态势智能感知，并通过大量数据的经验建立规则（网络参数和阈值），从而使得应用深度学习提取海战场大数据特征，感知战场态势成为可能。

现代海战是信息化条件下的一体化作战，其中，情报信息非常重要。随着装备水平的迅速发展，尤其是各类传感器性能的提升，产生了大量多源异构的情报数据，如可见光图像信息、红外图像信息、运行信息、合成孔径雷达图像信息等。从这些情报数据中挖掘出海上环境中的敌方目标特征信息，可用于发现、识别战场上的重要目标，也可用于数据关联和挖掘以掌握敌方目标的活动规律，进而能够预测其趋势和意图，从而构建准确的战场态势图。例如，通过深度学习方法对战场上的多种情报数据进行分析，从而从敌方的通信节点、火力节点和指挥节点等目标中精确地识别出关键的指挥节点，便于我方精准地实施打击。然而，多数的深度学习模型只针对单一的数据来源，对于多源异构数据无法适用，而且对于海上多源异构的深度学习模型更是少之又少。本节将深度学习和数据融合方法相结合，根据数据融合的不同层次，分别提出基于像素级融合、基于特征级融合和基于决策级融合的三类深度学习模型。鉴于现阶段缺少真实的海上作战或演习场景下的多源异构数据集，在此只对三类模型的基本框架进行探讨，在后续数据条件允许的情况下，将对这三类模型进一步细化，并对模型的有效性进行验证。

1. 基于像素级融合的深度学习模型

该模型首先将同一目标在同一时空条件下的多源异构数据通过像素融合得到异质的融合数据；然后以融合后的数据作为训练样本，通过深度神经网络训练，得到能够在融合数据中识别出目标的神经网络的参数，用于进行准确的目标分类和识别。以可见光图像、合成孔径雷达图像和红外图像数据为例，相应的模型结构如图 3.9 所示。

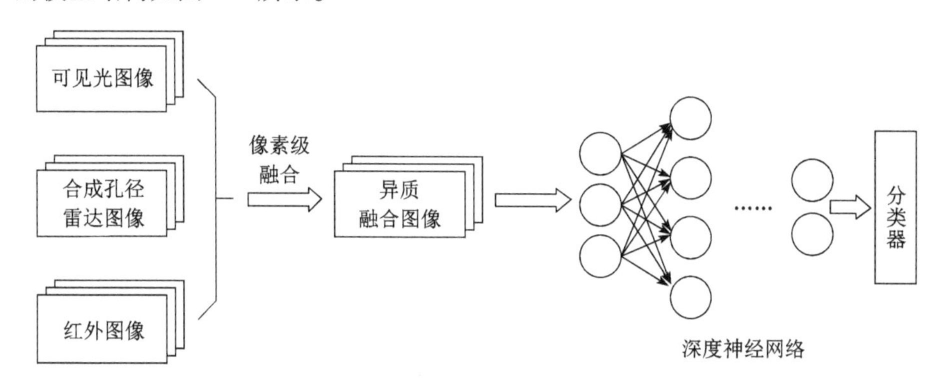

图 3.9　基于像素级融合的深度学习模型结构

该模型的优点是计算复杂度较低，易于实现。处理后的融合数据能够在一定程度上融合多种异构数据的互补信息，使得深度神经网络的特征映射得到增强。然而，多源异构数据间的数据格式差异会造成数据之间的不可比性，例如，对于图像数据和位置数据的融合处理，使得像素级融合非常困难，所以该种模型难以实际应用。

2. 基于特征级融合的深度学习模型

该模型首先将不同类型的数据并行输入至一个深度神经网络中进行训练，每类数据在每次卷积后，都能够得到一层特征映射图。当数据深度神经网络中完成最后一次卷积操作后，将获取的特征映射图进行特征融合，并对融合后的特征映射图进行全连接层处理，形成能够用于目标准确识别和分类的分类器。同样，以可见光图像、合成孔径雷达图像和红外图像数据为例，相应的模型结构如图 3.10 所示。

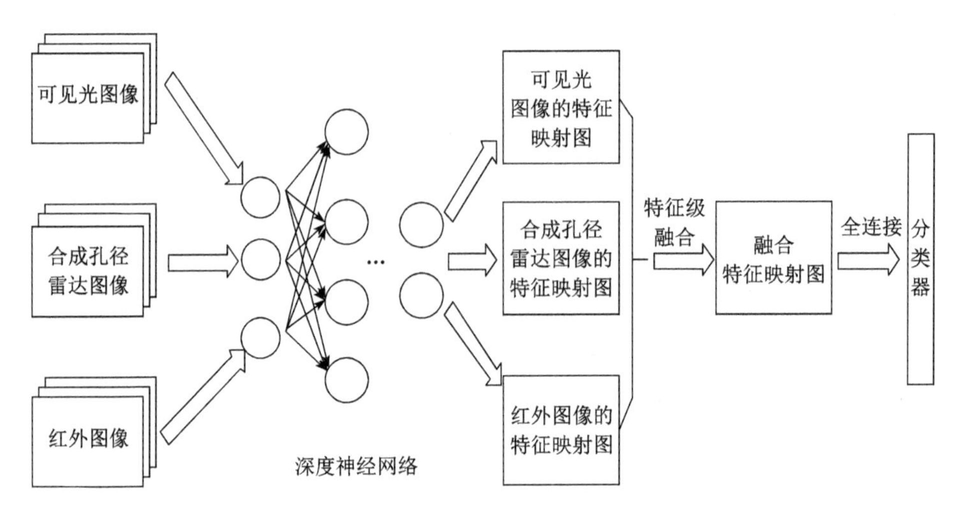

图 3.10　基于特征级融合的深度学习模型结构

该模型的优点是能够学习到丰富的目标原始特征信息，并且对噪声具有较强的鲁棒性。但是以该模型的特征融合方法所需的内存和计算资源远远大于传统的特征融合方法，并且，通过神经网络最后获取的特征映射图通常具有维数多、尺度小的特点，这样的特点会造成融合后的特征图像遗漏部分目标特征，使得生成的分类器不具备良好的目标识别和分类效果。

3. 基于决策级融合的深度学习模型

区别于前两种模型只使用一种深度神经网络的方法，基于决策级融合的深度学习模型针对不同类型的数据分别设计一种深度神经网络，这些深度神经网络之间的网络层数、神经元操作函数、连接方式等参数都可以不同。在每一类神经网络中，对多种不同的目标做出分类识别决策。然后，再对这些决策通过 Bayes 推理、证据推理等方法进行融合，生成能够有效用于目标识别和分类的分类器。

图 3.11 给出了以可见光图像、合成孔径雷达图像和红外图像数据为例的模型结构。

该模型只对多种决策进行融合。由于决策与数据的关联较远，对数据的依赖性和要求都降低了，并且由于每种神经网络只训练一种类型的数据，因此训练得到的神经网络参数能够对目标有着具体的刻画和表征。但是，也由于对多种深度神经网络结构的采用，使得该模型在实际应用时会占用大量的存储和计算资源，因此该模型对硬件设备有较高的要求。

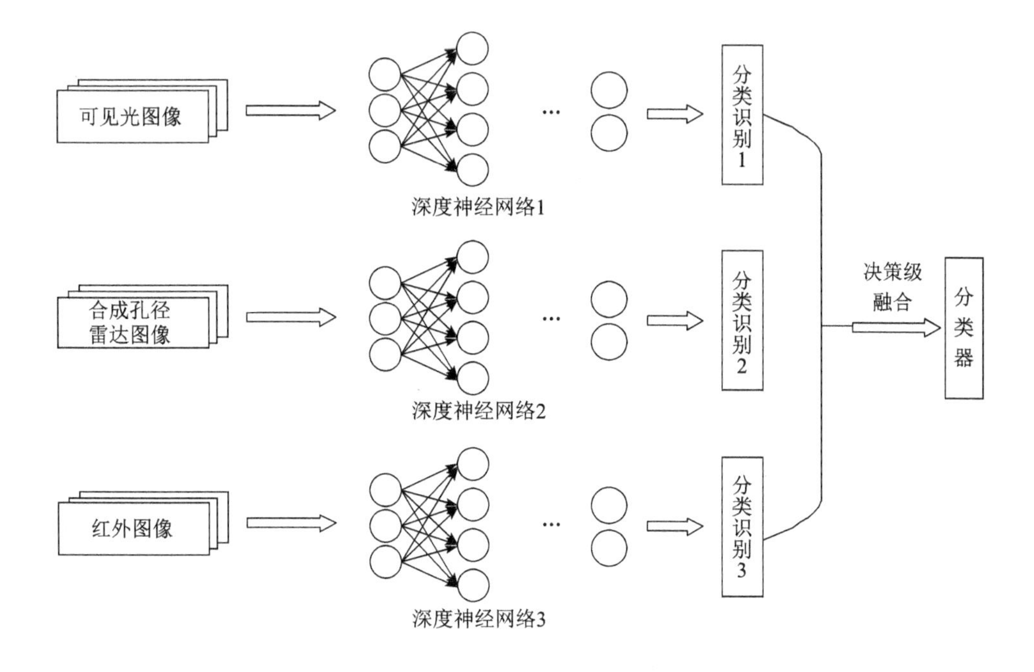

图 3.11　基于决策级融合的深度学习模型结构

3.4.4　海上大数据战场态势感知深度学习流程

如上所述，在海上大数据战场态势感知中，可通过对大量图像、声音、雷达等实时信号进行监视感知，及时发现敌方目标，提高我方海战场态势感知水平。具体到深度学习，其学习流程、训练过程就是找到一组适合的参数，使得所建神经网络模型无限逼近我们所期望的输入输出映射。对于输入，虽然图像、声音等信号具有不同的数据表现形式，但是可运用如卷积神经网络、循环神经网络等适应其数据特征的学习模型“对症下药”，达到战场态势感知的目的。通常来说，主要流程可分为以下几个步骤。

1. 制定深度学习目标

在海上大数据战场态势感知中，深度学习只是实现某一态势感知任务的手段，其学习目标才是我们关注的重点。海上大数据深度学习的目标是指通过使用深度学习技术，达到对海上内敌方目标及时发现、准确识别、稳定跟踪，进而提升态势感知度的目的。在制定目标过程中，必须依据提升战场态势感知度的总目标，根据当前数据建设实际情况具体展开，确保深度学习目标能够落地实现。

2. 结果标准评价

结果评价标准根据深度学习的目标来制定，与具体任务紧密结相关。围绕海上大数据态势感知的需求，评价标准可按完备性、准确率和实时性三方面展开，针对具体任务的不同，评价标准的定制在这三方面中存在一定的偏向。例如，在识别类任务中，结果评价的标准可以是敌方目标有效识别的数量和准确率，以及识别所需要的时间；在跟踪类任务中，结果评价的标准可以是敌方目标有效跟踪的精度，以及跟踪所需要的更新时间。总体来说，评价标准的制定，有助于对深度学习模型效果好坏的直观展示。

3. 准备数据

样本数据是深度学习的基础，对于深度学习的重要性与算法或者模型本身同等重要。模型的训练离不开样本数据，数据量是否足够大，数据的质量是否合格，直接影响着模型性能的好坏。只有“食材”好了，才能“喂”出强大的模型。数据准备包括数据获取和数据预处理两部分内容。通常获取的数据量越多、预处理越完善，则标注越准确的数据可用性越高。

1）数据获取

在深度学习广泛应用之前，神经网络结构表现能力还不如传统的机器学习方法，除了受计算能力不足的限制，还有一个重要的原因就是训练所使用的数据量不够大。大量的数据可以使神经网络学习到更广泛的特征，得以应对更复杂的情形。

数据的获取主要来源有开源数据集和数据标注。在普通的深度学习研究中，专注点在于学术创新型，多采用通用开源的数据集，方便比较算法的优劣，因此获取数据的方式较为简单。在训练环境下，可以采用仿真数据和自我博弈生成的数据，但在作战环境下，相对来说，数据比较敏感且难以获取，在公开渠道获取的数据也存在不确定性，因此需要采用数据标注的方式。尽管人工数据标注的方法具有标注结果可靠等优点，但是耗时费力，标注成本也较高。为减轻数据获取的工作量，可在数据标注过程中引入自动标注手段。具体方法是：首先通过自动标注程序对原始数据进行自动标注，然后采用人工二次复核的方法生成数据集，以此在降低工作成本的同时尽量保证标注结果的准确性，保证深度学习模型的训练效果。

2）数据预处理

数据预处理是将数据输入模型前的一系列处理，其目的在于提高数据的可用性，增加数据数量。常见的预处理步骤包括数据归一化、One-Hot、数据增强等步骤。

数据归一化也称数据标准化，在这个过程中，每个数据样本都会被转换为相同的数据格式、相同的表示方式、相同的数据结构。例如，将不同大小的图片转换为相同尺寸，模式统一为灰度，每个像素值线性转换成均值为0，区间为［-1，1］的浮点数。

One-Hot 又称为一位有效编码，主要是采用 N 位状态寄存器来对 N 个状态进行编码，每个状态都有其独立的寄存器位，并且在任意时刻只有一位有效。One-Hot 主要针对离散数据，可将离散数据转换为用 0 和 1 表示的向量。

数据增强是指在数据量有限的情况，通过对原始数据进行一系列的变换产生新的数据，来增加训练样本的多样性，提高模型鲁棒性，避免过拟合。例如，对于图像数据，可使用翻转、旋转、平移、缩放、加噪声等方法，此外，还可以使用生成对抗网络（GAN）生成模拟数据。

4. 模型选取

根据深度学习任务选择合适的深度学习模型。近年来，深度学习模型种类不断增加，适用的场景也不断增加，出现了自动编码器、受限玻耳兹曼机、深度置信网络、卷积神经网络、递归神经网络、长短期记忆模型、门循环单元、生成对抗网络、深度残差网络、SSD（Single Shot MultiBox Detector）等深度学习模型。不同的模型有各自的优缺点，经过训练都能达到一定的精准度。在大数据海上深度学习目标感知中，模型的选取需要根据具体的任务来确定，如海上遥感图像输入信息为图片，则选择针对图片识别效果较好的 SSD 作为模型实现。

5. 训练过程

深度学习是一个多层传递、不断抽象的过程。训练过程就是利用损失函数 $J(w, b)$ 来调节网络中的权重数（w）和阈值（b），使得所建神经网络模型无限逼近我们所期望的输入输出映射。其中，常见的算法包括梯度下降算法和网络误差反向传播（Back Propagation，BP）算法。神经网络通过损失函数判断自己预测是否准确。训练质量的好坏直接关系到目标感知的准确度。训练模型同时也是一个不断地试错与改进的过程，模型的选择、参数的调试等充满着不确定性的结果。

在训练过程中，使用 Hinton 的“贪婪逐层预训练”策略对模型进行训练并快速收敛。

首先设置训练模型的参数，如迭代次数、学习率、样本批次大小、模型深度、权重衰减系数、卷积核尺寸等进行训练优化，同时准备验证数据集来防止模型过拟合；然后进行实验验证模型的设计以及参数的选择是否合理。训练的过程伪代码如表3.2所列。

表 3.2　训练过程伪代码

```
Training Algorithm

(1)  BEGIN
(2)      model ← Create-Model ( )
(3)      criterion ← Criterion( )
(4)      FOR epoch in EPOCHS:
(5)          FOR batch in DataSet:
(6)              features,labels ← batch
(7)              logists ← model (features)
(8)              loss ← criterion (logists,labels)
(9)              gradient ← calculate-gradient(loss,model)
(10)             apply-gradient(gradient,model)
(11)         END FOR
(12)         predict ← model (validation-features)
(13)         validation-loss ← criterion (predict,validation-labels)
(14)         IF validation-loss>last-validation-loss THEN
(15)             stop training
(16)         END IF
(17)     END FOR
(18) END
```

表 3.2 中，(2) 表示创建一个深度学习模型；(3) 表示创建一个评价当前模型性能的标准；(4) 中 EPOCHS 表示模型一共需要训练的次数；(5) 中 DataSet 表示由之前训练时整理得到的训练集，batch 表示每次从数据集中取一小部分数据来训练；(6) 每一小部分数据中，分别包含图像数据和标签数据；(7) 将图像作为模型的输入，得到预测结果 logists；(8) 使用之前制定的验证标准 criterion 检测当前性能，以损失（loss）值表示，其中损失值越小表示模型性能越好，反之性能越差；(9) 利用反向传播原理计算深度学习模型的梯度值；(10) 使用梯度值更新模型，使模型性能越来越好；在每一个训练阶段结束后，(12)~(16) 可利用一部分未参与训练的数据测试模型的性能，若性能不在提升或已达到预设的水平，则提前终止训练。

6. 保存模型与部署

训练结束后，将训练好的模型结构及参数保存到本地，以备部署使用。保存过程可在所有训练结束以后进行，也可以边训练边评估模型，一旦模型符合要求就立即保存。

需要说明的是，虽然深度学习在许多方面已经体现出优越性，但它并不是万能的，只能进行“专一”的工作，实现一种特定的功能，然后由技术人员把不同的功能进行组合，从而形成某种“智能”。深度学习模型的效果好坏依赖于大量的基础数据。只有训练数据量给足了，才能训练出好的模型，才具备发挥深度学习作用的条件。

3.4.5 海上大数据战场态势感知深度学习典型应用

应用大数据深度学习技术可对战场环境、战场空间和战场目标进行感知，包括战场态势图像目标检测，战场态势目标实体类型、类别和属性识别，以及目标/目标群意图识别等。

1. 战场态势图像目标检测

在战场态势感知系统中，对态势要素即物体目标的发现及类别、位置等的分析是实现海上大数据态势感知的基础和关键。在众多传感器信息中，图像数据中的物体目标形象直观、时效性强、准确度高，可以作为态势要素感知的主要信息源。图像目标感知的任务是确定特定的目标在图像中是否存在，若存在，则标注出目标在图像中的位置。目标感知方法的本质是特征匹配，即设置与目标吻合的特征并比较识别。深度学习将传统人工设计特征的方法转为自动学习特征，极大地减少了设计算法的工作量。

下面以感知位于海上遥感图像内的目标为例，说明基于深度学习的海上战场态势感知的计算步骤。当计算空中、水下等雷达和声音信号时，只要转换输入数据和相关模型即可。岸基、陆基及升空平台的感知度计算步骤以此类推。

1）任务目标

图像目标感知的目的是判断图像中是否存在符合一定条件的目标，也就是敌方目标，若存在，则标注出目标在图像中的位置和类别。其中，位置可以使用锚框来确定，而类别可以是每个目标所属的具体分类，也可以是目标和背景之间的分类。本例选取后者。

2）评价标准

将敌方目标有效识别的数量和准确率、目标在图像中标注的位置作为评价标准。

3）准备数据

考虑到海战场环境下演习或者真实作战的数据比较敏感且难以获取，本例使用应用场景类似的公开舰船遥感图像数据集 HRSC2016 进行前期的模型训练和验证，确保模型的有效性，以便后期通过迁移学习应用至演习或者作战环境下的遥感图像识别应用中。

对于 HRSC2016 中的每一张舰船遥感图像，通过以下步骤实现预处理。

（1）首先进行数据集去噪处理，去除无效或干扰太大的图片。

（2）将图片转换为相同的格式，通过裁剪和变换使照片尺寸统一。

（3）对图像中的特定目标进行标注，包括目标的种类和位置。目标的位置采用矩形框标识，选择包含目标的最小矩形框。

（4）将数据的顺序打乱，按比例分为训练数据集和测试数据集，每个数据集分别由图像（Image）和标注数据（Label）组成，每次可以从数据集中取一个固定大小批次（Batch）的样本来训练模型。

经预处理后，从 HRSC2016 中共得到含有舰船的图片 1000 张，其中含有目标 2800 个。将所有数据按照 8：1：1 的比例划分为训练集、验证集和测试集。

4）模型选取

由于遥感图像属于二维平面数据，可选的模型范围比较广泛，以卷积神经网络作为主体在处理图像时有较好的效果。当前基于深度学习的图像目标感知与识别算法大致分为两类。

第一类是基于候选区域的目标感知模型，如 R-CNN、Fast R-CNN、Faster R-CNN，Mask R-CNN 等，包含选取选区与识别两个步骤，也可称为两步感知算法。

第二类是基于回归的目标感知与识别算法，如 YOLO、SSD，与上面的相对应，称为一步感知算法。

不同模型各有各自的优点与缺点，经过训练都能达到一定的精确度，并且在民用领域，目标感知识别的应用已比较普遍，如车牌识别、人脸识别、指纹识别等。在大数据海上深度学习目标感知中，模型的选取也需要根据具体的任务来确定。由于海上遥感图像输入信息为图像，因此综合考虑可选择选 SSD 作为模型的实现。其结构如图 3. 12 所示。

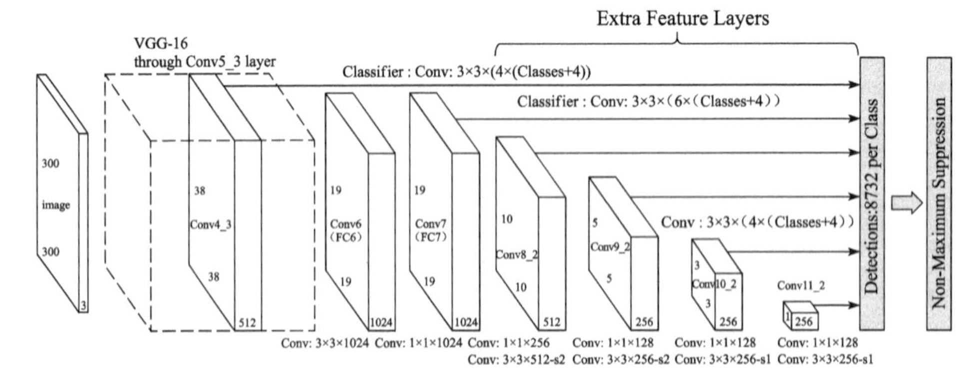

图 3. 12　SSD 结构图

SSD 主要由一个基础卷积网络块和后面多个特征块串联而成。其中基础网络块用来从原始图像中抽取特征，因此一般会选择常用的深度卷积神经网络。特征块用来输出结果，也就是预测的边框偏移量和类别，它主要由卷积层和池化层组成，卷积层是为了提取特征，池化层是为了将面积减小（通常长与宽均减半，面积变为1/4）。多层特征块依次减小，最终顶层特征块的面积减小到1。因此，越靠近顶部的多尺度特征块输出的特征图越小，故而基于特征图生成的锚框也越少，加之特征图中每个单元感受野越大，因此更适合检测尺寸较大的目标。由于 SSD 基于基础网络块和各个多尺度特征块生成不同数量与不同大小的锚框，并通过预测锚框的类别和偏移量（即预测边界框）检测不同大小的目标，因此，SSD 是一个多尺度的目标检测模型。

5）训练过程

在 Python 环境下使用 Pytorch 框架进行 30 次训练，在训练过程中，设置训练批次为 32，初始学习率为 0.001，学习率下降动量为 0.9。训练损失值下降如图 3.13 所示。在第一次训练过程中下降最多，随后缓慢下降，最终稳定在 0.174 附近。

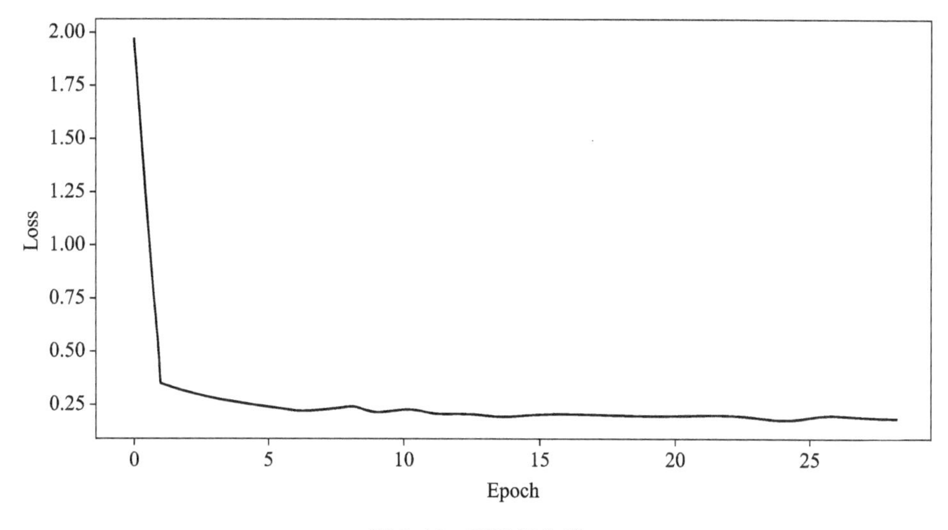

图 3.13 训练损失值

由于在此次任务中，不对舰船的种类进行区分，只将识别结果分为包含舰船和不包括舰船两种类型。使用测试集进行测试，目标识别率达到 97.1%，取两张图片进行验证，如图 3.14 所示。其中，标出矩形框为识别的范围，数字为舰船的概率。

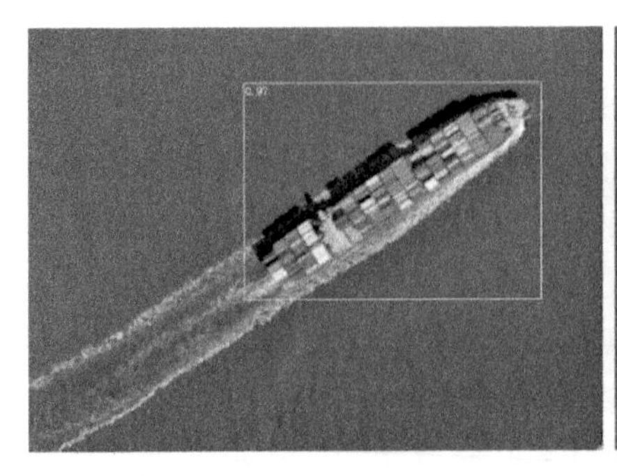
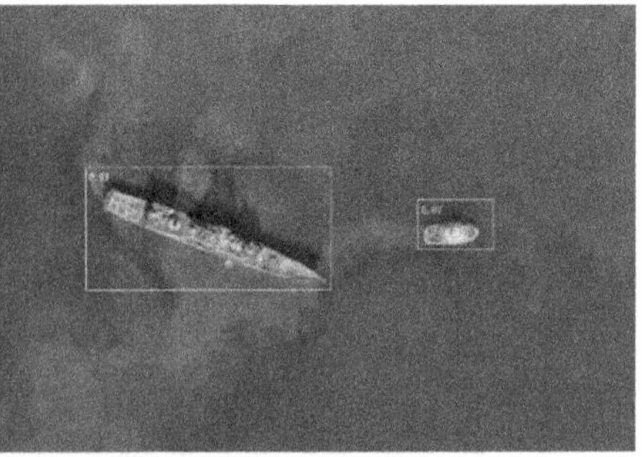

图 3.14　目标识别结果

2. 战场态势目标实体类型、类别和属性识别

战场态势目标类型、类别和属性识别主要是指对战场目标，尤其是对敌方目标的类型、类别、属性等身份进行的识别，然后基于大数据知识图谱等认知敌方指挥信息系统中的情报侦察节点、指挥控制节点、通信节点、火力节点等。譬如，应用深度学习，基于大数据多元关联分析和统计特征对目标信息进行挖掘与追踪，通过大数据分析和深度学习对各个目标实体之间联系性质与属性进行感知、融合及关联分析，识别有关的目标实体类型、类别和属性，追踪相关重要人物或目标群。

下面以一个仿真的海战场多传感器目标识别为例，说明基于大数据深度学习的战场态势目标类型、类别与属性的识别步骤。

1）任务目标

战场态势目标类型、类别和属性识别的目的是基于多传感器目标识别获取目标的类型、类别与属性信息，并对识别结果信息进行评估。

2）评价标准

将战场态势目标类型、类别和目标属性识别准确率作为评价标准。

（1）类型识别准确率。设测试时段为 $T(t_1, t_2, \cdots, t_n)$，其中 t_i 为第 i 个考察周期。在每一考察周期内，对战场态势输出的点进行判断，得出该周期内的识别正确类型目标点与真实目标点的对应情况。

设第 i 个考察周期内战场态势输出目标点为 N_i 个，其中类型识别正确点数为 $(N_H)_i$，$(N_H)_i \leqslant N_i$。

统计测试时段内的所有周期，系统输出总点数为 $\sum_{i=1}^{n} N_i$，识别类型正确的总点数为 $\sum_{i=1}^{n} (N_O)_i$，则类型识别正确率的计算公式为

$$P_O = \frac{\sum_{i=1}^{n}(N_O)_i}{\sum_{i=1}^{n}N_i} \times 100\%$$

（2）类别识别准确率。设测试时段为 $T(t_1, t_2, \cdots, t_n)$，其中 t_i 为第 i 个考察周期。在每一考察周期内，对战场态势输出的点进行判断，得出该周期内的识别正确类型目标点与真实目标点的对应情况。

设第 i 个考察周期内战场态势输出目标点为 N_i 个，其中类别识别正确点数为（N_H）$_i$，（N_H）$_i \leq N_i$。

统计测试时段内的所有周期，系统输出总点数为 $\sum_{i=1}^{n}N_i$，识别类别正确的总点数为 $\sum_{i=1}^{n}(N_O)_i$，则类别识别正确率的计算公式为

$$P_O = \frac{\sum_{i=1}^{n}(N_O)_i}{\sum_{i=1}^{n}N_i} \times 100\%$$

（3）属性识别准确率。设测试时段为 $T(t_1, t_2, \cdots, t_n)$，其中 t_i 为第 i 个考察周期。在每一考察周期内，对战场态势输出的点进行判断，得出该周期内的识别正确属性目标点与真实目标点的对应情况。

设第 i 个考察周期内战场态势输出目标点为 N_i 个，其中属性识别正确点数为（N_H）$_i$（其中（N_H）$_i \leq N_i$）。

统计测试时段内的所有周期，系统输出总点数为 $\sum_{i=1}^{n}N_i$，识别属性正确的总点数为 $\sum_{i=1}^{n}(N_O)_i$，则属性识别正确率的计算公式为

$$P_O = \frac{\sum_{i=1}^{n}(N_O)_i}{\sum_{i=1}^{n}N_i} \times 100\%$$

3）准备数据

考虑到海战场环境下演习或者真实作战的数据比较敏感且难以获取，本例使用应用场景类似的仿真海战场场景进行前期的模型训练和验证，确保模型的有效性，以便后期通过迁移学习应用至演习或者作战环境下的战场态势目标类型、类别和目标属性识别应用中。

在海战场环境下，选取空中、水面、水下 3 种类型目标，其中空中由直升机、飞机、导弹 3 种类别组成，水面由大型水面、中型水面、小型水面 3 种类别组成，水下由潜艇、鱼雷、水雷 3 种类型组成，属性主要由敌方、我方、民用组成。传感器主要有二维/三维雷达、电子战、红外、声纳、图像等。

（1）空中目标。6 批空中目标，其中 2 批我方直升机、2 批敌方飞机、2 批敌方导弹。

（2）水面目标。6 批水面目标，其中 1 批我方大型目标、1 批我方中型目标、1 批敌方大型目标、1 批敌方中型目标、2 批小型目标（民船）。

（3）水下目标。6 批水下目标，其中 2 批潜艇、2 批水雷、2 批水雷。

4）模型选取

针对现有目标识别方法存在的问题，本例主要采用深度残差神经网络方法进行目标识别，包括如下步骤。

（1）利用待识别目标的雷达特征信息、电子侦查特征信息和图像特征信息，建立目标身份决策矩阵。

（2）将目标身份决策矩阵输入深度残差网络，输出待识别目标的目标身份识别结果。

（3）基于以上目标识别的结果，查询基于军事大数据构建的知识图谱，即可获取敌方指挥信息系统中情报侦察、指挥控制、通信、火力节点等信息。

如图 3.15 所示，深度残差神经网络模型除上一卷积层的输出成为下一卷积层的输入外，从第 3 层卷积层输出开始，每隔 2 层加入恒等映射（残差结构）使得网络具有融合高阶特征和低阶特征的能力。经过 3 层卷积网络特征提取后，由 8 个残差结构对高阶特征和低阶特征进行融合，再由 2 层卷积网络进行高阶特征提取，接着交由全连接层将卷积层学到的特征映射到样本空间，并由 SoftMax 分类器获得分类输出。全连接层有 1024 个节点，输出层有 14 个节点。对卷积层输出采用批归一化（BN）算法将数据归一化处理为均值 0、方差为 1 的分布，采用 ReLU 激活函数。全连接层采用 SoftMax 激活函数，初始标记为未训练完成。如果深度残差网络标记为未训练完成，则进行训练。

5）训练过程

训练过程是，采用每批 128 个样本的批量随机梯度下降法训练深度残差网络，批数达到 10000，训练完成。训练完成后，将深度残差网络标记为训练完成，开始接收待识别目标的数据。

利用以上模型，输入仿真剧情产生的目标数据，识别出目标类型、类别和属性，其统计结果如表 3.3～表 3.5 所列。

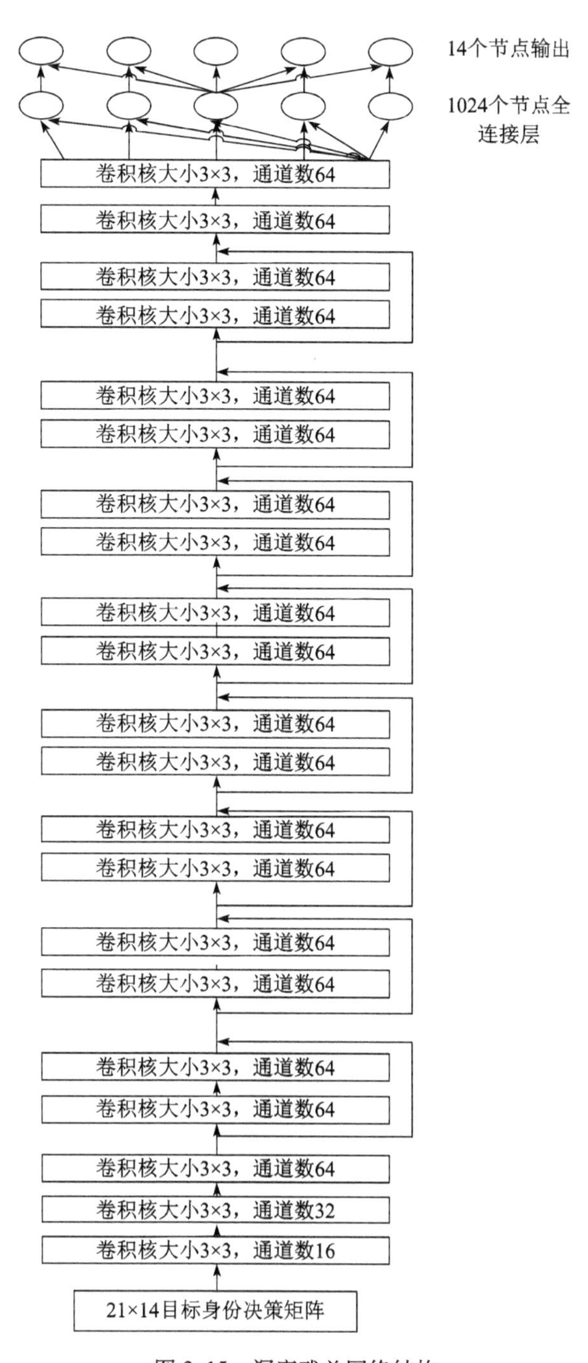

图 3.15　深度残差网络结构

表 3.3　类型识别情况

目标类型	空中	水面	水下	总计
融合总点数	9866	9866	9866	29598
正确数量	9174	8765	9026	26965
正确率	92.99%	88.84%	91.49%	91.10%

表 3.4　属性识别情况

目标属性	我方	敌方	总计
融合总点数	9674	9674	19348
正确数量	9587	8924	18511
正确率	99.10%	92.25%	95.67%

表 3.5　类别识别情况

目标类型	飞机	直升机	导弹	大型海面	中型海面	小型海面	潜艇	鱼雷	水雷	总计
融合总点数	6090	6090	6090	6090	6090	6090	6090	6090	6090	54810
正确数量	4970	5069	5191	5106	4849	5001	4769	4843	4743	44541
正确率/%	81.61	83.23	85.24	83.84	79.62	82.12	78.31	79.52	77.88	81.26

3. 战场态势目标/目标群意图识别

意图是指希望达到某种目的的基本设想和打算。战术意图识别需要综合判断“目的、实体、关系、事件、任务、场景、环境”等因素。传统的战术意图识别方法高度依赖领域知识，需要建立领域专家知识系统模型。然而，专家知识无法涵盖全部潜在的目标行为特征与意图之间的映射关系。因此，可利用海上大数据深度学习技术，将数据驱动建模和领域专家知识建模的目标/目标群意图识别方法有机结合，形成基于知识图谱推理的目标意图识别方法。例如，通过大数据分析和深度学习，从动态变化的战场态势中提取战场目标状态、属性、环境等信息，并考虑其中的时序关联特征一步步进行分析和识别。

（1）构建时间轴上的深层循环神经网络（RNNs），从时序战场态势数据中分析、挖掘隐含的目标意图信息。

（2）通过长短时记忆（LSTM）神经网络模拟指挥员对历史数据和当前状态进行联想、关联分析与推理判断。

（3）将指挥员的认知经验标记为训练样本的知识标签，采用有监督的方式训练意图识别模型。

下面以一个仿真的海战场场景为例，说明基于知识图谱推理的战场态势目标/目标群意图识别步骤。

1）任务目标

目标/目标群意图识别的目的是根据目标以及目标群当前的运动轨迹，识别其可能的意图，并对意图识别结果进行评估。

2）评价标准

将目标/目标群的意图识别准确率作为评价标准。

每个目标意图识别的结果包含以下 3 类。

（1）意图识别失败，此类结果航迹数量记为 N_1。

（2）意图识别成功且与剧情设定不一致，此类结果航迹数量记为 N_2。

（3）意图识别成功且与剧情设定一致，此类结果航迹数量记为 N_3。

其中，3 类识别结果中的第 3 类判定为意图识别正确，第 1、2 类判定为意图识别错误。对应整个数据集，整体意图识别准确率为

$$P=\Sigma(N_3)/\Sigma(N_1+N_2+N_3)$$

3）准备数据

考虑到海战场环境下演习或者真实作战的数据比较敏感且难以获取，本例使用应用场景类似的仿真海战场场景进行前期的模型训练和验证，确保模型的有效性，以便后期通过迁移学习应用至演习或者作战环境下的目标/目标群意图识别应用中。

在海战场环境下，相对来说数据比较敏感且难以获取，海战场环境下的目标意图类型较为明确，所以以设定的 4 类仿真海战场场景剧情批量生成用于目标意图识别的数据集，包括目标航迹数据、每条航迹数据对应的仿真舆论信息、每个目标对应的知识图谱画像，对仿真数据集内的目标进行意图识别。剧情设定如下。

（1）蓝方战备巡逻

20××年 D1 日，蓝方水面舰艇编队在某海域以西战备巡逻。

某日 9 点 35 分，蓝方水面舰艇编队经由某海峡进入某洋面，位于 x°x′x″N，y°y′y″E，以航向 256°、航速 22kn 航行。

某日 9 点 42 分，蓝方水面舰艇编队采取纵队形式，巡洋舰在前、驱逐舰在后，间隔 50 链，以航向 263°、航速 18kn 航行。

某日 7 点 08 分，执行某海域洋训练任务的红方编队接到通报，发现蓝方舰艇编队，派出编队内 1 艘导弹驱逐舰前往跟踪、监视。

某日 9 点 38 分，该导弹驱逐舰发现蓝方编队，并调整航向为 256°、航速 15kn，位于蓝方编编队左舷 40°、15n mile 处航行。

某日9点45分，调整编队航向为263°、航速17kn，位于蓝方编队左舷60°、9n mile处航行，继续跟踪监视蓝方航空母舰编队。

（2）蓝方运输勤务

20××年D2日，蓝方运输舰船编队途经某海峡，进入某海域，计划前往某地区。

某日15点45分，蓝方编队在某海域航行，位置坐标为x°x′x″N，y°y′y″E，航向33°24′、航速18kn。编队队形为纵队，驱逐舰在前，其余分列其后，间隔1n mile。

某日15点30分，预警机高度9000m、速度500km/h，位于x°x′x″N，y°y′y″E空域，对蓝方编队持续进行探测、跟踪。

某日15点40分，红方轰炸机1架，在预警机的引导下，航向170°、航速750km/h、高度1000m，向蓝方编队接近。

某日15点45分，轰炸机转入攻击航向135°，距离蓝方编队200km，开始模拟使用空舰导弹对蓝方编队实施攻击。

某日15点50分，轰炸机退出执行其他任务。

预警机持续实施跟踪监视。

（3）蓝方航母战斗群日常训练

20××年D3日，红方空中编队在某岛以北50km的空域日常训练兼战备巡逻，对前来“围观”的蓝方军机实施模拟攻击。蓝方出动预警侦察飞机对红方空中编队进行跟踪、监视。

某日5点—8点30分，预警机沿着巡逻线执行日常战备巡逻任务。巡逻线两个端点分别为：x°x′x″N，y°y′y″E；u°u′u″N，v°v′v″E。

某日6点10分，2架歼击机到达某岛以北50km空域、高度8000m实施巡航，并按计划进行战斗训练。

6点11分，预警机通报：距编队355km，方位43°11′发现预警侦查飞机，航向221°38′、高度11000m、速度600km/h。

6点15分，预警机通报：距编队205km、方位82°35′、速度950km/h、高度9000m，发现不明飞行物。

6点18分，预警机通报：不明飞行物为2架蓝方战斗机。

6点20分，红方2架歼击机停止训练，转入战斗编队。

6点23分，歼击机编队锁定蓝方战斗机编队，并实施模拟攻击。

6点25分，蓝方编队接近到红方歼击机编队1000m，伴随飞行。

6点41分，蓝方战斗机编队脱离，航向87°45′。

6点42分，蓝方预警侦察飞机在某岛北偏东10°、130km的空域折返飞行。

7 点 10 分，蓝方预警侦察飞机脱离，航向 214°34′。

（4）蓝方跟踪、监视我飞机

20××年 D4 日，蓝方航空母舰编队在某岛东南方向 100n mile 处进行舰载机作业训练。

航空母舰编队途经某岛以东海域后，以航向 215°、航速 25kn 航行。

1 艘某级驱逐舰结束在某海域自由航行活动后，穿越某海峡，之后以航向 165°、航速 28kn，于某日 7 点 30 加入航空母舰编队正后方 10n mile 位置。

某日 7 点 50 分，航空母舰进入计划训练海域，位于 x°x′x″N，y°y′y″E，调整航向为 230°、航速 30kn，开始实施放飞、接收舰载机作业。

某日 7 点 50 分，1 艘巡洋舰位于航空母舰航向前方 20n mile，3 艘舰分别位于航空母舰左舷、右舷和尾后 20n mile 处，随航空母舰编队一同航行。

前一日 23 点 20 分，刚刚结束远洋训练的红方编队接收新的作战任务，跟随、监视位于某岛以东南 100n mile 航行的蓝方编队。

某日 7 点整，发现蓝方编队，并调整航向为 215°，位于蓝方编队左舷 70°、12n mile 处航行。

某日 7 点 51 分，调整编队航向为 230°，继续跟踪、监视蓝方航空母舰编队。

4）模型选取

依托以上准备好的数据集，进行目标行为意图识别的知识抽取以及目标行为意图识别的知识融合，构建目标行为意图知识图谱，即可运用知识图谱推理方法实现目标意图的识别。其中，主要涉及 3 个深度学习模型：基于 LDA 的目标底层特征词汇与对象关联的挖掘模型、基于 ATM 的目标对象与作战意图关联的挖掘模型和基于路径张量分解的知识图谱关系推理模型。

（1）基于 LDA 的目标底层特征词汇与对象关联的挖掘模型。LDA（Latent Dirichlet Allocation）是一个 3 层贝叶斯图模型。它是一个生成模型，其在文本集话题发现、文本聚类中具有较好的效果。基于 LDA 来挖掘情报大数据知识特征词汇集合与对象关联表达的关系，如图 3.16 所示。

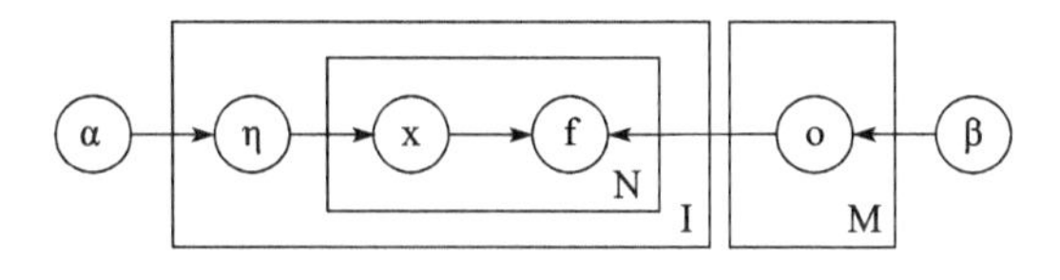

图 3.16　基于 LDA 的情报大数据知识底层特征词汇与对象关联表达挖掘

在图 3. 16 中，I 表示单模态媒体数据的个数；N 表示特征词汇数目；M 表示对象个数；f 表示多模态特征词汇；x 表示特征词汇对应的对象；η 表示媒体数据对应的对象分布；o 表示对象的特征词汇的分布。通过对 LDA 模型的学习，可得到每个单模态媒体数据特征词汇与对象分布之间的关联；及每个对象的底层特征词汇的分布。

（2）基于 ATM 的目标对象与作战意图关联的挖掘模型。ATM（Author-Topic Model）是 LDA 的一种拓展，也是一种贝叶斯图模型。它将作者（Author）与文本集内的话题（Topic）对应起来，主要被用于发现文章作者与文本集内的话题之间的关系，得到每个作者的兴趣偏好。在这里利用 ATM 将单模态情报中的目标与目标作战意图进行关联，如图 3. 17 所示。不同的是，这里将 ATM 模型中的作者换成了单模态数据中的目标，将文本话题换成了目标作战意图。根据 ATM 模型，可以得到图像目标与作战意图间的关系以及意图的关键词分布。在情报大数据中，目标、作战意图、作战意图的关键词分布之间存在关系。

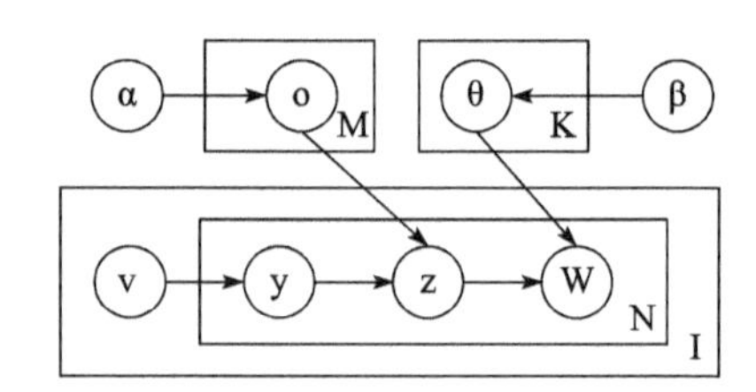

图 3. 17　基于 Author-Topic Model 的目标与作战意图关联挖掘

其中，输入：情报大数据中的文本集合 I；输出：情报大数据知识目标与作战意图关联 o 以及话题的关键词分布 θ。其中，I 表示文本个数；N 表示文本词汇特征数目；M 表示目标个数；K 表示话题个数；θ 表示话题对应的文本词汇特征的分布；o 表示一个目标；y 表示文本词汇特征对应的目标分布；z 表示文本词汇特征对应的目标；w 表示关键词；v 表示目标的先验分布，其可在情报大数据的所有媒体文档集中统计出来。

（3）基于路径张量分解的知识图谱关系推理。张量（Tensor）是高维数组的总称。张量分解算法是将整个知识图谱看作一个大的张量，通过张量分解技术分解为多个小的张量片，即将高维的知识图谱进行降维处理，大幅减少了计算时的数据规模。路径推理算法则是根据知识图谱图形结构的特点，利用实体间的路径关系进行推理计算，能有效挖掘知识图谱中实体之间的新关系。如图 3. 18 所示。基于路径知识图谱推理，其形式为 $P(h, t)$，h 为路径上的头实体，t 为路径上的尾实体，P 为 h 和 t 之间存在的路径。路径排列算法（Path Ranking Algorithm，PRA）利用随机游走方式获得知识库中可能存在的实体间的新关系。通过结合路径的张量分解，能够有效挖掘出知识图谱中丰富的实体间新关系，利用军事目标知识图谱中已知的部分推理出目标的真实意图，即

$$\min_{A,R_k}\sum_{k=1}^{m}\|\chi_k - AR_kA^T\|^2$$

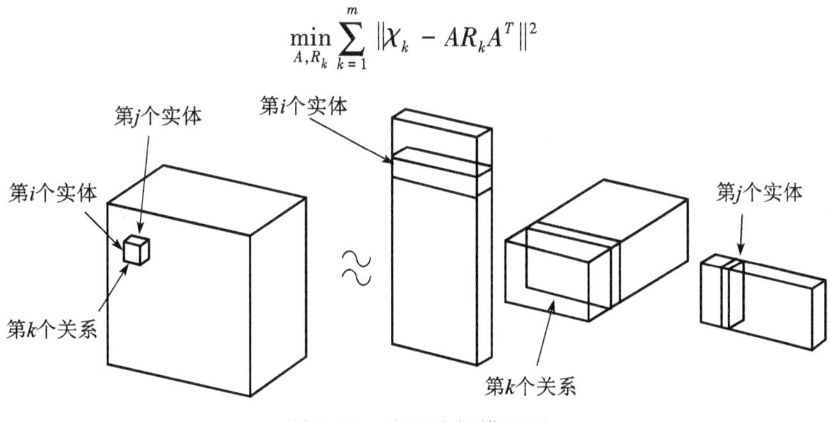

图3.18　张量分解模型图

5）训练过程

依据以上4类剧情的设定，批量产生仿真文件，随机选择3000条数据组成数据集，对所有数据进行包括6种目标意图（包括战备巡逻、运输勤务、战斗群日常训练、跟踪监视、攻击及航行自由）在内的人工标注，随机选取2000条数据作为训练集，余下1000条数据作为测试集进行模型效果验证。其目标意图识别结果统计如表3.6和表3.7所列。

表3.6　目标意图识别情况

标注意图 / 识别意图	1	2	3	4	5	6
1	170	3	3	1	2	10
2	3	162	1	1	2	6
3	2	1	151	0	1	7
4	0	1	0	97	1	2
5	3	3	3	0	140	3
6	10	6	4	2	6	193

表3.7　目标意图识别正确率

意图类型	1	2	3	4	5	6	总计
总数量	188	176	162	101	152	221	1000
正确数量	170	162	151	97	140	193	913
误判数量	18	14	11	4	12	28	87
正确率/%	90.43	92.05	93.21	96.04	92.11	87.33	91.3

第4章 海上大数据战场态势智能认知分析决策与联合作战精确打击控制

战场态势认知是信息域战场态势感知向认知域的升华，是作战筹划和指挥决策的依据。感知和共享感知仅仅是作战主体正确采取行动的依据，真正的行动还需要通过指挥控制主体的认知和认知交互来进行。

对于复杂多变的战场环境，有效的决策和行动至关重要。智能博弈和智能决策更是通往真正意义上的智能化战争的关键环节。其中，面向力量、布势、行动、环境和目标等的战场态势认知理解是重点。人类指挥员在作战过程中能迅速整合各种战场态势信息，从纷繁复杂的战场态势信息中捕捉关键态势要素信息，并建立起各要素之间的关联关系，形成复杂的作战态势认知网络，机器却难以实现这一点。根本原因在于机器缺乏对复杂作战态势进行理解和判断的智能认知基础，无法完成从战场态势数据到作战态势信息再到场景态势知识的转化。因此，在多维、复杂、海量信息、快速变化的海战场，要建立大数据战场态势认知分析与指挥决策模型，开发智能辅助决策支持系统，实现联合作战精确打击控制，需要重点解决战场态势认知分析与决策问题。

当前，以模式识别、深度学习、类脑计算、知识推理等为代表的战场态势智能认知和体系化目标决策分析技术群的快速发展，以及其在文字图像语音视频识别、知识发现、智能推荐、人机交互等方面的成功应用，为推动大数据战场态势智能认知与联合作战指挥决策提供了坚实的基础。特别是在网络通信支持、情报分析处理、战场态势理解、决心方案优选、兵力协调控制以及人机交互等方面，通过“大数据智能”拓展“指挥员人脑”，实现智能感知、智能决策、自主控制、分布协同，进行高效的战场态势自主认知、决策计划快速拟定和行动自主协调控制，满足指挥控制信息域和认知域的智能化作战需求。

2012 年和 2015 年，美国国防部高级计划研究局（DARPA）先后提出“X-Plan”计划和“认知电子战”计划，力图在电磁网络领域通过应用颠覆性的AI技术，实现对战场大数据的自动化处理、态势智能认知及高效自主决策，取得“OODA”环中的敏捷优势。2015年，DARPA与美国空军研究实验室（AFRL）布局了“TRACE”计划，采用机器学习和迁移学习等智能算法解决对抗条件下态势目标的自主认知，帮助指挥员快速定位、识别目标并判断其威胁程度。在指挥决策领域，2007年，DARPA开展了“深绿（DeepGreen）”计划，利用平行仿真技术，基于实时战场态势，预测敌方可能采取的行动和战场态势走向，自动推演出不同作战方案产生的结果，同时利用战场实时信息不断更新原先的估计，引导指挥官及时做出正确的决策。限于认知智能技术瓶颈，该项目于2014年验收后暂停。随后，2016年，美军启动“指挥官虚拟参谋（Commander's Virtual Staff，CVS）”计划，被视为继“深绿”计划之后美军尝试运用AI技术发展智能作战指挥决策能力的又一大举措。

同一时期，我国专家和学者针对战场聚集行为预测、协同作战行动识别等态势认知问题，将目标行为识别和时间序列分析相结合，设计可变结构长短期记忆（LSTM）三维神经网络模型对战场聚集行为进行时序分析；基于深度时空卷积神经网络识别联合作战协同行动。在态势理解方面，我国专家和学者提出了基于体系对抗和战争复杂性的战场指挥员态势理解思维模式，以及基于深度学习的战场指挥员态势理解思维过程模拟方法。在智能指挥决策模型方面，我国专家和学者以历史数据和海量的战略战役兵棋仿真演习数据为基础，通过采用与AlphaGo类似的原理，应用价值网络、强化学习，以及Monte Carlo搜索算法构建了战略威慑智能指挥决策模型，实现对威慑博弈树的快速搜索。

本章首先介绍战场态势智能认知的概念和内涵，分析战场态势智能认知活动的内容，然后介绍海上大数据战场目标体系化分析与态势生成。在此基础上，重点论述海上大数据战场态势智能认知分析与决策模型。最后，论述联合作战精确打击控制。

4.1　战场态势智能认知的概念和内涵

战场态势认知是作战指挥与控制活动的核心环节，是有效决策和正确行动的前提和依据。同时，对于作战指挥与控制效能（指挥决策效果、作战行动效果等）的评估也需要通过对战场态势的再认知来进行。下面具体介绍战场态势智能认知的概念和内涵。

4.1.1　战场态势认知的概念

顾名思义，战场态势认知是人、智能系统或智能机器对战场态势进行理解、判断，达成的关于战场态势的“主观”认识。如果说战场态势是战场状况真实情况的反映，那么，战场态势认知是从认识论层次定义的战场信息。

由于战场信息的不确定性、不完全性和战场态势的瞬变性，战场态势分析与作战辅助决策面临的情况极其复杂。战场态势认知是一种对战场态势高层次的思维活力识别与理解活动，具有很强的主观色彩。

具体而言，战场态势认知（Situation Cognition，SC）是在信息融合和态势感知的基础上，人、智能系统或智能机器对一定的时空范围内战场态势的判读、理解和预测，如对目标识别、运动轨迹预判、目标意图识别、未来战况走向估计等。

可见，战场态势认知是一种主观与客观相结合的能动活动，也是一个不断循环且不断提升的信息处理、分析、掌握和运用的螺旋过程，反映了认知主体对客体的认知情况。不同的认知主体对同一战场态势认知可能是不同的。

战场态势认知具有主观性、能动性、目标性、目的性、博弈性（对抗环境下）、反身性和满足性。

4.1.2 战场态势智能认知的概念

战场态势智能认知是指各种认知智能系统和设备运用各种方法及手段智能地将目标、动作、行动、事件、态势变化、战场形势变动等与意图、目的、使命、任务在具体时空环境中联系起来，从而认知作出判断、理解和预测的活动。战场态势智能认知采用包括专家系统、模式识别、逻辑推理、证据推理、不确定性推理、贝叶斯估计、深度强化学习、元学习等多样化方法，应用活力对抗的试探、计算机模拟、兵棋推演方法等多种手段，自主和自适应地完成态势智能认知学习与反馈的螺旋闭环过程。

4.1.3 战场态势认知的内涵

战场态势认知是对战场态势的高层次认识和理解，超越了战场态势感知的信息获取及处理过程，与目的、计划和意图相联系，包含了印证、分析、判断、理解等一系列思维活动。本书强调的是对态势的深入理解与挖掘，对战场情况、信息、事件的注意和关注。具体内涵包括以下 3 个方面内容。

1. 理解战场状态

这里是指对战场环境、作战空间和战场目标状态的一体化认知和理解，包括对战场中的作战与环境元素的察觉和时空分析，结合军事领域相关知识，从本质上认识这些态势要素的含义并理解各作战单元之间的关系，获得一个理解的战场态势画面，包括态势特征，对作战目标群、功能群的理解，对敌我力量部署、空间态势、环境约束等的认知。

2. 判断战场情况

在理解战场状况之后，从时间过程、力量消长、节点出入、重心变化、态势变化等事件，分析包括判断各方的战场部署（防御、进攻、航渡、集结等）情况，判断战场正在发生和将要发生的情况，判断敌方目标价值、作战意图、行动企图，敌我的能力和威胁程度，以及各方所占局势优劣等情况。

3. 预测战场变化

根据当前战场态势，估计敌我可能的行动，预测未来可能的变化和敌我战场形势，既可以是对某个战场作战平台未来态势的预测，也可以是对敌方目标群局部未来态势的预测，还可以是对高层全局战场态势的预测。

4.2 战场态势智能认知活动的内容

战场态势是交战各方为实现其作战目的和意图所进行的兵力部署和作战行动形成的，通常是复杂多样的，并随时间和条件变化而变化，因此，战场态势认知的内容也是复杂的。战场态势包括全局与局部、整体与部分、当前与可能、动态与静态、现实与趋势。其形成的因素与作战使命、作战任务、作战环境等相联系。同时，战场态势具有多时间尺度动态演化特性，主要表现为从大时间尺度的作战行动判断，到小时间尺度的各作战单元行为识别以及作战效果的时间积累效应等。海上大数据战场态势智能认知活动的任务是在战场态势感知的基础上，在想定场景范围内迅速整合各种战场信息，从纷繁复杂的战场态势要素信息中捕捉关键态势要素信息，并建立起各要素之间的关联关系，进而对复杂的战场态势进行分析、理解和判断，完成从战场态势数据到作战态势信息和知识的转化。

一是通过大数据态势智能认知技术，对光学、红外、电磁、雷达、声音、网络等多源大数据及目标特征大数据，对战场环境、空间态势变化和目标进行快速智能识别。

二是针对战场上多源异构海量情报、数据和信息，利用本体建模、深度学习、信息融合、知识发现等大数据战场态势认知技术，聚焦图像情报智能判读、文本语义智能理解、目标信息关联处理等，提升战场态势信息分析与处理能力，加快从数据到决策的节奏。

三是在对战场大数据进行快速搜集处理的基础上，从不同作战行动时空关联关系和不同时空尺度行为之间的复杂关系，将兵力分布、战场环境、敌我机动性、作战能力、具体事件等有机地联系起来，智能地对作战单元间的关联关系、行动意图、目标价值、力量强弱、潜在可能、局势优劣、整体与部分等当前战场态势进行分析理解，对敌兵力行动、敌我战场强弱形势、敌方战略战术行动意图进行准确判读，准确识别对手企图、预测对方的可能行动、行动预期后果以及战场局势未来变化，对战场态势进行智能认知。

相关活动如下。

1. 战场情况理解标绘

态势智能认知最初级方面是类似参谋的标绘作业，即根据地图上疏密不同的目标信息，自动理解其兵力分组情况、执行行动、相互关系（如攻击、保障和指挥关系）等，在图上自动标绘出各种指示部署的“腰子”和指示意图方向的“箭头”，让指挥员对当前情况一目了然，从而大幅提高态势理解效率。

2. 各方势力分布计算

在理解战场情况的基础上，综合各方兵力分布、装备性能、指挥训练水平、所在环境限制和支援保障条件等因素，粗略估算出各自势力范围、强弱分布，如哪里是敌方的禁入区域、我方的优势区域、双方争夺的热点区域或均能出入的自由区域等，从而便于对整体战场形势优劣快速形成判断。

3. 体系作战重心、关键节点分析

在努力计算各方势力分布的基础上，结合各方的目的、行为、动机，进一步分析其体系作战的重心和关键节点所在。如对于进攻方而言，对方的防御体系要害，或对于防守方而言，对方最有可能攻击的保卫目标等，从而为规划调整兵力的投入提供支持。

4. 交战形势及机遇判断

交战形势不能简单地按照兵力强弱或攻守关系判断，因为各方的目的不同，应以当前战场态势的发展趋势和各方的战法达成各自目的的概率为依据，对交战形势及机遇进行判断。随着兵力消长和时空变换，形势优劣时刻在变，抓住机遇重拳出击，达成目的的概率就能提升。结合 AlphaGo 的价值网络、策略网络模型，参考美军在“深绿”中的快速推演，实现对战场形势和机遇的快速判断，从而把握战机。

5. 变化趋势滚动预测

在作战过程中，指挥员较难决策的往往是未来的行动方向，因为对战场变化难以把握。所谓远见，即预见各种后果。平行仿真、博弈推演的目的即在于此。借助强大的仿真计算环境，模拟对手可能的反应，进而模拟整个战场态势的演化情况，同时基于实时掌握的最新态势数据不断更新，实现对战场变化趋势的滚动预测，提前做出相应的调整，抢占先机。

4.3 海上大数据战场目标体系化分析与态势生成

战场态势认知是作战筹划和任务规划的依据。现有作战指挥与决策系统已经能够支撑形成战场态势“一张图”，但主要集中在目标级态势方面，强调的是对单一目标的属性、状态、趋势等的掌握。目标级态势的信息粒度较细，更适合于战术级作战应用，由于战场目标众多且分散，难以从全局性、整体性的角度对战场态势进行刻画和分析。随着联合作战日益成为主要作战形式，战场更加强调体系对抗和体系作战，迫切需要综合运用各种手段，对战场态势进行全方位、多视角、多层级体系化分析，支撑战场态势生成，支撑战场态势智能化认知与决策。

为此，需要基于战场态势感知，进行多维目标间关联规则挖掘，提取不同目标在时空、任务、能力等之间的关联特征，以及敌方典型行动的组合特征，聚焦目标与目标之间的秩序和内部联系，通过对诸情报要素信息之间的聚合、抽象、关联和推理等，形成一致认知的体系化、多层次的战场态势感知认知图谱，实现对战场态势全面、精准的掌控，为作战指挥决策提供体系化的目标分析与情报保障支撑。

4.3.1 战场目标体系化分析与战场态势生成概念和机理

体系化战场目标分析是指挥员及其指挥机关对战争进程进行观察获取、识别印证、分析判断的过程，是战场态势感知认知的重要内容。对战场态势认知的效果集中体现于通过战场目标体系化分析认知活动形成的统一战场态势生成中。当前，战场态势认知存在的主要问题就是未进行战场态势认知活动的顶层设计，因此需要运用体系结构设计方法，设计构建战场态势认知与生成的顶层架构。

现有指挥信息系统基本实现了网络化。网络化使得大量的情报、预警、指令等信息能够在不同功能、不同级别、不同军兵种的指挥信息系统之间传递和分发，从而突破地理位置、传感器部署、编制等方面的限制。基于大数据预测和网络对抗分析，各级指挥员能够从网络化指挥信息系统中及时获得所需的信息，帮助自己做出决策并发出指令。典型的海上目标体系化分析与战场态势生成（作战指挥决策分析与应用）可从以下几个方面进行设计和构建。

1. 基于战训数据的作战能力分析挖掘

对当前海量作战装备、作战人员及后勤保障等相关的战训数据进行量化分析计算，构建后勤装备保障能力模型、飞行器能力模型、飞行员能力模型等作战能力模型，研究基于能力模型的辅助决策方法，将模型知识有效运用到作战筹划、任务规划、实时作战指挥决策及武器控制等作战过程中，为作战计划制定、作战力量选取、保障资源安排等指挥决策提供参考。

2. 海上目标全过程属性/群跟踪与识别

针对目前海上目标身份识别方面，传感器实时观测信息对目标判性作用十分有限。除 AIS 报告目标外，仍有大量海上目标无法判明身份的问题，可基于来自军民系统内岸、海、空、天不同探测感知平台的海量多源情报数据，探索掌握海上目标全过程属性跟踪识别的方法。基于大数据关联分析对目标作战群、功能群进行识别与跟踪，对其行动和行为意图进行识别。

3. 面向任务的决策支持数据自汇聚

从海量信息中自动抽取、组织展现任务相关态势信息，实现态势图面向用户的个性化聚焦、面向任务的主题聚焦和面向过程的实时动态聚焦。

4. 战略形势研判和作战重心分析

综合考虑军事、政治、经济、文化及意识形态等多元信息，分析研判敌我双方在战略部署、战略条件、战争规模及作战重心等方面因素，构建相应的模型和方法，力求识别出敌方的关键性战略薄弱点，为战略战役级联合作战决策提供辅助分析能力。

5. 中长期战略威胁评估预测

以中长期战略态势为依据，通过多对象、多层次的综合评估，实现对战略威胁的定量分析、判断和预测，为分析掌握世界主要国家和热点地区的战略动向提供技术支撑，为评估、预测国家安全环境和制定国家战略提供参考。

6. 基于语义的军事事件信息提取

以军事事件认知为需求，运用面向军事领域的事件表示方法，以及事件关键要素的本体构建技术，以军事事件表示模型、事件关键要素编码体系为基础，基于语义分析的事件信息提取和编码技术，构建面向海量互联网文本数据的事件信息自动提取系统，实现针对海量互联网文本数据的军事事件信息（参与者、时间、地点、行为、情感等）自动提取和编码，为事件的认知分析提供信息支撑。

4.3.2 基于体系对抗的战场态势体系化分析模型

态势认知在对信息进行自动搜集处理的基础上，根据使命任务和敌我目标，聚焦作战体系结构建模、体系重心/弱点挖掘、作战体系能力综合评估、敌方目标活动规律挖掘、非协作目标行动预判以及战场环境建模与影响预测、作战形势分析预测等，智能地对目标（群）、环境、事件、任务之间复杂的深层关系进行分析，智能地对目标（群）之间及与环境之间的关联关系、目标行动意图、目标价值、敌我力量强弱、局势优劣等当前战场态势进行认知，准确识别对手企图，预测敌方的可能行动、行动预期结果及战场局势未来变化。

基于体系对抗的体系态势分析模型以体系目标关联关系与知识图谱为基础，聚焦敌我对抗，研判体系关键节点，分析敌体系强点弱点、整体与部分，寻找敌方体系的漏洞或脆弱点。通过对敌方体系全局的分析研判，可以为作战指挥提供打击建议，破敌体系之一隅，通过对关键目标打击造成目标体系功能的明显下降。确认体系中节点及其类型，再通过体系重心构成分析、体系强弱点分析、体系异常状态分析、潜在可能分析、体系对抗分析，从全局上把握敌方体系构成，分析出敌我对抗中的优势劣势，为作战指挥与决策提供体系研判建议。

基于体系对抗的战场态势分析模型如图 4. 1 所示。

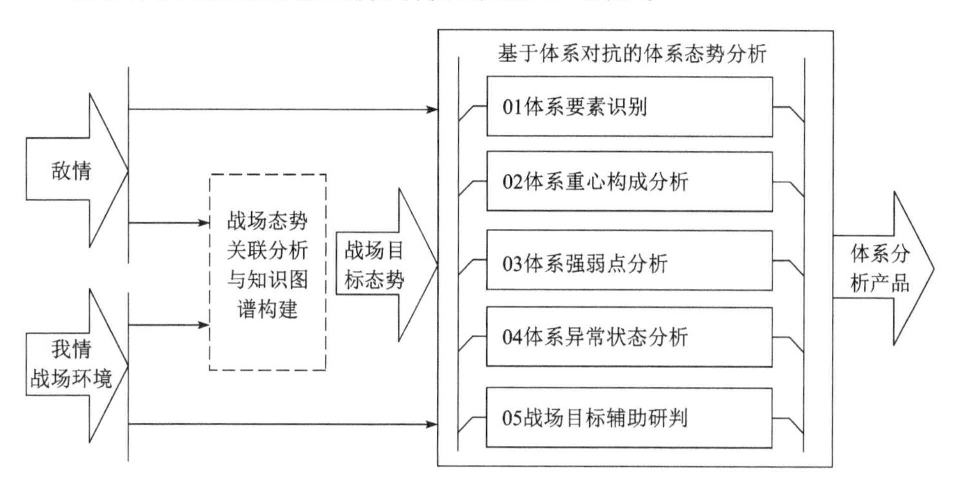

图 4. 1　基于体系对抗的战场态势分析模型

这里对模型指标做进一步分析。

1. 体系要素识别

体系由不同要素组成，对体系的分析首先必须理清体系各个要素的作用以及其间相互关系。基于体系对抗，通过体系在打击效果、打击难度和打击手段上的差异考量，分析各体系要素在体系中的特性、作用、层级和地位，将体系要素梳理为有效节点、无效节点、脆弱点、要害部位、基础支撑和人员六大类，如图 4. 2 所示。通过体系关键节点分析，能够辅助找出体系中各系统、各要素的物理关系、逻辑关系和相互作用，判明其组成架构和运作方式，确定体系核心和要害部位，为目标打击提供依据。

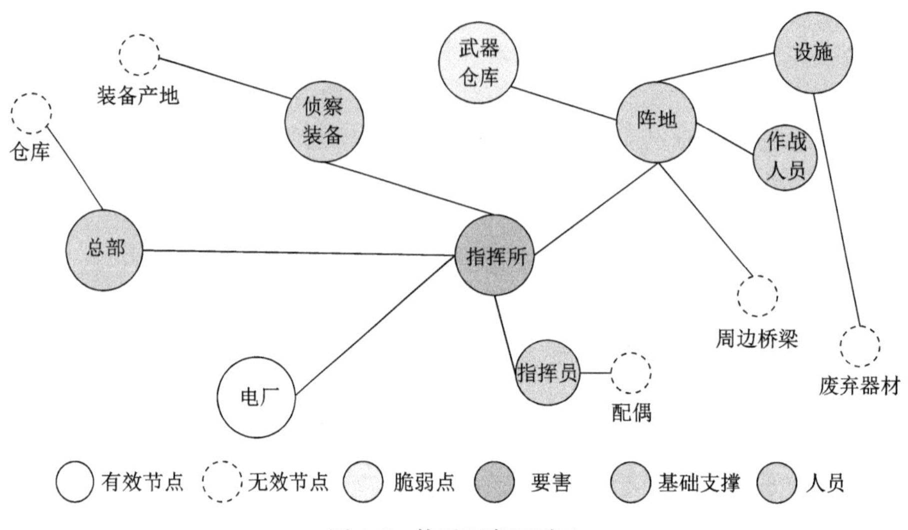

图 4.2　体系要素识别图

(1) 有效节点。体系中功能的相对集中点就是节点，而对于假设敌方指挥通信体系中所有的战场侦察、通信、导航定位都必须经由卫星网络，信息处理流程都需要经由卫星转发，那么，卫星网络显然就是敌方作战体系的节点。对于节点类目标，我们从战场感知能力、分析指挥控制能力、火力打击能力、综合保障能力、综合防护能力这几个方面对其进行研判分析。

(2) 无效节点。相对于有效节点，无效节点是指针对体系属性，不发挥效能且对体系运作不产生影响的节点，如武器产地、指挥员子女配偶等。

(3) 脆弱点类目标。脆弱目标是指敌我体系对抗过程中，敌方内部防御薄弱、易攻难守的目标，脆弱点是相对和动态的。对脆弱目标的寻找分析不能仅仅关注敌方体系，而是要结合我方力量，通过比对分析研判得出。

(4) 要害类目标。要害类目标主要是指敌作战体系和作战系统中起支撑作用且毁伤后难以恢复的关键节点和高价值的目标。对要害目标的分析研判能够为我体系破击、毁点瘫面等关键作战行动提供支撑。通过分析敌作战体系结构链，找出起关键作用的主要枢纽和重要节点；通过分析敌作战力量、支援保障力量、主战装备的部署配路、机动保障设施、电磁态势和通信流量变化等，找出对敌各作战系统起重要支撑作用的要害目标。

(5) 基础支撑类目标。体系中直接为作战提供基本保障的目标，都可视为基础支撑类目标。基础支撑目标分为能源类、通信运输类、资源保障类、人文类等方面。

(6) 人员类目标。人员类目标主要是指敌作战体系的指挥员和关键保护人员。对敌方指挥员分析，主要是分析其常用作战方法、攻防倾向、战场布势等习惯作战思维，结合体系中各要素节点状态，分析预测敌体系下一步作战趋势。对敌方关键保护人员，可以设定其为我方重点打击对象。同时能够结合其位路分析敌方防御重心部署，预测敌方防御阵型布势与调整。

2. 体系重心构成分析

“重心”是指支撑参战国家和部队战争意愿、提供战争力量和夺取战争行动优势的关键因素。重心与体系脆弱性是紧密联系的，都是体系能力得以形成的关键，是由于体系内部各种耦合关系对体系能力产生的连锁影响。体系重心节点是指与体系作战能力直接相关，并且起到重要作用的节点，如侦察预警体系中的重要预警系统、指挥通信体系中的核心链路以及火力打击、地空防御体系中的主要武器装备。

正确识别敌体系重心，充分合理地利用己方力量，优先打击摧毁敌方重心，使敌方失去或者暂时失去核心战斗力，同时保护己方战略重心，能够为赢得战争胜利创造极大的有利条件。

采用埃克·迈尔重心法和关键要素重心法相结合的方法，通过“六环模型”寻找体系重心，通过“关键因素分析模型”分析关键要素。

“六环模型”把敌作战体系看作一个系统，重心就分布在组成系统的 6 个环中。处于核心环的是领导层，即敌方指挥机构；第二个环是把资源转化成关键产品的转化设施，如电厂和炼油厂等；第三个环是输送资源、产品或信息的运输设施，如铁路、公路、航空和海运等交通线；第四个环是包括民众和原料在内的资源；第五个环是作战部队；第六个环是外部关系。在每一个环中，还可以按照上述分法将其继续细分为多个小环，直至找出真正的重心。

“六环模型”如图 4. 3 所示。

“六环模型”是一个有用的分析工具。首先，它从系统的角度，对作战实现的认识非常全面，避免了围绕军事力量寻找重心的缺陷。其次，它根据各环在系统中的作用来分析重心，相当有效。在 6 个环中，内环统领外环，外环保护和支持内环。从“六环模型”中选出的多个重心必须确保系统存在的整体性，战略重心统领战役重心，战役重心保护和支持战略重心。从战争实践看，处于核心环的领导层可设为打击的首选目标，因为打击对手的领导层可以直接影响其进行战争的意志。相反，处于外环的作战部队的打击费时较长，其结果不能立即对对手的领导层产生影响。

运用“六环模型”选出的重心数目非常有限，需要运用“关键因素”将其分解成打击的具体目标。关键因素模型包含 4 个关键要素：重心、关键能力、关键需求、关键/致命脆弱点。关键因素模型的基本推理逻辑是：首先确定重心，然后确定其关键能力，进而确定每项关键能力的关键需求，最后在所有的关键需求当中找出那些易被攻击和存在缺陷的关键脆弱点。关键能力和关键需求是连接作战重心与关键脆弱点的桥梁。通过运用该推理模型，可以清楚地识别什么行动是决定性的，以及塑造什么样的行动是至关重要的。

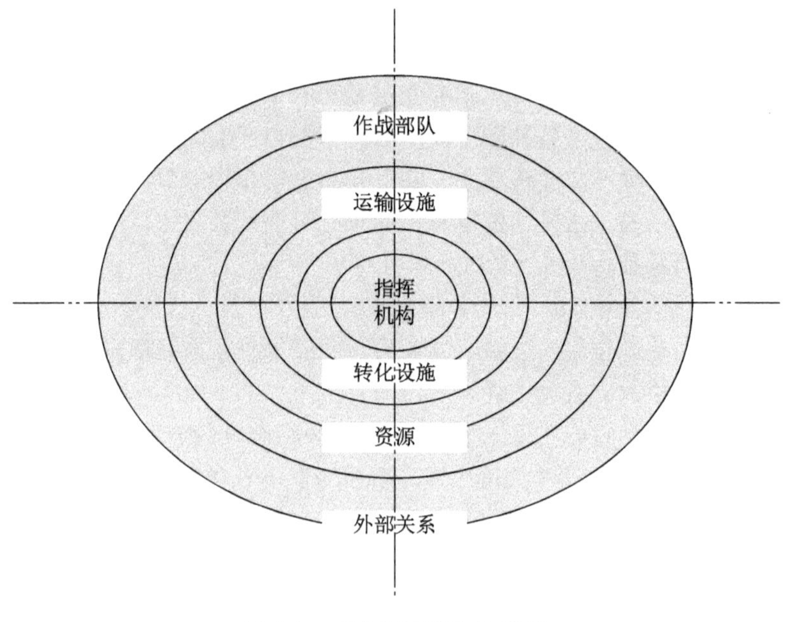

图 4.3 “六环模型”示意图

3. 体系强弱点分析

针对我方或敌方的内部环境因素，从强点和弱点两个角度进行评估分析，以探索竞争优势的来源与所在，了解敌我的确切实力，最基本的是分析敌我在各自要素结构及其活动过程方面的优劣。强点，也称优势，即在问题领域中，组织内部因素优于竞争对手的方面或独有的、固有的实力和长处，如侦察能力强、战略装备能力较好、工业基础好等。弱点，也称劣势，即在问题领域中，组织内部因素弱于竞争对手的方面或者有较大影响的漏洞和不足，如机动投送能力较差、信息作战与网络对抗能力较弱等。

通过对体系强弱点的分析，能够从中找出对我方有利的、值得发扬的因素，以及对我方不利的、需要避开的点，发现存在的问题，找出解决的方法，并明确以后的发展方向。相对的，针对找出的敌方的强点，在进行对抗时设法避开，并以敌方的弱点为突破口进行打击。

体系强弱点分析的主要过程如下：首先构建我方或者敌方内部环境指标体系，然后确认指标权重并对评价值进行量化处理，最后建立数学模型综合计算分析，获取结论。

例如，战场上敌我双方的主要活动为侦察和作战，若在进行战略层的战场态势分析时，可重点考察侦察和作战能力。当以侦察能力为考察对象时，首先对侦察能力的指标要素进行分析，形成侦察能力的指标要素体系，便于后续建立侦察能力的计算模型，如表 4.1 所列。

表 4.1　侦察能力主要指标要素

一级指标名称	一级指标权重	二级指标名称	二级指标权重
天基侦察能力 A_1	Q_1	红外侦察能力 A_{11}	Q_{11}
		电子信号侦察能力 A_{12}	Q_{12}
		分辨率 A_{13}	Q_{13}
		…	…
空基侦察能力 A_2	Q_2	空基平台飞行能力 A_{21}	Q_{21}
		载荷侦察能力 A_{22}	Q_{22}
		…	…
海基侦察能力 A_3	Q_3	海基平台种类及能力 A_{31}	Q_{31}
		…	…
…			

侦察能力计算公式为

$$F_{sw} = \sum_{i=1}^{k} A_i Q_i \tag{4.1}$$

式中：F_{sw} 为侦察能力值。其中，分项的计算公式为

$$A_i = \sum_{j=1}^{n} A_{ij} Q_{ij} \tag{4.2}$$

通过梳理敌我双方的侦察能力的指标体系，同时针对每一指标分配权重，这样即可对敌我双方的整体侦察能力实现量化，确定敌我侦察能力的强弱，实现优缺点分析。对于敌我双方，若 $A_i<0$，则说明该项侦察能力处于弱势；若 $A_i>0$，则说明处于优势。F_{sw} 则起到了对整体侦察能力的度量，若 $F_{sw}>0$，则说明处于优势，反之亦然。对于敌我双方作战能力的分析，亦可采用相同的方法实现。

4. 体系异常状态分析

体系在动态演化过程中从整体上表现出的一种剧烈变化，结果会导致体系能力的坍塌或者跃升，体系的剧烈改变可以归结为体系关联结构的、组分规模与组分能力的异常状态。这些异常状态既是体系能力的外在表现，也是体系能

力继续演化的基础，因此，对体系异常状态的判定、产生原因及后续影响展开深入探讨是体系能力分析的一种方法。

（1）体系关联结构异常分析。体系关联结构异常是指体系组分间的关联关系发生明显的改变，并且这种改变导致了体系能力的显著变化。体系关联结构是体系状态的首要特征，因此它的变化会对体系能力的类型和规模造成直接影响，例如战场通信网络关联结构的变化会对整个体系的通信能力产生影响。

体系关联结构判定过程如下：

设体系 S 在 t 时刻的关联结构参数记为$\|\mathrm{For}(S_t)\|$，对于任意时刻 T，有

$$\|\mathrm{For}(S_T)\| = \|\mathrm{For}(S_t)\| + \Delta \tag{4.3}$$

式中：Δ 为参数的增量，且有

$$\|C(S_T) - C(S_t)\| > th_f \tag{4.4}$$

式中：$C(S_t)$ 表示体系 S 在时刻 t 的体系能力；$\|C(S_T) - C(S_t)\|$则表示不同时刻体能能力变化的度量；$\|\mathrm{For}(S_t)\|$值与 $C(S_t)$ 的值直接相关。若$\|\mathrm{For}(S_t)\|$值的变化导致式（4.4）成立，则表示出现了体系异常状态，其中 th_f 是体系关联结构异常判定阈值。

当体系结构复杂，难以通过$\|\mathrm{For}(S_t)\|$对体系能力 $C(S_t)$ 进行定量描述时，研究体系关联结构异常引发的体系能力变化可以弱化为体系关联结构参数变化。体系关联结构参数可采用节点数 n、边数 m、度数 j、连通度 k 等，通过比较 T 时刻关联结构图 G_T 与 t 时刻关联结构图 G_t 对应参数的变化，判定是否产生了结构异常。此外，体系关联结构参数也可以扩充为复杂网络理论中的聚集系数，以进行更为精准的分析。

（2）体系组分规模异常分析。体系组分规模异常主要是指由于体系组分规模数量发生了明显改变，所导致的体系能力显著变化。例如，战场雷达数量减少到一定的程度，则会丧失战场空间探测能力。与体系关联结构异常，体系组分规模异常也属于体系结构方面的异常状态，但前者强调组分关联关系的显著改变，而组分数量不一定增加或减少，通常发生在体系的信息域层面；后者强调的是组分数量的剧烈变化，而组分的关联关系不一定发生改变，多发生在体系的物理域层面。

体系组分能力规模异常判定过程如下：

设体系 S 在 t 时刻的规模参数记为$\|Sca(S_t)\|$，对于任意时刻 T，有

$$\|\mathrm{Sca}(S_T)\| = \|\mathrm{Sca}(S_t)\| + \Delta \tag{4.5}$$

且有

$$\|C(S_T) - C(S_t)\| > th_s \tag{4.6}$$

式中：$C(S_t)$和$\|C(S_T) - C(S_t)\|$已在体系关联结构异常分析中说明；$\|\mathrm{Sca}(S_t)\|$值

与 $C(S_t)$ 的值直接相关。若 $\|Sca(S_t)\|$ 值的变化导致式（4.6）成立，则表示出现了组分规模异常状态，其中 th_s 是组分规模异常判定的阈值。

体系规模往往是指体系可度量的组分个数总和，也是体系能力所需依赖的要素。因此，当难以通过 $\|Sca(S_t)\|$ 对体系能力 $C(S_t)$ 进行定量描述时，研究体系规模异常引发的体系能力变化可以弱化为组分规模的变化。此时，可采用数学分析方法对组分规模异常进行确定，将组分规模（数量）的变化表示为以时间为自变量的体系规模函数，通过应用数学分析中尖点、极值点和拐点来确定组分规模的异常变化。

（3）体系组分能力异常分析。体系组分能力异常是指体系部分组分系统能力发生了明显改变，并导致体系能力的显著变化。体系能力是体系各组分系统能力的整体涌现，组分能力是体系局部或部分能力，它的变化也可能导致体系能力类型与能力大小的改变。例如，预警机工作状态的变化会对战场预警探测体系能力产生较大的影响。

体系组分能力异常判定过程如下：

设体系 S 组分 P_i 在 t 时刻对体系能力贡献为 $C(P_{it})$，对于任意时刻 T，有

$$C(P_T)=C(P_t)+\Delta \tag{4.7}$$

且有

$$\|C(S_T)-C(S_t)\|>th_c \tag{4.8}$$

式中：$C(P_{it})$ 是该体系组分对 $C(S_t)$ 的贡献，是部分与整体之间的关系。若 $C(P_{it})$ 值的变化导致式（4.8）成立，则表示出现了体系组分能力异常，其中 th_c 是体系组分能力异常判定的阈值。

当体系结构复杂，难以通过 $C(P_{it})$ 对 $C(S_t)$ 进行定量描述时，可采用检验数据集合差异性的方法对组分能力异常进行判定。简要过程如下：

对组分能力的前后变化形成两个数据集进行抽样，得到两个子样，然后评价子样差异的显著性，如果满足一定的显著性水平，则称该组分能力产生异常；反之，则没有。

5. 战场目标辅助研判

判定战场目标的战术意图是作战的重要任务之一，是指挥员正确进行作战指挥决策的前提条件。要实现对战场目标研判，离不开战场目标的情报信息。战场目标的情况信息具有数量大和种类多等特征，仅依靠人工方法难以进行有效的研判，甚至有可能造成延误和疏漏。因此，在进行战场目标辅助研判时，需结合一定的智能化方法。

考虑到战场目标信息具有种类繁多、要素复杂和研判需求各异的特点，因此，需结合时间和空间等维度，并根据数理统计、专家建议和深度访谈等方法

确定模型属性指标，对战场目标各种决策属性（如作战能力、动向信息、行为意图、征候预警和活动规律等）进行分析，展开研判。该研判实质是已知属性类别的分类问题，也是典型的模糊不确定问题，因此，可基于决策树、贝叶斯网络、极限学习机和审计网络等分类器技术展开，具体流程如图 4.4 所示。

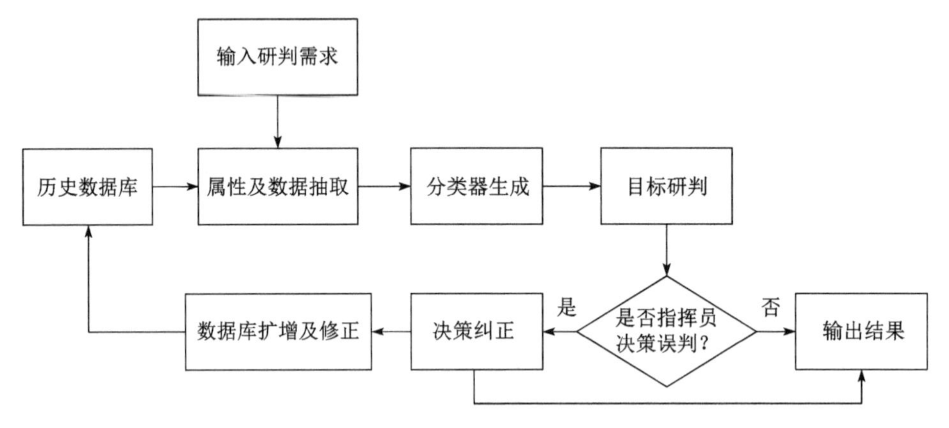

图 4.4 战场目标辅助研判流程

（1）根据研判需求，整理目标研判的历史数据，从而得到构建分类器所需历史数据集。通过量化各类情报要素，可实现差异化决策输出，从而实现综合态势的认知与辅助研判，情报要素示例如表 4.2 所列。

表 4.2 情报要素示例

类型	决策属性
作战能力	装备部署、装备状态、雷达探测能力、制海作战能力、对陆打击能力、对空打击能力、防空反导能力等
动向信息	信息标题、主题词、时间、位置、人员等
行为意图	速度、加速度、高度、距离、航向、方位等
征候预警	时机、言论、舰机指数、威胁趋势、威胁指数等
活动规律	活动半径匹配度、活动高度、速度变化规律匹配度、活动区域、活动频次、活动时间、任务匹配度等
融合追溯	追溯时间、追溯位置、数据来源等

（2）以历史数据集为基础，综合考虑多种信息，针对不同研判需求，对属性进行分组、取舍和修正，递归分析所选决策属性重要程度，找到目标最佳属性划分标准以及属性与属性组的先后顺序，得到针对特定研判需求的特定分类器，并加以分析判定，从而实现基于研判意图的目标判性，辅助指挥员进行

决策。

（3）指挥员以研判结果为基础进行辅助决策，二者一致则输出最终结果，否则进行数据库扩增与修正处理，并对分类器模型进行重新优化。

4.3.3　战场态势体系化认知态势生成业务流程

行使目标任务在于不断地获取与“态”相关的战场态势信息，进而通过不断地能动理解这些战场态势信息，认知作战态势，对未来战局进行预测。

体系化认知态势生成业务流程如图 4.5 所示。

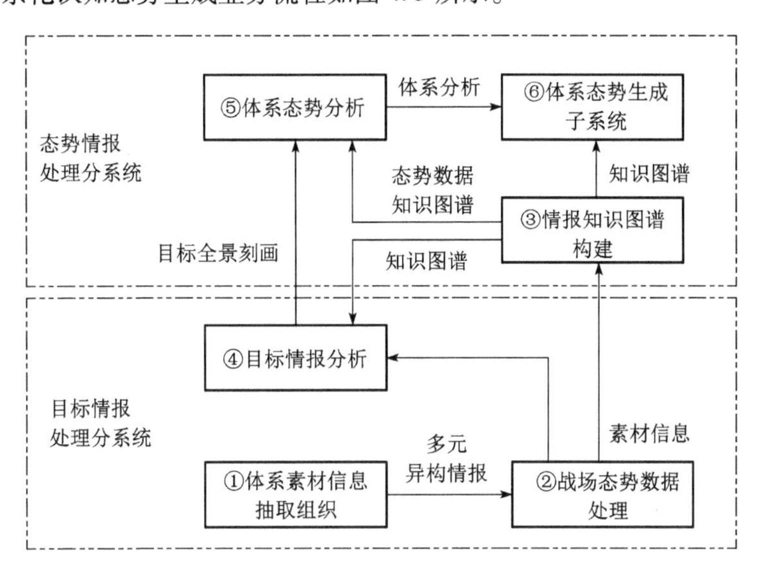

图 4.5　体系化认知态势生成业务流程

具体如下：

（1）体系素材信息抽取组织。接入联合情报体系效能评估及仿真推演系统发来的多源仿真数据，同时主动抽取数据库中存放的历史数据信息，完成多源情报的汇集。

（2）态势数据处理。围绕已汇集的多源情报，将多元异构数据进行综合处理，通过文本情报语义分析、态势情报综合整编、态势数据加工处理等，生成格式统一、要素齐全的体系素材。

（3）情报知识图谱构建。基于丰富的体系素材，通过要素关联关系分析抽取，建立态势情报多维度知识图谱，具备情报知识图谱查询推理能力。

（4）目标情报分析。基于情报知识图谱，针对目标开展体系化分析，生成目标能力分析产品与目标精准画像。

(5) 体系态势分析。基于情报知识图谱，构建战场态势体系，通过活动规律分析、趋势预测分析、体系重心构成分析、体系强弱点分析等体系化分析方法，生成体系态势情报。

(6) 体系态势产品生成与共享。按照情报需求组织生成各类态势情报产品，包括目标体系化认知产品和体系态势分析产品，并将相关产品发送至联合情报精准高效服务。

4.3.4 战场态势体系化认知与生成关键技术

在战场态势体系化认知与生成过程中，通常需要以下关键技术。

1. 体系化多维信息关联技术

考虑复杂战场环境对信息关联的需求，将战场信息关联划分为面向实体、时空、任务、语义、情境5种类型，不仅对面向时空和任务的信息关联进行了深入，还基于实体要素对面向实体的关联进行了研究。此外，为了获取信息在广泛语义层面的关联，还对不同模态信息的相关性计算进行了研究。

为解决不同模态的信息位于不同的特征空间，如何在同一个表达框架下对不同模态的信息进行统一的表示和相似性度量的问题，关键在于将跨模态一致性表达和统一空间映射技术应用于异构战场信息之间的关联，建立共享空间模型，并为各模态建立从各自特征空间到共享空间的映射，实现异构模态特征的一致性表达，从而直接对异构数据进行相似性度量。

另外，还需要分析挖掘构成和蕴含在用户业务情景中的那些相互交织的因素及其相互之间的关系。此项技术可实现战场情报数据在多个维度上的关联，形成战场情报信息，能够使其更好地满足当前复杂化、多样化的信息和战场环境要求，提升战场多元情报数据的信息关联能力，为数据进一步融合和分析提供基础支撑。

2. 多元异构情报知识图谱构建技术

构建多元异构情报知识图谱，注重语义可表达、机器可理解，具备关联清晰、查询高效、数据模式可动态变化等优势，能够将结构化、非结构化多元异构信息孤岛集成在一起，不仅可以提升当前应用的效能，而且可以得到很多增值能力，包括语义理解、智能搜索、关联关系、趋势分析等。知识图谱构建主要包括知识抽取、知识融合和知识推理3个步骤。知识抽取主要是从多元异构情报数据中抽取、识别目标知识单元，包括目标实体、实体对应的关系以及属性共3个知识要素，并以此为基础形成一系列高质量的事实表达。知识融合是高层次的知识组织，使来自不同知识源的知识在同一框架规范下进行异构数据整合、消歧、加工、推理验证、更新等步骤，达到数据、信息、方法、经验以及人的思想的融合，形成高质量的目标知识库，包括实体配准和知识合并。知识推理采用基于图或者逻辑的推理方法，在已有的目标知识库基础上进一步挖掘隐含的知识，从而丰富、扩展目标知识库。

3. 基于体系模型的战场目标价值分析技术

从网络的视角对作战体系进行建模，首先，对体系中的属性一致的单元进行统一规范化定义与描述；其次，以关联关系为基础，建立目标体系模型；再次，对体系进行综合分析，依据体系节点的紧密度和凝聚度，识别目标关键程度；最后，运用多目标优化方法中的非劣性排序对含有多个评估要素的目标价值进行排序，进而生成战场目标价值排序清单。

4. 战场态势聚焦与差异化展现技术

态势信息多维度表达能够有效处理不同层级的指挥员对战场空间内态势信息的多层次需求。具体来说，其核心技术包括：分类设计不同比例尺下需要呈现的态势信息内容，构建不同粒度下的态势要素表达模型；确立聚合展现规则，基于作战任务信息的重要性，确立与作战任务紧密相关的属性信息在不同比例尺下的一致性表达问题；设计合理有效的聚合展现过程的触发时机。

4.4　海上大数据战场态势智能认知分析与决策模型

作战指挥与决策具有典型的对抗性、模糊性、不确定性特点。由于战场信息的不确定性、不完全性和战场态势的多变性，战场态势分析、作战指挥与决策面临的情况极其复杂。对战场态势的判断和作战意图的理解是作战指挥与决策面临的主要挑战。

作战指挥与决策是科学的艺术。就科学而言，作战指挥与决策是建立在科学的基础之上，包括战场感知、战场态势认知、作战筹划与任务规划，以及作战组织与评估。就艺术而言，现代战争快速、复杂而多变，作战指挥与决策的制胜机理是“设局”“应变”，其关键在于对战场态势进行准确预测和判断。大数据战场态势智能认知分析与决策在当前战场态势感知的基础上，通过实时处理海量的大数据，分析战场态势，建立真实、全面的相关关系，吸取经验和智慧；基于使命任务和目标，将敌我兵力分布、战场环境、敌我机动性、作战能力与具体事件等有机地联系起来，分析不同作战行动行为时空关联关系和不同时空尺度行为之间的复杂关系，智能地对作战单元间关联关系、行动意图、目标价值、力量强弱、潜在可能、局势优劣、整体与部分等当前战场态势进行分析和研判；对各方势力分布进行计算，对敌兵力行动、战略战术行动意图进行判断；准确识别对手企图，预测对方可能行动；进行作战重心分析、作战方案推演、交战形势与机会判断，预期行动效果；进行作战筹划和任务规划，确定作战目标。其中，大数据决策是核心，包括高层关联和博弈推演，预测战场局势变化，完成从战场态势数据到自主认知决策的转化。

从结构和功能的辩证关系看，结构决定功能。同时，在功能上，对战场态势的认知具有主观性、反身性和能动性。要智能认知战场态势且能相对准确地做出预测和判断，进而做出科学的决策，智能认知分析与决策模型应能适应复杂且动态变化的战场情况，能够自主决策，能够正确处理内外情况变化和新息，因此智能认知分析与决策模型应该是一个能够灵活处理信息、结构可变的动态自适应成长模型。①

近年来，随着以深度强化学习为代表的人工智能（AI）技术取得突破，特别是2016年AlphaGo成功问世并以4：1战胜人类顶尖棋手李世石之后，国内外掀起了新一轮的人工智能（AI）研究热潮，在目标识别、态势理解、作战指挥与决策等智能认知分析及决策模型方面取得了一系列有意义的成果。

本节首先介绍基于模板的战场态势认知分析与决策模型和基于知识库及知识图谱的专家系统，然后介绍基于深度强化学习的人工智能态势认知分析与决策模型。

4.4.1 基于模板的战场态势认知分析与决策模型

模板的含义即基于逻辑的模式识别，常用于时间检测和态势评估中。术语“模板”来自匹配的概念，即将一个预设的模式（模板）与观测数据进行匹配，以确定条件是否满足，从而是否允许进行一个推理或得到一个结论。基于模板的态势认知分析与决策将智能形式化为规则、知识和算法，强调基于知识的推理和判断。然而，知识和常识难以穷尽，在智能领域，有些意会不可言传。一个模板所定义的模式可以表示一个战术事件（如目标指示和导弹发射等），也可以表示战场实体的识别（如舰艇类型与编成等）。对于复杂事件和活动，可以通过对大量目标积累的历史行为数据进行挖掘，定义具有多个层次的模板来表示增加的复杂实体、事件或活动，分析具体意图与典型行为序列模式的关联关系，筛选意图模板关键组成要素，建立意图模板知识库，为后续对目标的意图进行识别提供基础保障，如图4.6所示。

① 国防大学教授、兵棋总师胡晓峰在2021年第九届中国指挥控制大会报告《复杂就是一种武器：决策中心战与认知复杂性难题》中提出：“可变结构的认知模型应该成为未来智能决策研究的重要课题”。

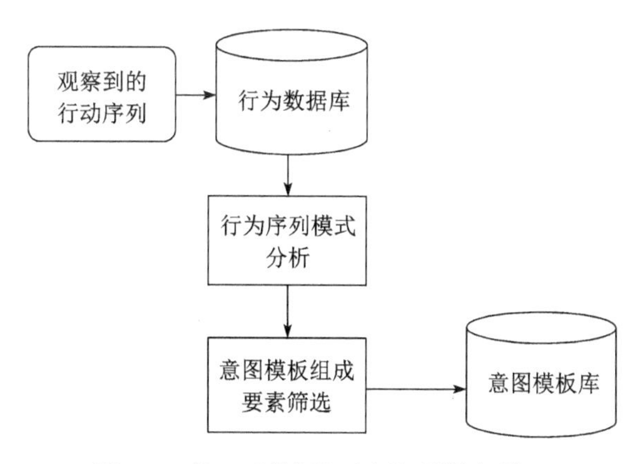

图 4.6　基于“模板”意图识别挖掘模型

其中，多模型驱动分布式辅助决策支持系统（Distributed Decision Support System，DDSS）不仅可以利用过去数据、模型、方法和知识进行自学习和有限推理，而且可以生成新的数据、模型、方法和知识，模型之间相互交互并彼此协同。以舰载 C^3I 系统为例，首先是根据海军军事条例和历史经验建立起军事知识库，然后基于此建立起一套推理规则，在得到新的知识或数据之后，将它及时加到知识库或数据库中去，并及时修改推理规则，这样就能保证所建知识库和数据库是实时的，以对付不断变化着的战场形势。这样，我们可以将“军事目标/任务/计划”以树状结构进行表示。这一结构中顶层的节点是某一军事目标，各子目标作为它的子节点；对任一子目标节点，将用来完成它的各项任务作为它的各个子节点；对每一任务子节点，将用来完成这项任务的各个计划作为它的各个子节点。层次中的每个节点采用模板表示，每个模板包括一套参数，它的满足为识别一个目标、任务、计划或事件的假设提供证据。时间和空间限制、因果限制均包含在条件属性中。基于模板方法的一个典型应用是“美军战场情报提供”。该模板为战场指挥官提供敌人过去和当前的行动信息以及敌人的未来企图。该模板通过开发作战条例、态势、战场事件、决策支持 4 个子模板进行态势估计。

这可以看作是一个多假设动态分类问题，即已知军事知识 $K=(K_1, K_2, \cdots, K_l)$ 和当前数据信息 $I=(I_1, I_2, \cdots, I_m)$ 的情况下得到态势 $S=(S_1, S_2, \cdots, S_n)$ 的假设结果 $P(S \mid K, I)$。P 表示每个备选假设（态势）有一个不确定的概率关联值或置信度。主要任务是确定观察特征关于态势模式类的相关性，综合评判该相关性的准确性，并根据不断到来的情报和信息估计与识别正在发生或业已发生的事情，逐步估计出或辨别出敌方的作战计划和意图，特别是确定所观察的实体军事行为在整个作战环境中的作用和意义。如根据战场上各个目标的位置、状态、特征属性，敌方可能的行动方案和地理环境、气象、水文等信息以及各个目标之间及与周围环境的依存关系对各种态势元素进行分析和合成，建立关于作战活动、事件、机动、位置和兵力要素组织形式等的多维视图；关注态势将如何发展和采取不同的行动对当前态势会产生何种影响，并对影响的差异做出准确的判断，进而反复推演对方的行动计划。譬如，判断本平台或己方作战意图是否被对方发现或多大程度上被对方发现的问题、对方是否开始对我采取作战行动的问题。其中，各作战平台的实时分布信息是态势推断的一个关键信息。追踪战场目标（群）航路、敌我属性、位置、速度、动向和其他跨平台的多源相关信息构成战场综合态势。具体可从空间关系、时间演进（逻辑）关系、功能关系、使命任务关系把握各个实体之间的联系，并依具体情况作深层次分析，既能发现敌人的真意图，也能发现敌人的诡计、欺骗行动，发现敌我态势中的薄弱点（重大缺陷）和机会，不断推演未来、判断现在。态势估计时，抓住敌人的企图和目的所在，结合政治、外交、地缘环境等影响和制约因素，从敌人的使命任务分析战场态势，而不被一些表面现象所迷惑。因此，态势评估是一种主客观相结合的认知，是与追求的目标相关的、实时动态的，在一定时空环境下对实体和作战模式的灵活把握。也就是说，同一个实体或要素在不同的时间地点出现，它的价值可能是不同的，甚至有天壤之别。主要内容如下。

（1）明确敌我作战目标，分辨不同的作战样式。

（2）目标聚并。建立目标之间的相互关系，包括时间关系、空间关系、通信连接和功能依赖关系，形成对态势实体的属性判断，如态势实体的类型、编成、位置等，将目标按一定的规则（相关类型、共同作战任务、相同或相似航迹）并基于协同效应将兵力划分成具有相对独立性的战术编队，如空中突击群、海上打击群、两栖登陆群、网电攻击群、支援保障群等。

（3）事件/行动聚类。建立各作战实体在时间轴和使命任务上的相互关系，从而识别出有意义的事件，形成对态势实体行动的判别及相关实体之间行动的联系。

（4）相关关系解释/融合。综合分析与战场态势相关的数据，包括天气、地形、海况或水下环境、敌方政策和社会政治等因素，并进行解释。

（5）多视图评估。从敌我友多角度、多方面分析数据，分析环境、策略等因素对作战结果的影响。

因此，态势评估可以看作是一个多层次、多目标、多对象的模式识别问题。对结果的求解需要根据历史数据及不断到来的更新数据逐步求得最优结果，同时，需要根据具体应用的需要，建立不同视图的态势描述。这是一个由此及彼、由表及里的过程。

根据上面对态势估计主要内容的分析及其信息处理流程，可将态势估计分解为态势元素提取、当前态势分析和未来态势预测 3 个层次。

（1）第一层次——态势元素提取。感知并描述环境内的各个实体及其属性（即态势实体是什么），了解相关态势实体当前的变化和动态（即正在发生什么问题），包括态势数据预处理、态势关联和态势事件检测等几个相关过程。它们共同构成了对当前态势进行分析的基础。

① 态势数据预处理。根据直接感知和间接感知的信息，同时调用态势数据库中的环境数据、理论数据及目标性能等数据，对数据进行归并、简约、聚集和匹配，去粗取精、去伪存真，删除冗余数据，滤掉不可靠的数据，对有用数据进行组织和归类，形成适应信息处理的形式；将一级输入的目标数据与态势数据库中的理论数据及目标性能数据进行匹配，得到更能详细表述目标情况的综合数据。这种以综合数据标识的目标又称为态势元素。

② 态势关联。繁多的态势元素只是表述了态势的具体要素，但没有归结成态势知识。在以知识为基础进行态势估计时，需要对态势元素之间的相互关系进行关联。同时，不同的作战任务和作战人员，所关心的态势元素是不同的。这就需要有针对性地对有关态势元素数据进行分组，确定态势元素之间的联系和相互关系——确定哪些属于同一目标，哪些属于不同目标，哪些是新出现的目标，并据此解释感兴趣的所有态势元素的特性。从待关联的态势信息看，态势关联可分为空间关联和时间关联两大类。空间关联是在空间上确定态势元素之间的相互关系。在空间关联处理中，通常采用“群”形成策略。根据目标态势数据，一般可以将其由低到高分为如下几个层次：空间群、功能群、相互作用群以及敌/友/我群等。时间关联是把由于某种原因而中断的前后两部分的态势航迹关联起来，形成清晰的态势图，可分为短时间关联和长时间关联两种。经过态势关联处理之后，就得到各个时刻目标之间的相互关系，零散的态势元素就变成一个有各种联系的、随时间演进的整体。这样就可能对下一时刻的态势进行正确的预估。各个态势元素以其相互关系进行表示时，称为态势实体。

态势关联涉及多元素状态融合和识别融合。由于传感器分辨率的限制及噪声的影响，所获取的数据不可能完全准确地反映目标的真实情况，也不可避免地带有一定的模糊性和随机不确定性。同时，态势关联还需要综合考虑地形、环境、敌方可能的行动方案等复杂因素，存在大量的模糊性和主观性。目前，各种态势关联技术主要是基于目标（群）的状态和属性特征进行关联的。短时间的态势关联类似于目标跟踪，主要方法是最近邻域法和全邻算法（如 JP-

DA 法）；长时间的态势关联采用的方法主要有不确定推理、Bayes 推理、D-S 证据理论和模糊逻辑推理（1987 年，Bart Kosko 提出模糊联想记忆（FAM）神经网络系统）等。应用的数据包括较为稳定的中、长期环境数据和作战人员的知识，先前得到的态势估计知识；有关目标（群）的属性信息和状态等信息，以及预估计知识。作战人员在了解了战前准备的情报、当前时刻目标状态及以前的行动路线之后，结合当前战场实际情况对目标下一时刻可能动作会有一个估计。

③ 态势事件检测。由于态势估计是一个动态的时序过程，而影响态势估计效果的一个重要因素就是事件检测，即对当前战场变化情况的及时感知（如对方发射导弹或电磁信号突然变化）。一般通过操作员或自动检测设备对事件状态的估计与观测状态之间的不一致或相关进行事件检测。事件检测和识别往往比较困难，因为它可能关系到要估计两个有较高不确定性变量集之间的细微差别。要尽快识别事件的出现，就要求系统操作员或自动检测设备在漏检、目标确认和虚警 3 种可能的情况中进行选择。

（2）第二层次——当前态势分析。对特定情境中实体性质、作用等的理解，理解实体行动意义。

根据对态势实体行为及态势事件的检测对当前态势情况进行分析和解释，判断对方的战场布势，对其意图和作战计划进行识别。在态势形成阶段，融合系统以尽可能客观的方法和形式对战场态势的基本情况进行了客观描述，然后根据态势形成的结果对当前态势进行分析（即对方为什么这么干、原因是什么、对我有何影响等）。

为了对当前态势进行直观描述，一般首先要对态势形成的结果进行态势抽象，对数据进行提取，形成合适的假设集，实质上是对当前态势的抽象理解。然后，在态势抽象形成的一系列备选假设内对观测数据进行模式识别，因此，其输入还包括事件检测以及态势实体的状态估计；根据态势实体的属性和行动进行推理，在理论上给出各种假设的条件概率。

当前态势分析过程可记作在已知军事知识和当前实时数据信息的情况下得到态势假设的结果。在该过程中，军事领域知识起到了决定性的作用。根据知识建立态势要素与态势假设间的对应关系，实现对当前态势的分类识别：设态势假设结果 $A=\{a_1, a_2, \cdots, a_n\}$，$A$ 包含的元素为战场空间中可能出现的全部态势假设，又设 $M=\{x, y, z, \cdots\}$ 表示战场空间中所出现的态势要素集合。所谓的当前态势分析即为求解态势要素集合与态势假设集合间的对应关系，即

$$f: M \to A$$

并由此对态势要素进行分类识别：

$$M/f=\{\widetilde{X} \mid \widetilde{X}=f^{-1}(a_i)\}$$

其中

$$\widetilde{X}=f^{-1}(a_i)=\{x \mid x\in M, f(x)=a_i\}$$

式中：$\widetilde{X}$ 为由态势假设元素 a_i 可适用的情况所构成的态势要素子集合。

按照上述过程将态势要素进行一次划分，即完成对当前态势的一次识别，所形成的态势假设用于对战场作战对象、编群以及对应的事件和活动给予解释。考虑到每次识别过程中可能得到多个态势假设，同时，不同的识别过程可能也会得到不同的态势假设，因此，实际的当前态势分析过程中，对态势要素的划分即为对其所属态势假设的判断通常是通过多级识别完成的，通过多次识别，可逐渐消除虚假的态势假设，最终获得对地方作战样式的理解。

设存在一个映射集合 $F=\{f_1, f_2, \cdots, f_n\}$，其中元素 f_i,$(i=1, 2, \cdots, n)$ 描述在第 i 次识别过程中，态势要素集合与态势假设间的对应关系。通过 F 对 M 的多级识别，最后达到由态势特征到态势类型的认识。

由上述分析可以看出，当前态势分析过程高度依赖军事领域知识，尤其是敌方作战样式、指挥官指挥风格、政治/社会背景、天气、地形等。这一求解过程需要依靠丰富的领域知识建立对应识别规则试探性的求解，应用基于知识的推理算法去完成。因此，建立适用的示例库及先验模板是有必要的。

（3）第三层次——未来态势预测。它包括敌平台未来位置、敌目标可能位置、可能事件预测。

未来态势预测是指基于对当前态势的理解，对未来可能出现的态势情况进行推断。即已知 t 时刻的态势 $S(t)$，求解 $S(t+T)(T>0)$。对于态势实体，可利用其位置预测、活动的可能范围、事件的可能演变、惯用战术，进行综合分析和判定而得出未来态势（态势行动在进行当前事件情况下可能结果是什么）。

从信息融合的角度来说，态势预测包含对态势实体运动参数的预测，可以称为态势预测融合。但同时态势预测也是对战场未来态势的推断，因此，也涉及了态势分析中态势抽象和分析的内容，在处理方法上态势预测和态势分析是类同的。另外，态势估计是一个不断进行的动态过程，对态势的预测也是下一阶段的态势分析需要进行的工作，可以认为态势预测和态势分析是统一的。从态势预测的具体研究内容来说，它也涉及了对敌人行动企图的估计，而这与威胁估计是紧密相关的，因此，态势预测可看作是威胁估计的外延部分。

在态势评估的基础上，威胁判断把能力估计和意图估计有机结合起来，利用态势估计产生的多层视图，进一步估计作战事件出现的程度或严重性，分析与判断敌方目标和可能的行动对我方的危害程度，可分为危险、强、中、弱 4 个等级。如对潜艇来说，作战的最大特点就是隐蔽。考虑了目标发现潜艇后可能的战术行动，可将推断结果表述为“确定发现”“很可能发现”“可能发现”“有点可能发现”4 种。潜艇通过对目标发现本艇后可能采取的战术行动进行分析。取模糊推理证据集如下：

$$U=\{L,D,Sc,Hc\}$$

式中：L 为目标类型；D 为敌我距离；Sc 为声纳变化；Hc 为航态变化。

结合具体战场态势和一般战术规律，运用模糊理论对目标行为意图、攻防行动和可能使用的攻潜武器进行推断，对本平台机动进行决策。

实际上，战场威胁判断和态势评估是同时进行的，或者说是边进行态势评估，边进行威胁判断。通过对侦察和搜索探测到的目标进行敌我、类间及类型识别，确定敌方目标的战术价值，并依据目标类间类型、战术意图、敌我战术态势，以及周围环境对敌方目标可能对我方构成的威胁程度作出基本的估计。从整个战局高度，而不是单纯从距离、速度、高度、角度等考虑和分析目标（群）攻击企图（其战略战术价值是相对于使命任务的意义或要求）、所能达成的毁伤能力和紧迫程度，以及达成目的的可能性大小。在此基础上，参考目标（群）属性、数量、状态及其变化进行威胁判断，得出威胁的大小及紧迫程度，并考虑对目标所分配武器对威胁程度的影响（即目标被毁伤概率）。识别攻击是否来临的关键在于将看上去不相关的数据与关于平台、兵力、信息的反常活动联系起来，包括侦察、警戒、搜索、跟踪和监视等。因此，目标威胁判断不要仅依据某一时刻目标（群）类型，位置、速度、航向、航路捷径、机动特征、电磁信号等参数情况进行定量分析、排序，而忽视分析目标（群）真正的攻击企图（必要性、紧迫程度、毁伤效果及达成概率）、目标（群）状态和组成变化等原因。其初级水平是比较速度和接近距离，如快速入境的目标比缓慢离去的目标威胁更严重。其高级水平是建立动态的、符合实际的（包括距离、航态变化、传感器信号突然变化的）数学模型。但这需要研究大量的战术情报，并回归出需要的规律和某些参数。

实际应用时，可采用基于模板等方法进行战场态势分析和推演，并预先根据想定的各种情况编制好决策软件。一旦态势评估软件和威胁判断软件完成态势评估与威胁判断，系统可以立即生成相关决策。

需要强调的是，现实的情况和常识难以穷尽，并且随着时空不断变化。基于模板的战场态势认知分析与决策模型只能解决一些完全信息和结构化环境中的确定性问题，难以满足复杂巨量状态空间的评估、推理和决策要求。其认知和决策方案可供作战指挥人员参考，但最终需要指挥员拍板定案。

4.4.2　基于知识库和知识图谱的专家系统

辅助决策是作战指挥的一部分。指挥员在作战过程中必须根据战场态势快速正确地做出分析和判断。其中，态势认知产品生成是从数据信息中为指挥员决策提供直接依据的手段，通常是在作战指挥控制系统完成对战场目标状态融合和属性识别之后，在认知域和社会域中进行的一个复杂的高层次动态综合过程。决策者仅仅依靠个人的经验和能力往往不能在较短的时间内做出科学的分析与决策。

基于知识库和知识图谱的专家系统利用专家知识、决策机制、学习机制和分布式数据库，在博弈推演、定势判断和协作的基础上自动快速地提供相关决策建议。除了推理过程和综合技术外，还与人的心智等因素有关。系统总体结构如图 4.7 所示。

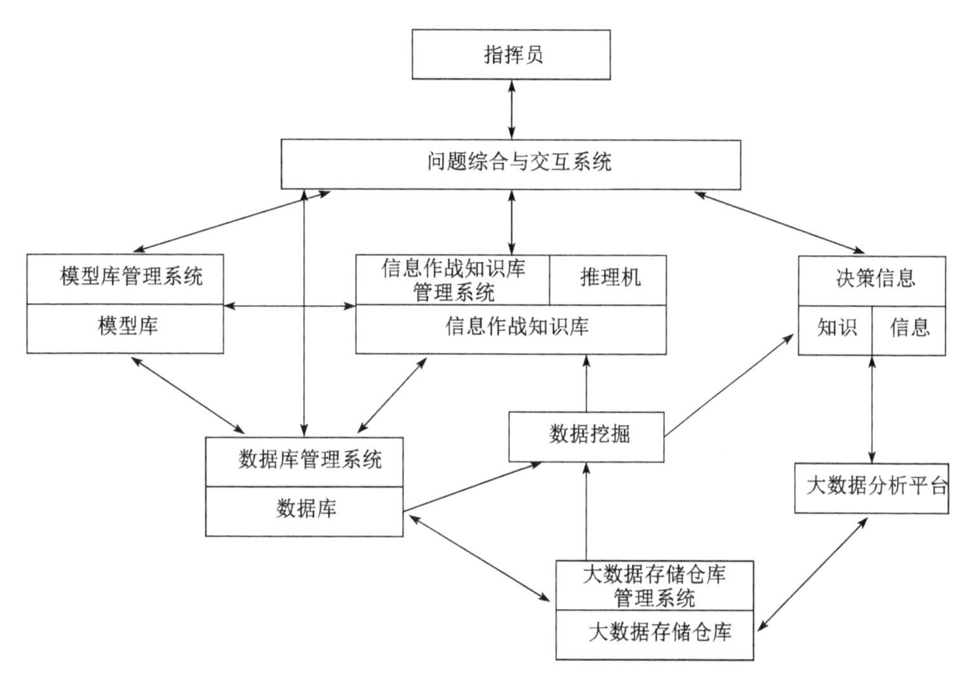

图 4.7　大数据支撑下的作战辅助决策专家系统总体结构

该系统融合了大数据技术与辅助决策支持技术。大数据存储仓库能够存储、综合各类战场信息；大数据分析平台对海量战场信息进行多维实时分析处理，为决策者提供知识和信息参考；数据挖掘则对海量数据进行分析处理，发现潜在的作战规则和知识，丰富信息作战知识库中的内容，提供更多的决策支持；模型库对能搜集到的广义模型进行组合，以最科学的方式进行运算；推理机打破原有的经典逻辑推理和控制模式，除演绎推理、定性推理、非单调推理以外，基于大数据的关联推理丰富了推理机的运用范畴和思维模型；问题综合与交互系统应用大数据可视化技术对海量数据分析结果进行有效的显示，大数据分析平台呈现的知识和信息也在人机交互系统与指挥员进行交互。大数据实现的大规模、高维度、多来源、动态演化的数据融合和作战态势显示，为信息作战指挥决策提供动态实时的辅助决策支持。

以舰载 C^3I 系统"CBR 模型"（基于案例推理模型）为例，上述过程就是不断地观察和处理来自战场的大量信息，并将其与先前已经知道的信息和规则相互结合，进行决策。通过反馈不断地学习，随时修改先前不适用的规则，从而不断地发现和更快更好地处理新的环境与竞争信息。各参战实体相互沟通和协作，系统根据作战条例和历史经验建立相应的军事知识库，然后基于此建立起一套推理规则，一旦得到新的知识或数据，就将它及时地加到知识库或数据库中去，并相应修改推理规则。其中的知识分为两类：一类是全局知识，代表所需解决问题的方向；另一类是局部知识。这样，在推理和决策过程中，CBR 模型根据现实的情况调用相似的知识库，显示典型的解决问题的方案，以及此方案在实际战斗中取得的效果或预计取得的效果，并根据新问题的具体情况作相应的修改，在记忆中保存新的知识和经验，适时更新案例库，实现动态学习。具体包括以下 4 个步骤。

（1）从案例库中检索出与新问题最相近的案例或案例集。

（2）复用从第一步中获得的相似案例的解。

（3）修正相似案例的解，作为新案例的解。

（4）把新问题的解作为新案例的一部分存入案例库中。

上述 4 个步骤一般称为案例检索（Retrieve）、案例复用（Reuse）、案例修正（Revise）和案例存储（Retain），简称"4R"，如图 4.8 所示。

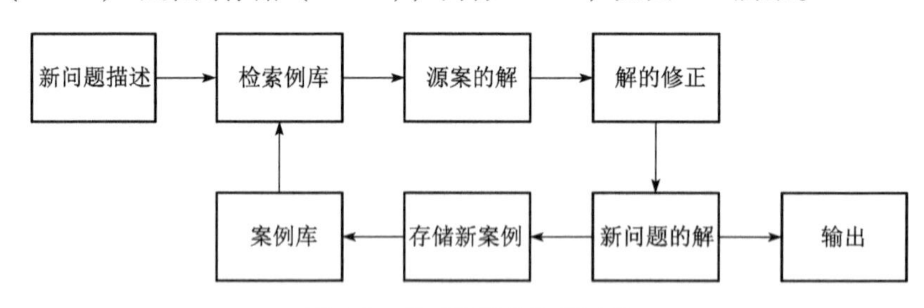

图 4.8　基于案例的推理过程

假定作战环境的基本结构和战斗性质等信息及关于作战对手的一些基本信息是全部或部分已知的，其他一切信息需要作战网络节点去观察，从中发现动态模式和真正的噪声。上述数据分析和分布决策支持系统过程包括以下 2 个方面。

（1）条件分析与计算。任何作战总是在一定的背景条件下产生和发展的，也总是在一定的约束条件下进行的。这些条件包括作战环境特性分析和敌我状况分析：海战场地理环境、气象水文条件、部队编制、兵力兵器的种类数量和性能，作战的目的和要求（包括时间要求）、己方的指挥体系、兵力的协同、外交以及国际法等。

对于通道组织来说，随着目标和武器数量的增多，可能的武器-目标（火力分配或目标分配（此外还有任务规划等））分配方式呈指数增长。一方面，如果允许武器系统自主决定攻击哪些目标，则可能会出现多个平台的武器系统攻击同一个目标的情况，因而造成作战资源的浪费；另一方面，由于所有的武器系统都用于攻击那些重要目标，一些威胁程度较低的目标却没有被拦截。另外，随着已有目标被摧毁或攻击意图的改变和新目标的出现，战术态势在不断变化，因而已经做出的武器分配也要随之改变。

（2）人机结合和互动，分布决策支持。计算机辅助分布决策是在充分领会作战意图的基础上，尽可能多地掌握对方的约束条件，敌方状况分析和敌方可能行动，包括兵力部署、部队编制、组织结构、平台和武器装备种类数量与性能，作战思想、惯用的作战模式，以及指挥员个人的背景等，运用合适的作战模型和领域专家的知识进行分析、推演，尽力理解对方的作战意图和行动意图，提供各种被选方案，做出决策建议。借助于分布决策支持系统决策指挥模型和软件，对当前整个战场态势进行分析和运筹，将威胁判断、目标提取、资源分配、通道组织、后勤保障等转入全自动方式，并选择具体的技战术行动，如航渡规划、目标搜索、导弹攻击、机动占位等各种作战行动决策。

需要指出的是，影响指挥决策的诸多要素是变化的，相应系统的动力学行为具有敏感性与非线性，如敏感点、分岔，任何辅助决策支持系统对结果的预知能力都是有限的。只有充分认识战场环境和作战意图，才可能站在整体的高度、全局的角度，理解自己在整个作战中的位置和所担当的角色，从而做出正确的取舍，创造性地完成作战使命和任务。

图 4.9 给出了一个基于案例的作战辅助决策系统。该系统主要包含态势识别、态势/规则匹配、协作目标形成、方案可行性评估和方案执行 5 个模块。

（1）态势识别。在海上作战过程中，舰艇兵力在进行战术决策之前，首先需要将各实体获取的信息进行融合，确定需要执行的决策所属的决策问题的类别，如对海攻击、对潜防御、防空作战或者是其他决策空间的决策问题等。之所以要将各渠道获取的信息进行融合，是由于单一实体获取的信息往往不够

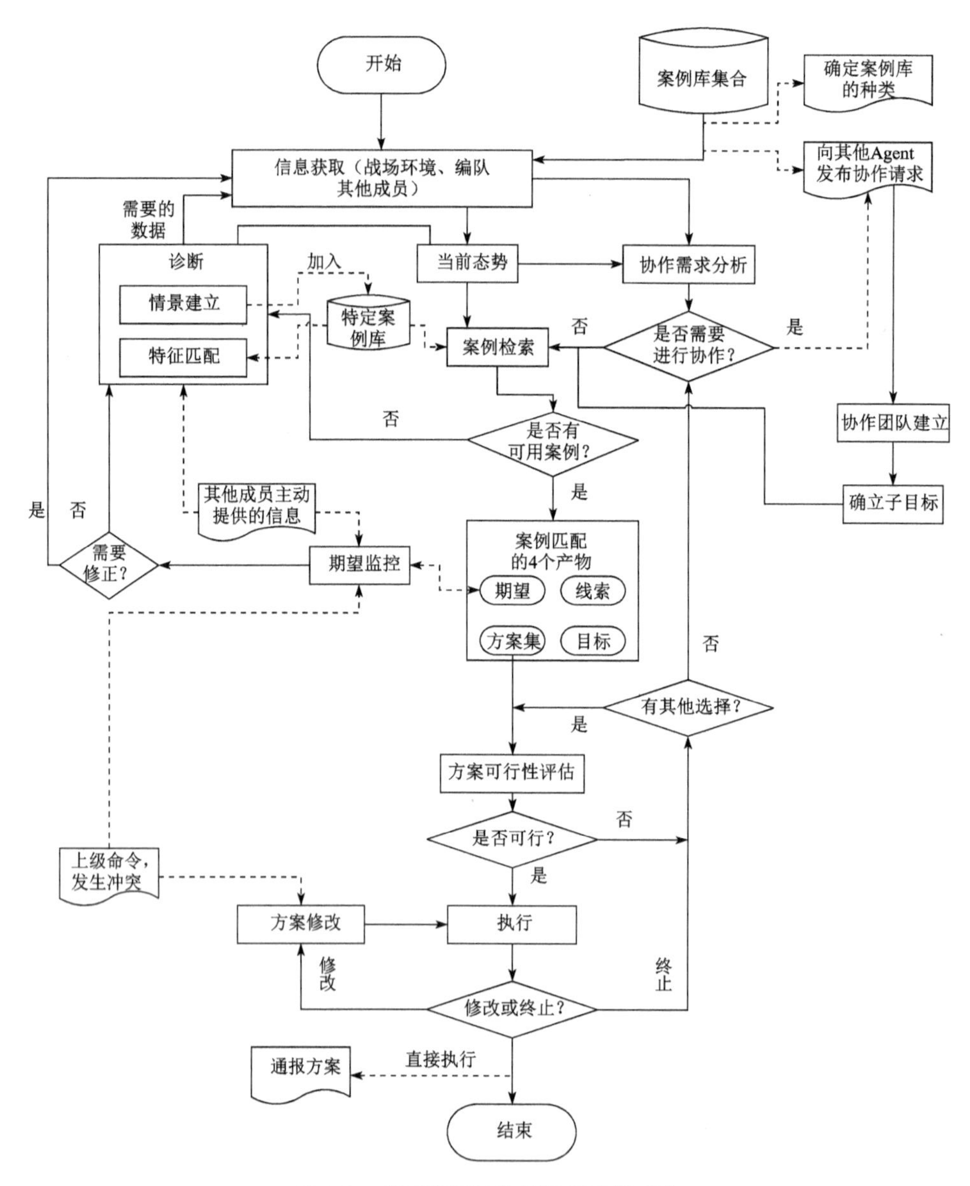

图 4.9　基于案例的作战辅助决策系统

充分，不足以做出决策，而将单一实体的信息与友邻之间进行信息互补及态势共享能够有效地弥补信息方面的缺憾，从而做出更为准确的决策。例如，舰艇编队在执行航渡任务过程中，在发现水下威胁目标时，立即转入防潜作战。如果某一水面舰艇由于自身探测设备的局限性而无法获取威胁目标的明确信息，则需要通过相关的数据链路从上级或者友邻单位中获取威胁目标的相关信息，并将这些信息融合得到确切信息，为下一步的态势/规则匹配提供数据支撑。

（2）态势/规则匹配。决策者明确了目标信息、确定了决策问题之后，便可在决策问题对应的案例库中发起检索，检索案例库是为了获取尽可能准确的相似案例。该过程依赖于存储的案例与当前问题的相似度，并可通过相似度度量去完成。案例相似度匹配的方法有许多种，如决策树、粗糙集、支持向量机、聚类分析等，但是这些方法通常适合于信息完整的匹配，对于辅助决策推断中经常出现的不完整信息匹配不适用。因此，需要在传统检索方法的基础上不断深化，以适应不完整信息匹配的需要。

在案例检索过程中，一种常见的相似度评价方法是最近邻原则。设相似函数为

$$f:D\times C\rightarrow[0,1]$$

式中：$D=\{x_1, x_2, \cdots, x_n\}$ 为目标案例的集合，x_i（$1\leqslant i\leqslant n$）表示第 i 个目标案例；$C=\{y_1, y_2, \cdots, y_m\}$ 为案例库中的源案例集合，y_j($1\leqslant j\leqslant m$）表示案例库中的第 j 个源案例。使用 $f(x_i, y_j)$ 目标案例 x_i 与源案例 y_j 间的相似程度，则有

$$0\leqslant f(x_i,y_j)\leqslant 1$$

$f(x_i, y_j)$ 值越大，则源案例与目标案例之间越接近。设 y_k 表示与目标案例 x_i 最为接近的案例，即为最近邻案例。其最近邻的数学表达式为

$$N(x_i,y_k)=\max(f(x_i,y_j))$$

根据最近邻原则，可从案例库中抽取多个最近邻案例组成的备选方案集，并根据相似程度决定优先级。

（3）协作目标形成。协作目标形成模块通过多智能体（Agents）系统理论和方法为各舰艇兵力赋予协作能力，其主要步骤包含协作需求分析、协作团队建立和确立子目标，各舰艇兵力在明确各自的子目标后，对目标求解并执行相应的方案，从而实现协同作战的过程。

多 Agent 系统是指由在一个环境中交互的多个 Agent 组成的计算系统，Agent 之间通过交互来解决超出单个 Agent 能力范围的各种问题。在多 Agent 系统中，Agent 更加理性且具有更强的自治能力和社会性特征，重点关注于如何独立地完成自身任务或者与其他 Agent 协作完成其自身任务，并使自身利益最大化。多 Agent 系统的方案分配方法主要分为集中式分配和分布式分配这两大类，集中式分配即系统中存在一个管理者，它拥有系统的全局信息，用于生成代表系统的整体利益分配的最优方案，并将分配方案通知系统中的各相关 Agent；分布式分配即系统中不存在掌握全局信息的管理者，任务分配由多个 Agent 共同参与、协商和竞争，或者是 Agent 根据对环境信息的感知，完成独

立地的方案选择或者调整。集中式分配和分布式分配方法各有利弊，集中式分配方法实现简单且具有产生全局最优解的能力，但由于通信集中，容易造成拥塞，使得难以满足实时性要求；分布式方法通信较为分散，能够避免通信拥塞，并且能够充分发挥并行能力，能够满足大规模计算需求，但该方法对系统的通信负担更大，使得通信质量对任务分配效果产生更大的影响。为了适应复杂的作战应用环境，在协作目标形成模块中，任务分配采用混合集中式和分布式的方法，其架构如图 4.10 所示。在该方法下，多个 Agent 组成若干个联盟，每个联盟中一个 Agent 作为管理者，负责与其他联盟或者 Agent 进行通信，联盟中的其他 Agent 则负责任务的执行。

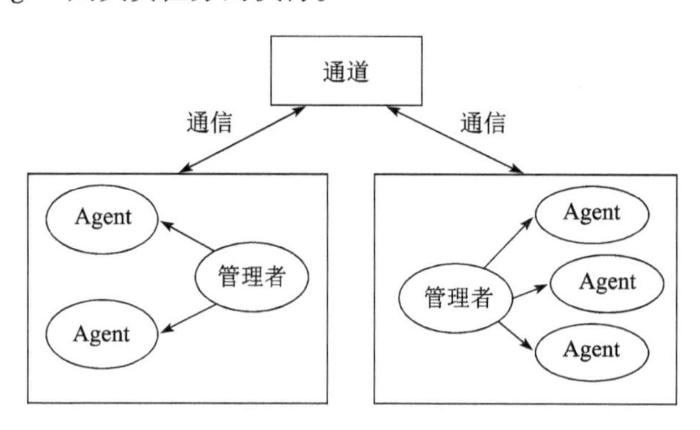

图 4.10　混合式多 Agent 系统

（4）方案评估。方案评估模块主要是对方案集合中的行动方案进行评估，需要强调的是，在该模块中，所进行的工作并不是评估所有的行动方案，而是针对方案集合中决策者偏好的方案进行可行性评估。如果方案可行，那么直接执行；如果方案不可行，则按照偏好的次序评估下一个候选方案，依次类推，直到找到可行的方案为止。可以看出，行动方案集合实际上是一个根据指挥员的偏好对方案进行了排序的集合，需要在经验知识提取过程中进行合理化描述。

（5）方案执行。因为开放环境是动态变化的，所以舰艇兵力必须不断重新评估当前的战场态势并及时更新期望，同时及时调整可行方案。如果备选方案不可行，则舰艇兵力将从方案集中重新选择一个可行的方案。如果因为战场态势变化过于迅速，上一个周期的方案集中没有可行方案，那么决策将重新进行。如果方案可以执行或者是经过修改后可以执行，那么舰艇兵力会将该方案上报指挥舰及与它有协作关系的舰艇兵力。如果所有的方案都不可行，说明战场态势发生了变化，需要同其他舰艇兵力进行协作。

同基于模板的战场态势认知分析与决策模型，基于知识库和知识图谱的专家系统也存在知识和常识难以穷尽的困难，而且有些只可意会不可言传。因此，基于知识库和知识图谱的专家系统也不适应开放系统复杂剧烈的战场形势变化，指挥决策时专家系统的决策方案可供作战指挥人员参考，各种计算系统的决策功能只能是起辅助作用，最终决策需要由指挥员根据具体情况决定。

4.4.3　基于深度强化学习的人工智能态势认知分析与决策模型

除了上述传统的基于逻辑和有限数据的战场态势认知分析与决策模型外，基于大数据和机器学习的战场态势认知分析与决策模型在近几年得到了快速发展。以美国为首的西方发达国家正在积极推动以深度强化学习为代表的战场态势评估方面的相关研究，推动大数据战场态势感知向大数据战场态势智能认知决策层面发展。在战略规划和对未来期望具体权衡判断的基础上，进行作战筹划和任务规划，展开博弈推演和战法设计，力求以更快、更精、更准的标准建立信息优势、认知优势、决策优势和行动优势，及时正确地做出决策。

继“深蓝（DeepBlue）”项目之后，美军率先将智能化领域前沿最新的人工智能（AI）技术运用于作战指挥、任务规划和辅助决策等军事领域，其中部分技术取得突破性进展并优先付诸实战检验，取得了较好的实战效果，如“指挥官虚拟参谋（CVS）”项目，运用人工智能技术，处理海量多源数据，分析复杂战场态势，为指挥官及参谋人员提供从规划、准备、执行、复盘分析全过程的战术决策支持。在行动控制领域，布局“自主协商编队”“大狗”“蜂鸟”等项目，提升无人机飞行控制、有人与无人协同控制和机器自主控制能力。

在作战指挥、任务规划和辅助决策等领域，2007 年美国国防部高级研究计划局（DARPA）提出了“深绿（DeepGreen）”智能分析与决策系统模型。其核心思想是应用大数据，将人工智能（AI）技术引入作战辅助决策系统，通过嵌入式平行仿真系统，不断试探、预判敌人可能的行动，实时感知战场态势的瞬息变化，帮助指挥员提前思考。

如图 4.11 所示，该系统模型主要由“指挥员助手”“闪电战”“水晶球”3 个部分组成。

（1）指挥员助手。“指挥官助手”模块用于为指挥官提供快速生成粗略行动计划草图的能力，可将指挥官绘制的草图和表达指挥意图的相应语言自动转化为旅一级的行动方案，帮助快速生成作战方案和快速决策。

（2）“闪电战”。“闪电战”模块通过定性和定量的分析工具，对指挥官提出的各种决策计划进行迅速的模拟，从而生成一系列未来可能的结果。该模块可识别各个决策分支点，从而预测可能的结果范围，然后沿着各个决策路径实现模拟。“闪电战”模块具有自我学习功能，能够不断地提高对未来结果预测的准确性。

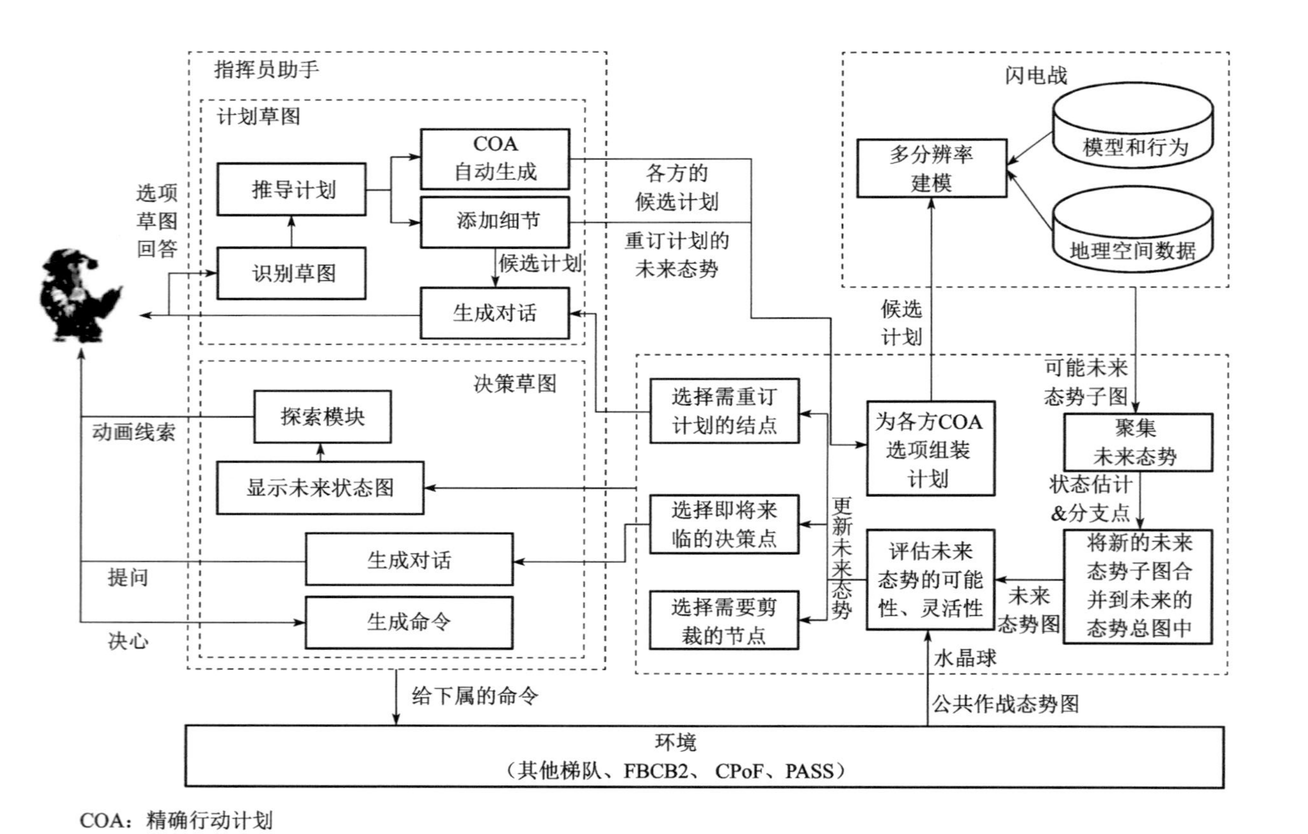

COA：精确行动计划
FBCB2：21世纪部队旅及旅以下作战指挥
CPOF：未来指挥所
PASS：有源空间监视系统

图 4.11 “深绿”系统组成及其模型

（3）“水晶球”。“水晶球”能够根据作战过程中的信息及时预测未来作战进程。该模块的主要功能包括：接收来自“指挥官助手”模块的决策方案，然后发送给“闪电战”模块实现模拟，随后接收“闪电战”模块的反馈，并以定量的形式对未来可能的结果进行综合分析；从作战行动中获取更新信息，同时更新各种未来可能结果的参数；利用这些更新的参数，对未来的结果进行分析比较，向指挥官提供最有可能发生的预测结果；利用分析得到的预测结果确定即将到来的决策分支点，提醒指挥官进行再决策。

最终，“深绿”计划在“基于草图指挥”（STP）部分取得了较好的成果，但受限于态势智能认知的瓶颈，而于 2014 年止步。

近年来，随着深度学习的态势理解和网络博弈的快速发展，基于深度学习和强化学习等人工智能算法在处理深层结构相关的难题上可能实现对复杂战场态势的智能化理解。2017 年，Deepmind 公司开发了人工智能 AlphaGo，采用价值网络、强化学习以及蒙特卡洛算法构建了认知决策模型，在国际围棋大赛中以 4∶1 的战绩击败人类顶尖高手李世石一举成名。因此，以深度强化学习为手段、以多 Agent 决策理论为基础，以未来海战场敌我可能态势及行动的多分枝决策为背景，借鉴人类的心智模式，以使命任务为“智能心源”，以嵌入式平行智能仿真引擎为实现依托，展开博弈推演，进行态势理解，预判敌方的可能行动；采用并设计策略网络来模拟指挥员的直觉和战法，用价值网络来模拟指挥员对海战场复杂态势的综合评判，通过估值网络、强化学习以及蒙特卡洛算法构建海战场作战指挥与决策模型是一个有益的尝试。

1. 深度强化学习的概念

深度学习的概念源于人工神经网络的研究。最早是 G. E. Hinton 等于 2006 年提出的。其模仿人脑分析学习的机制，建立多隐含层的深度学习结构，通过组合低层特征形成更加抽象的高层表示属性类别或特征，以发现数据的分布式特征表示，实现特征的自主学习，具有强大感知能力及表征能力。其最具代表性的算法是谷歌公司 DeepMind 团队 Mnih 等提出的深度 Q 网络（Deep Q Net-wook，DQN）。同机器学习方法一样，深度机器学习方法也有监督学习与无监督学习之分，在不同的学习框架下建立的学习模型很是不同，例如，卷积神经网络（Convolutional neural networks，CNNs）就是一种深度的监督学习下的机器学习模型，而深度置信网（Deep Belief Nets，DBNs）则是一种无监督学习下的机器学习模型。

深度强化学习（Deep Reinforcement Learning，DRL）创造性地将具有强大感知能力及表征能力的深度学习与具有决策选择能力的强化学习有机结合，实现了从感知到动作的端到端的学习。即通过 DL 感知观察所得，得到具体的目标状态特征表示；基于预期回报来评价自身各动作行动的价值优劣函数，并通过某种策略将当前状态映射为相应的动作。在此过程中，环境对此作出反应，由此得到下一个观察，进而利用估值网络和策略梯度网络不断螺旋交互循环，试探寻优，最终达到优化解决问题的目标。

深度强化学习在训练中不断试错，通过奖励和惩罚反馈到神经网络，从而不断拓展策略空间，得到更好的模型。其估值网络和策略网络相互依赖，给定其中一个函数都会导致另一个函数的变化。引入 Q-Learning 算法的 DQN 很好地结合了两者，实现从感知到动作的端对端学习。同时，它在更新网络时，随机抽取过去的学习经历。这使其不仅能够学习到当前的经历，还能学习到过去的经历，甚至是别人的经历。AlphaGo 采取 DQN 算法，在自我博弈中实现奖励积累的最大化，由此得出在各个状态下最好的走法选择。2017 年 12 月，DeepMind 公布了 Alpha 系列的最新成果 AlphaZero。它采取了简化算法的策略，拥有了比 AlphaGo Zero 更好的泛化能力，可使用完全相同的算法和超参数，在不需要人类知识的情况下，完全依靠自我博弈，在国际象棋、日本将棋、围棋 3 种不同的棋类游戏中，均只需几小时模型训练，便可战胜各自领域的顶尖 AI 程序；Ruslan 在 2017 年 NIPS 研讨会中提出了将记忆引入深度强化学习的思想，利用位置感知记忆方法，防止过多的记忆重写，进而提高记忆效率，这让学习模型在不同环境下都能够拥有优异的表现。以上两者，不论是 AlphaZero 的算法简化，还是 Ruslan 引入记忆的策略，都反映出 DRL 的前沿研究主要集中于模型的泛化和性能的提升上。

2. 深度强化学习在军事辅助决策系统中的应用

在军事辅助决策系统中，战场目标识别、作战意图识别、作战方案生成、模拟对抗博弈均可利用深度学习的方法来解决智能化问题，这里针对深度学习技术的应用，以作战意图识别和模拟对抗博弈为例进行初步探讨。

（1）作战意图识别。对作战意图进行识别预测，可从战场态势和战场情报信息中抽取与意图相关的信息，再对特征信息进行综合分析，并结合相关的作战规则，得出目标的作战意图。作战意图识别是在不完全信息条件下的复杂战场态势认知问题，并且标签数据样本规模也受到限制，模型训练难度较大。作战意图识别的复杂性和效率要求，决定了单一的学习模型难以满足需求。对此，一般采用无监督训练和有监督训练相结合的方式构建模型，以达到优势互补。对于真实演习数据和模拟数据，采用归一化、特征编码等预处理过程生成标准化的训练样本，用于无监督学习；对于军事专家的经验知识，则采用手工标注方式标准样本，生成带标签的数据样本，用于有监督学习。通过无监督的预训练，可以生成更好的初始化权重分布，再经过有监督学习进行参数的调优，可以达到比较好的意图识别效果。

（2）模拟对抗博弈。受 AlphaGo 启发，将深度神经网络与强化学习，利用作战对抗仿真平台对战场数据与作战辅助决策进行综合分析处理，让辅助决策模型依托于作战对抗仿真平台进行自我博弈的强化学习，进而不断地提高作战辅助决策的准确性。在训练过程中，对当前作战状态进行特征提取，将特征融合至累计状态中。经过深度学习网络，完成对当前状态的评估，得到当前行动的回报值，并通过回报值对深度学习网络进行奖惩。对于整个作战过程，系统需要对每一个状态进行计算评估，以发现最优的行为序列。

需要注意的是，由于采用从零学习的策略难以适用于复杂战场环境中的决策，因此，在模型训练的初始阶段，尽可能依托人类的经验进行，在模型能够自行处理部分简单的任务后，再进行自我模拟对抗的强化学习。

3. 大数据人工智能态势认知分析与决策模型

战争是典型的复杂体系组织对抗行为，充满了不确定性。作战决策需要从战场不确定性中获得一些规律性认识以支持决策。战场态势瞬息万变，人工智能态势分析与决策就是以智能系统的决策能力为作战指挥人员实现作战目标提供优胜方案和行为设计，减轻作战指挥人员的负担，提升作战效能。由于作战对象是动态的、非合作的和强对抗的，作战双方处于动态的强博弈状态；作战环境是开放的不完全信息作战环境。双方战场时间并行，动态微分博弈，各种时间可能性急剧扩大。作战决策更多的是不确定性决策，而且常常是多目标决策、全过程决策。

智能指挥控制的核心是智能博弈和智能决策。当前，战场态势认知已从传统的战场态势认知发展到利用机器学习等人工智能技术，模拟指挥员认知战场态势。通过大数据分析和学习，大数据预测与对抗网络分析，从全局认知与局部认知、整体认知与部分认知、当前认知与预测认知、动态认知与静态认知、现实认知与趋势认知，以强化学习开拓思维的空间和方向，以深度学习提取特征，感知和表征战场态势，实现从关键态势要素实体关系的角度建立对战场态势要素的基本认知，进而为构建整个战场态势的思维图景奠定基础，并通过因果关系和知识推理发现态势实体要素之间隐含的关联关系，基于作战能力和效果进行联合作战体系分析，分析敌情威胁，辨识敌我作战重心和高价值军事目标，提升己方的认知速度和认知效果，不断将系统的认知优势转化为决策优势。

这里以复杂海战场态势及敌我行动的多分支决策为研究背景，应用深度强化学习智能算法，采用价值网络、强化学习以及蒙特卡洛算法构建基于大数据智能态势分析与决策模型。通过“智能仿真引擎（Intelligent Simulation Engine，ISE)”，将“智能心源”和“智能算法高架”两个概念嵌入其中的作战指挥决策系统；借鉴 AlphaGo Zero 的深度强化学习思想，用策略网络来模拟指挥员的经验直觉，用价值网络来模拟指挥员对战场态势的综合评估。利用平行仿真技术，采用蒙特卡洛树搜索树及博弈试探方法，博弈推演对手的行动及结果，进行推演和评估。运用蒙特卡洛树搜索（Monte Carlo Tree Search，MCTS）将策略网络和价值网络融合起来，模拟指挥员作战指挥决策深思熟虑的搜索过程，同时结合智能仿真引擎，快速推演生成未来可能的战场态势及决策分支，实现对复杂海战场态势的智能化认知优化决策判断。其中，大数据应用各类作战演习大数据和虚拟环境大数据。

“智能心源”选取“面向任务（Tasks-oriented)”+“面向问题（Problem-oriented)”+“基于价值（Values-based)”+“面向环境（Environment-oriented)”，作为智能指挥控制主体行为背后思考的逻辑起点和谋略引擎，即智能产生的第一推动力和引擎。相应的“任务函数 Function<Tasks，AbliAttribute，Relation，Action>”“问题函数 Function<Problem，AbliAttribute，Relation，Action>”“价值函数 Function<Values，AbliAttribute，Relation，Action>”和“环境函数 Function<Environment，AbliAttribute，Relation，Action>”事先通过人为程序嵌入到智能仿真引擎中，实现有监督的深度强化学习和元学习并通过在环境中不断习得领悟加以固化。“点火”方式应用成熟的多元混合逻辑触发芯片，保留应用脑机接口芯片（Neuralink）的方式。

“智能心源”嵌入平行仿真推演系统进行大数据在线/离线对抗博弈推演，提供预期的各种优化方案结果。

ISE 是一种基于已开发的动态平行仿真引擎（Dynamic Parallel Simulation Engine，D-PARSE）设计的可伸缩柔性仿真引擎，支持高速并行运行多个仿真，支持模拟指挥员深思熟虑的搜索评估过程，可快速仿真生成可能的未来态势、辨识决策分支点、预测可能结果的范围和可能性，并支持沿着每种决策分支继续仿真。如图 4.12 所示，智能仿真引擎由多个层次组成，从下到上依次为通信层、核心层、服务层、功能扩展层。

“智能算法高架”主要应用深度强化学习（DRL）算法、Monte Carlo 搜索算法、预测决策方法、规则推理、模糊推理、平行仿真等算法和方法，采用交互多模型并行方式，对作战使命任务进行分解和归类，基于“任务”匹配进行大数据分析与计算。

大数据智能决策网以“智能仿真引擎”为依托，采用深度强化学习算法和残差网络，设计彼此配合、优势互补的策略网络、价值网络、Monte Carlo 搜索算法，构建基于大数据的认知决策模型，解决复杂状态下的态势认知决策问

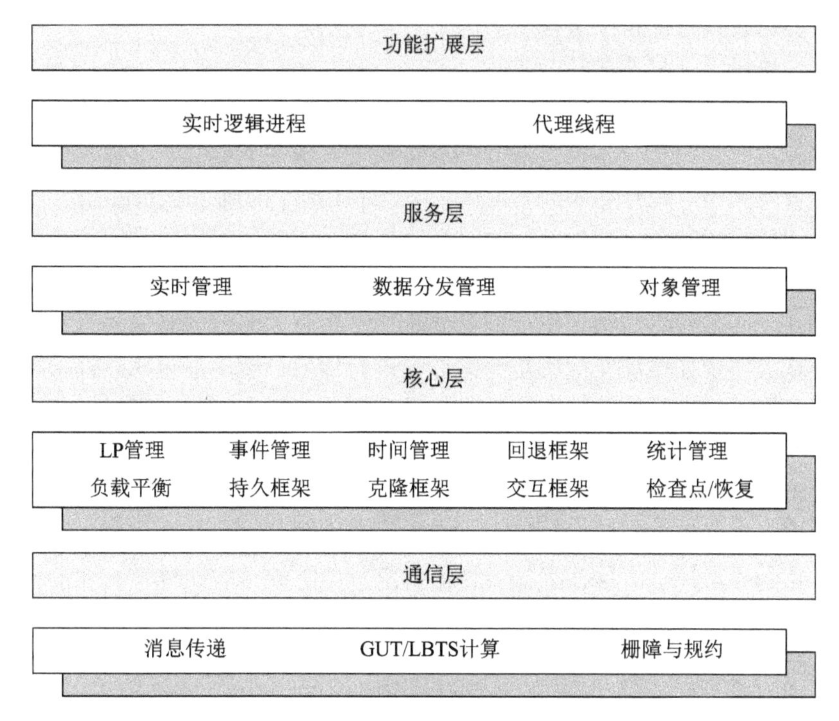

图 4.12　智能仿真引擎的层次结构

题，即在可用大数据的基础上，基于深度学习和强化学习等智能算法构建符合复杂战场态势时空特征的多层神经网络架构，通过对历史数据和仿真大数据逐层训练，逐步抽象得到认知，实现对战场初始态势的精准画像和可视化分析，实现从关键战场态势要素实体关系的角度建立起对作战态势要素的基本认知，进而为构建整个战场的思维图景奠定基础，并进一步通过认知推理发现态势要素之间隐含的关联关系，基于作战能力和效果进行联合作战体系分析，分析敌情威胁，辨识敌我作战重心和高价值目标，从而最终实现对复杂战场态势的智能化理解。

决策时，通过将仿真试验环境（DST）嵌入作战指挥控制系统中，利用平行仿真技术，结合 Monte Carlo 搜索算法及博弈试探方法，快速推演生成未来可能的战场态势及决策分支，博弈推演对手的行动及结果。在“智能心源”的调控下，通过策略网络选择决策分支，降低搜索宽度；通过价值网络评估复杂战场形势，减小搜索深度。与此同时，使用强化学习的自我博弈试探来对策略网络进行调整，改善策略网络的功能性能，使用对抗推演进一步训练价值网络。最终在下一个分支决策时，利用智能仿真引擎，结合策略网络和价值网络的 Monte Carlo 搜索算法确定当前态势下最优的分支决策，实现对复杂战场态势的智能化认知与优化决策判断。

关键仿真设计步骤如下。

（1）构建策略网，进行态势研判和方案设计。策略网络的设计包含态势研判和方案设计两部分。每一部分的策略网络又分为有监督学习策略网络和强化学习策略网络。在作战使命任务和“智能心源”的调节和控制下，策略网络首先模仿指挥员真实的决策行为进行监督学习，然后使用对抗博弈的仿真数据进行强化学习算法以提升功能性能。为了更好地解决作战样本缺乏的问题，可采用基于残差网络结构模块搭建策略网络，用更深的神经网络进行特征表征提取，从而实现在更加复杂的态势局面中进行学习。使用基于残差模块构成的深度神经网络，不需要人工制定特征，通过原始战场态势信息可提取相关表示特征。

这里扬弃 AlphaGo Zero 的深度强化学习思想，设计基于深度强化学习的仿真试验床环境：用策略网络模拟指挥员的经验直觉，用价值网络模拟指挥员对战场态势的综合评估，使作战双方根据情况自主决策，从而模拟真实的作战环境。策略网络和价值网络首先经过线下学习，之后再经过强化学习优化参数配置。同时，运用 Monte Carlo 搜索将策略网络和价值网络融合起来，模拟指挥员指挥决策深思熟虑的搜索过程。结合智能仿真引擎，快速推演生成可能的未来态势及决策分支，实现对复杂战场态势的智能化认知并确定下一个最优决策分支，优化决策判断。

在完成战场态势智能认知的基础上，自动进行敌情、我情和战场环境等大数据分析，形成相关兵力、兵器等对比数据，再根据预先输入的作战任务和目标等信息，生成下一个决策点的多分支方案。

（2）设计价值网，用于战场形势的综合判断。与策略网络结构类似，价值网络也采用深层残差网络。价值网络在经过深度学习之后，通过大量的自我博弈进行强化学习，不断优化调整模型参数，以给出有效的定量评估结论，实现对战场态势的预测和综合判断。为了克服有关数据相关性带来的过拟合，从强化学习策略网络产生的大量对弈案例中抽取不相关的样本作为训练样本。其输入为当前的战场态势参数，输出为下一个决策分支节点的估值，以评价该决策的优劣。为了满足实时智能决策的需要，评估过程需要在线实时进行。

其中，使用的仿真数据交互包括仿真过程数据、感知态势数据、装备数据、作战计划数据等不同类型的数据。这些数据之间存在复杂的关联关系。

（3）依托 ISE，运用 Monte Carlo 搜索算法实现对博弈树的搜索。策略网络和价值网络的主要作用是降低博弈树的搜索宽度和搜索深度，通过剪枝来控制搜索空间的规模。但是要做出合适的决策，不仅需要依赖于搜索空间的降低，还需要选用合适的搜索算法实现对博弈树的搜索。在“智能心源”的作用下，依托 ISE 运用 Monte Carlo 搜索下一个最优决策分支，结合自我博弈结果验证，实现对复杂战场态势的智能化认知判断，并在下一个决策分支中确定最优分支。

具体原理是：先随机选择决策分支，然后再通过最终的体系评估来更新原先那些决策分支的价值。设定随机决策分支的概率，与先前计算出的决策选择分支价值成正比。如此进行大量的随机模拟，让好的方案自动涌现出来。

4.5 联合作战精确打击控制

灵活的火力控制“云”控制导引多平台、多武器系统的制导和非制导弹药进行协同“云”火力打击，与基于单平台的武器系统火力控制打击相比，基于作战目标和效果的大数据提供了更精确的通用作战图（COP/CTP），大幅度改善了传统火力控制和导引能力；基于 IaaS 和 SaaS，通过虚拟化传感器网络和交战网络，综合火力控制“云”可以很容易地分配和再分配计算与存储资源，具有强大的目标感知能力、计算存储能力和高可靠性等显著优势。系统依据综合火力控制“云”实现了云控制下的“目标-毁伤”打击链，能自动根据威胁判断规划协同打击目标，实现制导、非制导弹药集群协同打击的优化打击效果，是网络中心战理念在火力控制领域的具体实现。它具有快捷、灵活、系统扩展性好等优点。

4.5.1 精确打击控制的概念

精确首先在于准确选择关键目标或选择敌人的弱点。所谓精确打击，只有选择目标准确，对于精确打击来说，才是真正意义上的精确。当精确选择目标之后，就是精确打击目标，包括任务规划、兵力和兵器的使用、战场态势和打击效果的评估等，具体表现在精确定位、准确识别、精确引导（兵力引导和火力引导）、精确适时攻击和准确及时评估上。

火控意义上，发射控制与导引就是及时接收目标信息流指示，使相应武器系统“天线”伺服速率指令保持对目标跟踪，而武器伺服速率指令使跟踪系统“射弹”与目标在某一时空点重合或者将其引导到目标区。协同火力控制系统实时/近实时接收/传送数据，对多种同类、不同类本平台或跨平台武器的发射进行控制、导引与协调，接收和处理系统间的传感器实时数据。火控系统依据跟踪器提供的目标距离、仰角和方位等空间点迹数据给出目标航迹估计，一方面作为产生引导（对“我方”或“友方”目标）或截击（对敌方目标）

指令所必需的信息，另一方面提供给跟踪器的控制装置以保持对目标的稳定跟踪。分布式指挥控制流程是基于大数据的精确打击的核心内容。

4.5.2 海上联合作战精确打击控制的内容

在某种意义上，指挥与控制是一种管理。现代战争是多域体系联合作战，需要各个作战单元和实体协同完成任务。现代化海战从近海到中远海，平台、兵力兵器的空间部署能力和空间机动能力大幅提升，展现出从时间协同到空间融合有机统一的态势：远程预警、精确制导、超视距打击、电子干扰……作战样式转换频繁，时空转换节奏大大加快，实现目标的手段和方式多样化，作战行动变得快速而复杂。饱和攻击、远程精确打击成为作战的基本手段。空间是作战的基本要素。作战空间管理就是围绕各个作战实体对空间的使用，协调、组织和运筹作战空间，发挥空间的最大效益和效能。

对于海战场，随着作战要素进入电磁空间、心理空间及网络空间并产生价值，海战场的概念和内涵也发生了深刻的变化——海战场演变成了海上作战空间。其内容除了包括相关区域的海面、岛礁、毗邻的陆地之外，还包括无限的太空、电磁空间、心理空间和网络空间。它们跨域协同，形成整个战场空间。有关战场空间大数据包括战场空间组成、战场空间范围、作战空间属性、作战空间相参数①及其随时间变化的关系，使用作战空间的作战实体数量、类型、属性，作战空间与不同类型探测传感器之间的关系、作战空间与多种平台运动速度之间的关系、作战平台与武器作战半径之间的关系，以及不同区域作战空间之间的相互关系等。在大数据作战空间管理中，控制半径是关键参数之一。所谓控制半径，是指作战空间中武器系统最大的作用范围、传感器系统最大的探测范围和作战系统任务范围中的最小值所对应的范围尺度。由于单传感器和单一类型传感器存在不可避免的弱点，所以海上警戒探测已跨越传统舰船平台，传感器也已从单一类型传感器发展到多种类型传感器，从被动探测到主动侦察，如投射无人空中、水上和水下平台对远距离可疑目标区域进行侦探。海上警戒探测网的主要构成有岸基观通站、岸基远程预警雷达系统、空中预警机、侦察机、舰载无人机、水面侦察船、舰载警戒探测系统等。这些平台和系统载有各种地波/天波警戒雷达，侦察、搜索雷达，导航雷达，各种声纳，磁探仪，光电照像与跟踪设备，敌我识别器，以及电子侦察与告警装备等。这些装备和设备通过有线或无线链路，形成一个全方位、大纵深、立体化、可全天

① 指作战空间中不同性质的区域之间的关系和比例，如海面空间、水下空间、岛屿空间、岸上空间、空中和太空的比例关系。

候侦察监视的分布式海上警戒探测体系。各平台传感器将探测到的目标信息（如距离、方位、速度，以及频率/振幅属性）和环境信息，直接或加以处理，及时、按需地向其他平台传递。在太空和空中，有各类空间预警侦察卫星、空间站、空天飞机、超高空侦察机和临近空间飞行器。这些卫星和临近空间飞行器利用光电红外传感器、无线电侦察与探测设备、合成孔径雷达等设备从太空轨道和临近空间对目标进行电子侦察、成像侦察、轨道监视、导弹预警、海洋监视、地形测绘，收集目标空间的各种军事情报和信息。与其他方式比较，空间侦察具有侦察范围广阔、速度快，不受或基本不受国界和地理条件的限制，能取得其他侦察手段难以获得的情报的优势。空中主要由各种有人/无人侦察机、侦察直升机和预警机、舰载对空警戒探测系统、岸基对空警戒探测系统等构成，完成对指定区域高空、中空和低空的探测与搜索任务。水下空间预警探测主要是建立反潜监视网络和海洋环境监视网络，主要装备有各类综合声纳、侦察声纳、探测声纳、噪声测距声纳、拖弋阵列声纳、磁感应量测等设备。对于声纳，当采用被动探测方式时，在对目标稳定跟踪后可获得的目标信息主要是方位；采用侦察方式或用侦察声纳还可获得目标方位、载频、脉冲宽度和重复周期等数据；通过噪声测距声纳可获得目标距离和方位等信息。

在物质、运动、时间、空间范畴，作战各方关注的就是战场态势及其变化，己方任务、作战空间属性类型与空间范围和控制半径之间复杂动态的关系。在作战空间管理中，对抗双方通过综合指挥与控制影响战场态势变化的时空相关因素控制目标战场，使得战场态势有利于我而不利于敌。具体到海、陆、空、天、电、心理及网络空间战场，战场控制就是制海权、制陆权、制空权、制天权、制电磁权的控制，以及心理控制和网络控制，换言之，就是战场（战场态势）塑造与重新塑造。有利的空间部署和相应的力量因素（兵力兵器）调动可以造成有利的时间，而空间部署和时间运筹可使兵力兵器进一步增强力量；力量因素（兵力兵器）和时间可转化为态势上的优势。因此，要确立全域时空观，把握物质、运动、时间、空间的辨证关系，或以分布空间换时间，如在同一时间段的不同空间展开行动，全纵深同时打击、全谱作战，夺取战场控制权；又如，通过机动和平台部署的改变，进行隐蔽定位跟踪打击；或以时间换空间，数据链较点对点通信以更快的反应速度、更快的攻击节拍、更灵活的行动压缩时间，以快制慢、以敏制钝。通过联合，改变了单平台需要机动才能定位，需要时间累积才能得到数据分析目标的情况，如海底固定声纳阵列、拖弋阵列声纳，加上通过联网探测跟踪，可提升早期预警能力，缩短识别和定位时间，扩大对敌有效的打击边界，掌握打击的主动性和灵活性。其中综合了对作战时间的运筹、对作战兵力和火力的控制，在整个作战空间形成了综合性的优势。在作战时间上，把握住了作战速度和作战节奏；在战场关系上，控制住了各个关系，才能说控制了战场。因为现代战争往往在多维空间同时或相继进行，多个军兵种、多平台以作战群①的形式，在海、陆、空、天、电、心理及网络等若干空间开辟多个空间战场，因此各个空间战场一般是彼此关联、相互交织、相互掩护的。例如，海战场往往伴随空中战场和电磁空间战场，各种兵力兵器在不同战场空间相互协同、联合作战。在某一空间形成优势，不能称为掌握了战场控制权，只有在多维空间形成整体的优势，才能认为是掌握了战场控制权。其中，卫星数据链和网络在现代战场控制中发挥着巨大的作用。

毫无疑问，空中乃至太空战场、电磁空间战场的争夺具有决定性的价值。以下基于海战场作战空间，具体说明战场控制、制敌机动的概念及敌我战场控制的态势分布概念。

在海战场，作战兵力（或作战群）通常以编队的组织形式出动，从海上联合其他兵力兵器控制整个战场。这并不排除单个海上作战平台的隐蔽突袭、伏击或游击战，这种情况可以看作一种特殊形式的编队。这里有 3 个概念：视距边界、打击边界和有效边界。边界是一个逻辑概念，规定了某种“作用”从起作用到不起作用的范围②。以边界为限，就存在某种“作用”的输入、输出和反馈。视距边界就是编队预警探测系统所能观察到对方的最远距离；打击边界则是编队火力所能覆盖的最远距离；两者之中的较小者称为有效打击边界，简称有效边界（在视距边界大于打击边界的情况下，有效边界就是打击边界）。根据战场控制的定义，对于我方来说，海战场控制就是我方处于可以有效发现并打击敌方的状态，而敌方处于不能有效发现和/或打击我方的状态。这里的状态分为编队的状态和编队自身的状态。编队的状态通常由 3 个要素确定：敌我双方编队之间的空间距离、方位和战场海区环境。编队自身的状态是指编队编成和队形处于编队内各平台能有效协同，能最大限度地发挥作用或最大限度地隐蔽自身动机和/或位置的状态，通常由队形、协同能力、火力配置情况、传感器配置情况 4 个要素决定。编队自身的状态是随编队之间的状态变化而动态变化的，如通过队形调整、火力配置、战术机动（不仅仅指空间位置上的机动，还包括其他形式的某种变动，如电磁佯动）等设法使战场态势有利于我而不利于敌。这个过程称为制敌机动。

如果把编队作为一个整体，海战场控制就变成编队如何根据态势评估和威

---

① 通常根据各兵力单元在行动过程中形成的空间状态，以及在任务、行动性质上的相互关系来确定。

② 海上编队一般就是舰艇编队（含舰载机），不但涉及空中战场、太空战场，还涉及电磁空间，因而，除了几何空间控制范围外，还涉及电磁频谱的控制这种逻辑界限。

胁判断的结果，充分利用海区环境，控制编队的状态和编队自身的状态，使我编队始终处于可以对敌编队实施有效打击的空间位置或处于敌编队不能对我编队实施有效打击的空间位置，保持有利的战场态势或使态势向有利于我方转化。有效打击意指我能打击敌人，同时敌人不能有效防御；反过来就是敌不能打击我，或虽能打击我，但不能对我构成有效威胁。实际战斗中，有时可能存在同时满足这两种要求的空间，但大多数情况下，因受制于编队系统和各种保障条件，很难找到一个既能对敌编队实施有效打击，又能避免遭敌编队打击的空间。因此，实际选择就是根据具体情况和使命任务在两者之间进行某种策略性的权衡。

在海上，假设敌我双方的视距边界和打击边界都是全向分布的，以敌编队分布中心为球心，分别以敌方有效边界 R_m 和我方有效边界 R_w 为半径作出两个同心半球面（图 4.13，注意水下战场部分没有画出），将海上作战空间 U 分成 3 个区域[①]，即危险区 D、攻击区 A 和远离攻击区 F，且有

$$U=D\cup A\cup F$$

对应的球面分别称为敌我危险边界和可攻边界。这样，编队位于不同的区域就形成不同的态势。根据我编队对敌编队实施有效打击的主动权拥有状况，可将我方对战场控制的态势分为以下 3 种情况。

（1）态势 1：$R_w>R_m$，$A\cap D=\Phi$，我方攻击区位于危险区之外，此时，我方可有效打击敌方、控制战场，而敌方对我方不构成威胁。这种态势是我方握有战场控制的主动权，如图 4.13(a) 所示。

（2）态势 2：$R_w<R_m$，$A\cap D=A$，我方攻击区位于危险区之内，此时，敌方可有效打击我方、控制战场，而我方在进入攻击区之前已进入敌方控制的危险区。这种态势是敌方握有战场控制的主动权，如图 4.13(b) 所示。

（3）态势 3：$R_w=R_m$，$A\cap D=A=D$，我方攻击区和危险区重叠，危险边界和可攻边界重叠，此时，我方和敌方均没有控制战场。这种态势是我方和敌方均没握有战场控制的主动权，如图 4.13(c) 所示。

与水面战场多目标、多批次、多方向、高速度、大纵深，海、陆、空立体交战环境相比，水下战场控制的态势相对简单，即使在敌方协同反潜或联合反潜作战环境下，目标总数也相对较少，态势变化和对抗速度相对缓慢。水下作战的主体是各类潜艇和水下无人潜航器（UUV）。由于海水环境的特殊性（如隐蔽性），相对于水面战场，潜艇和 UUV 不仅开拓了一个全新的水下战场，而

① 谭安胜，汪德虎，邱延鹏．驱护舰编队对海攻击态势分析与火力运用［J］．军事运筹与系统工程，2004，18（2）：66-69。

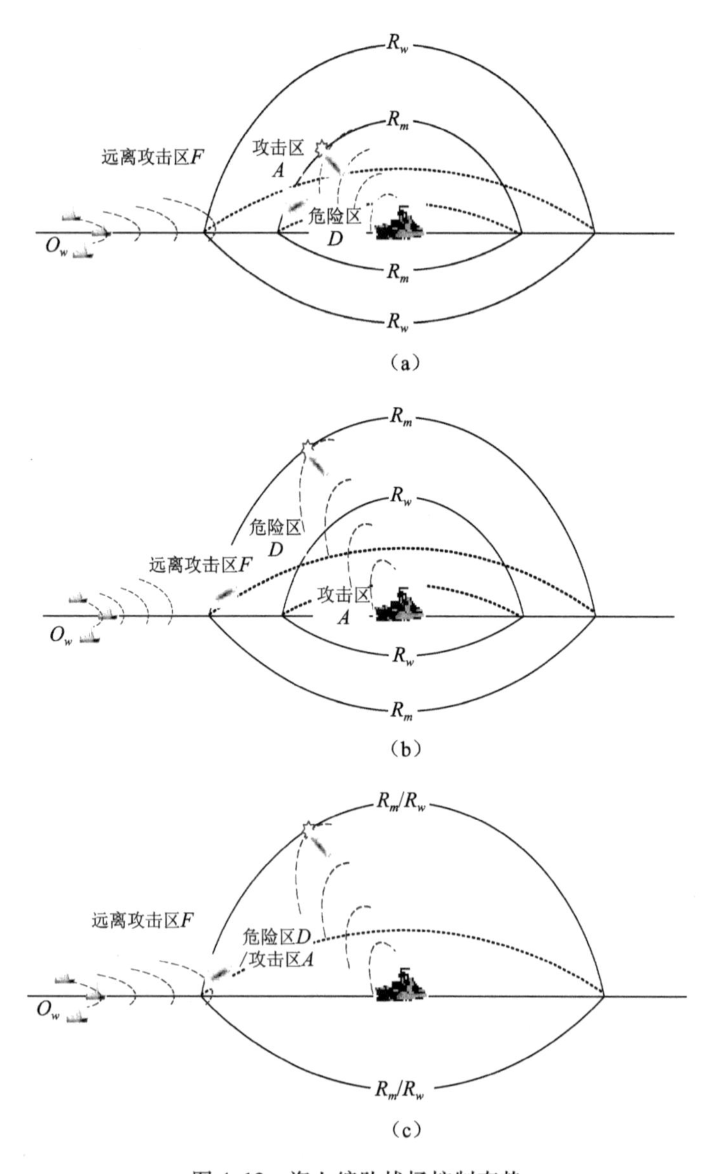

图 4.13　海上编队战场控制态势

(a) 海上编队战场控制态势之一；(b) 海上编队战场控制态势之二；
(c) 海上编队战场控制态势之三。

且在某种程度上一直掌握着水下战场的控制权。如潜艇在水下隐蔽航行时，不易被除水下探测器外的其他探测设备发现，在潜艇具备远程数据通信系统的情况下，潜艇获得水面、岸上，甚至空中目标的信息，很容易在远距离提前发射鱼雷或导弹对目标进行攻击。因此，水下战场控制有一些特殊性。其特殊性在于潜艇和 UUV 的视距边界一般大于水面舰艇的视距边界。同时，由于通信困难和隐蔽性要求，导致潜艇水下作战的经典方式是单艇隐蔽攻击；UUV 更多的是以 UUV 集群的形式作战。

海面以上的太空，即海平面稠密大气层以上的作战空间，是各种临近空间飞行器、洲际弹道导弹、潜射弹道导弹、各种卫星和有人/无人航天飞行器运行或经过的场所，高度从距地 20~30km 向上一直延伸到宇宙深处。战场控制主要体现为对空间轨道资源、空间信息资源等的控制，即在战时确保己方自由进入空间并占据所需空间轨道，自由实施各种方式和手段对敌空中、海上和地面目标实施侦察、监视、跟踪与打击；自由通信；限制或阻止敌方进入空间并占据有利空间轨道，阻止敌方获取类似的能力。太空战场的控制和制天权密切相关。战场控制的方式包括对敌航天基地和测控网的控制和打击，对太空轨道进行封锁和占位，包括在轨机动和攻击敌航天器与卫星，对空间信息进行封锁。

根据上面的分析，大数据海战场空间管理实际是大数据海上作战空间管理，涉及从预警探测、通信导航、态势认知共享到指挥控制与精确打击等各个层面空间组织运筹和控制，包括各环节时空关联、转换和匹配。对于多平台联合作战来说，当联合侦察监视网、指挥控制网和打击网中数量巨大的网络节点对目标侦察监视、跟踪与打击时，由于各传感器的采样频率不同、观察坐标系和量测基准不同，即使对同一目标进行观察，各传感器的量测数据也可能有很大的差异。各平台和系统位置不同、距离不等，信息的分发、空间传输、接收都存在大大小小不同的时间延迟，而且平台和系统大多数在运动中，因此，空间管理要求所有平台节点都和公共时空基准体系对准。在公共时空基准体系中，实现整个战场空间控制、时间控制、作战兵力控制和作战火力控制的综合。

海战场控制的基本途径和方法有以下几条。

（1）空间战场的控制。海战场空间类型多样。海上作战是多域、全维一体化作战，战场空间是开放的。空间战场的控制是海上作战的重要内容，包括以下几方面。

① 扩大我视距边界、缩短敌视距边界，压缩敌有效边界。具体方法包括：破敌网络，通过保障兵力或协同兵力打击敌预警、引导平台或系统，利用空间变形和电磁遮断，采用隐身技术缩短被发现距离，进行低空突防等；对于我方则是充分运用卫星、预警机、无人机等高空和远程预警平台，建立网络，利用超视距气象条件扩大视距边界。

② 袭击敌远程火力打击平台或远程火力引导平台，缩短敌火力边界，从而压缩其有效边界。

③ 控制敌频谱，干扰、压制、迷茫、诱骗对方电磁信号。

④ 掌握网络空间，引导敌心理空间。

（2）时间战场的控制。一体化联合作战十分重视作战速度和节奏对作战行动，进而对战场态势控制权的影响。它强调采用快节奏作战，各实体的作战行动与时间相互匹配，各个相关活动可在时间上同时、并行，共享通用的作战视图，自下而上地实现同步，在对方“OODA”环内完成作战行动，打乱敌方的“OODA”环，阻滞对方的“OODA”环，以速度优势换取空间优势，将对方锁出“OODA”环之外，夺取战场主动权。

① 提高行动速度。

② 加快作战节奏。

（3）战场时空的控制。作战时间和空间是一个彼此联动、相互关联的整体。战场时空的控制就是把握战场时空这种内在的相互控制的关系，灵活控制时间和空间，达成所期望的效果。如灵活运用分布式作战和并行作战，在决定性的时间空间对敌人赖以作战的系统群实施快速决定性打击。美军的“作战响应空间（ORS）”计划发展捕获、摧毁敌方的卫星和次轨道空间飞行器，为美军战场指挥官直接提供战场信息支援能力，并着力建设全球快速反应打击系统就是如此。

（4）实体关系的控制。针对不同关系和关系属性，选择与任务相关的目标进行精确打击。例如，敌人防空系统的运行与电力供应系统的正常运行密切相关，摧毁防空系统可选择其电力系统作为打击目标。

① 选择和打击敌指挥控制中心或关键节点，使敌视距边界、火力边界优势相互割裂而无效。

② 干扰或破坏敌导航定位系统，扰乱敌行动和部署的时空一致性和有效性，使敌视距边界、火力边界优势不能发挥作用。

③ 打击敌通信网络系统，割裂敌战场的连通性或整体战场的完整性，使敌各个战场的视距边界和火力边界相互分裂，破坏其战场内的协同性和不同战场的联合。

需要说明的是，上面仅就有形的海战场空间管理和控制进行了分析，没有涉及电磁空间战场、心理空间战场、网络空间战场等无形战场空间的管理和控制。实际上，战场控制是一个全局的概念，不仅包括有形战场空间的管理和控制，还包括无形战场空间的管理与控制。这些战场空间管理和控制是相互影响、相互制约的，构成一个不可分割的多因素相关的整体。

4.5.3 海上大数据精确打击控制流程

基于大数据的海上作战精确打击控制流程如图 4.14 所示。

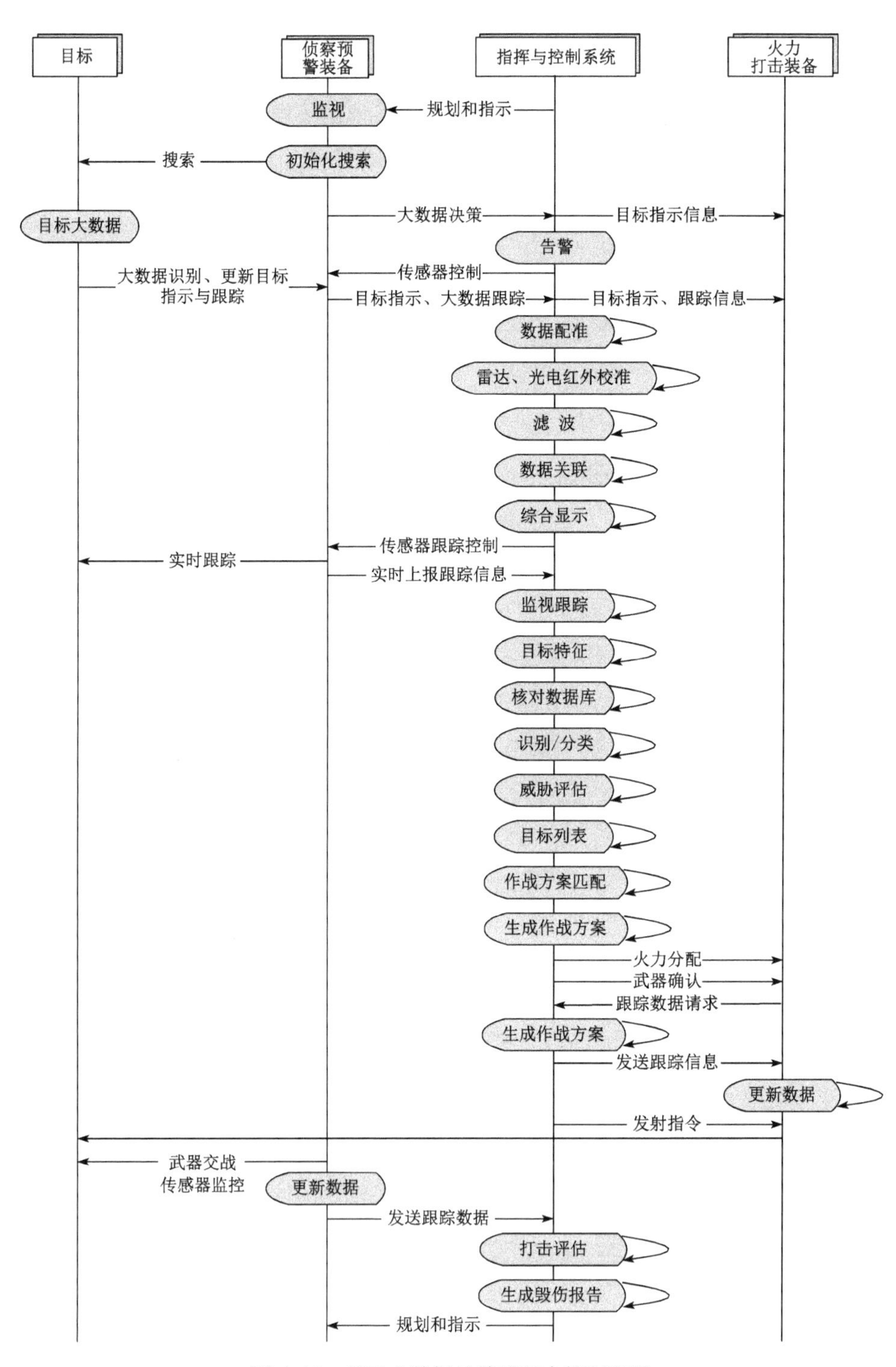

图 4. 14　基于大数据的精确打击控制流程

随着信息技术和制导技术的发展，当精确的目标和精确的打击有机结合在一起时，会产生一种战术上的精确性。当战术上的精确性在正确的时间、空间出现，打击正确目标时，就会产生战役或战略上的震慑效果，即精确的目标、精确的时间、精确的地点、精确的火力、精确的效果。外科手术式打击、斩首战就是显证。

现代海上联合作战以同步和并行的方式使整个交战链加速运行。其作战行动的快速性和精确性——作战节奏表现在以下 3 个方面。

（1）快速获取相关信息，并由信息融合和相关联合行动形成对作战空间的正确理解，准确选择目标，而不仅仅是局限于理解更多的原始数据。

（2）灵活构建交战链，迅速将交战能力（特别是远距离交战能力）投入作战行动。

（3）实时阻止敌方的可能行动，及时排除敌人打击所造成的影响。

应用大数据的交战链，可显著提高发现目标的概率，提高捕获目标的效率，可快速准确地进行火力决策和行动，实现快速火控和精确制导；在精确的时间、精确的地点，实施精确的火力控制与制导，完成精确打击。

第5章
海上大数据云作战组织

“云作战”是大数据指挥控制在网络化环境下作战的基本组织形式。提供了一种基于作战目标的作战资源灵活组织和高效运用的具体路径。它综合运用作战资源的分散聚合、快速机动，可全时、全域地灵活对敌实施精确打击。2013 年，美国空军为充分发挥 F-22“猛禽”和 F-35“闪电”等五代机的作战优势，首次提出了“云作战”的构想；2014 年，美国空军正式定义了“作战云”的概念，将情报、侦察、监视、打击、机动和综合保障等视为各种能力，纳入灵活的作战体系框架，实现当前和未来的海上、空中、空间和网络等全域作战的一体化。

本章首先介绍云作战和作战云的概念，然后分析云作战的组织形式，着重分析海军联合战术云的组织运行，接着讨论云作战指挥控制机构，最后介绍云火力控制系统和云作战效能增益问题。

5.1 云作战和作战云

5.1.1 云作战的概念

所谓云作战（Cloud Combat），是指将所有分散的相关作战资源迅速、灵活地聚焦于一个或多个目标，实施攻击或防御的作战理论与方法体系。云作战的基本目标是在统一的联合指挥机构指挥下，综合运用云作战聚散、机变、隐身等原理，针对目标，迅速聚集，多维攻防，最后达成目的，散于无形。可见，云作战具有以下几个基本特点。

（1）作战力量构成多元。云作战力量既包括军用、民用、商用作战信息支援力量（或常备、后备天基信息支援力量），也包括陆军、海军、空军、导弹部队、网络部队等联合作战力量。陆军、海军、空军、导弹部队、网络部队与作战信息支援部队进行力量组合，不仅可以形成一个严密、无缝的作战力量联合体，还能衍生出诸如“天海一体云作战”“天网一体云作战”“网天空一体云作战”等新型作战模式及创新战法。

（2）作战力量合力攻防。云作战突出攻击目标的优选性，着眼破坏敌方的作战体系结构，突出打击其作战体系的关节点，着眼削弱敌方体系效能，增强己方陆军、海军、空军、导弹部队、网络部队等联合作战力量资源整合的效能优势。同时，通过作战资源分散配置增强己方作战资源的隐蔽性，多手段并用切断或削弱敌方战场感知能力，在战略上隐藏己方的军事目标价值，提升对敌方的潜在威胁，同时，在全维多领域提高作战资源的能动性，通过作战资源隐蔽机动掩盖作战意图，达成军事上的突然性。

（3）作战行动聚散、机变、隐身。“聚散”“机变”“隐身”既是云作战的基本特征和核心思想，也是作战指挥控制的精度及其灵活性、适应性、敏捷性要求所决定的。只有实施“尚谋机变、资源共享、多维攻防、聚散无形”的云作战，实现各种作战资源的优化部署、协同聚散和能量释放，才能适应现代作战的任务和要求，才能发挥快出战力、扩大战域、提升效能、隐蔽意图、扬己所长等云作战优势。

5.1.2 作战云

“云作战”是将所有分散的相关作战资源迅速、灵活地聚焦于一个或多个目标实施攻击或防御，最后消散于无形的战法和行为。相应的作战云（Combat Cloud）是大数据时代最新的作战组织形态。2013 年，美国空军空中作战司令部 Michael Hostage 将军首次提出“作战云”的概念，力求构建跨域、跨军种、分布式、网络化的知识主导的云杀伤链体系。其核心理念是融合。所谓作战云，就是基于跨界、跨空间网络化协同作战的目标进行的相关作战资源、能力和环境的一种动态虚拟组合。它以虚拟化的形式存在于作战空间，具有广域、跨界、分布、动态、连通等特点。

所谓云，原是一种计算模式，也是一种互联网概念。最初在 IT 设施和服务中，人们习惯将互联网表示成一朵云的形状，因此这种互联网计算模式冠以云计算（Cloud Computing）。

广义上，云是一种动态的、易扩展的，通过互联网提供虚拟化资源的应用方式，用户不需要了解其内部实现细节，就可以实现强大的计算能力；狭义上，云是一种 IT 基础设施的交付和使用的新模式，以按需、可扩展的方式获取所需的所有计算资源。战术云计算是指利用云计算技术和方法支持存续时间较短信息的本地化访问与本地化处理需求。战术云可以简单地定义为战术环境中可用的云计算能力。

从复杂网络的组织看，作战云是一个由多种作战资源和作战力量为节点，各种指挥控制关系、组织关系和运行机制为边链接而成的超网络组织。与传统的多平台协同作战相比，作战云的核心是整合海、陆、空、天、网络空间等多维作战力量，虚拟汇聚成“云”，在体系使命层面实现对战场资源的动态高效管控及海量信息高速、实时、分布式处理与知识共享。其核心理念是海、陆、空、天、网络层的跨域协同，强调多域虚拟存在、高度融合与按需聚散。

作战云打破了作战平台、传感器、武器系统之间的硬连接，以松耦合、自由按需方式构建探测—跟踪—决策—打击—评估的完整云杀伤链。在云端完成目标探测跟踪、数据融合、目标指示、火力分配、火控制导、毁伤评估等作战流程，先敌发现、先敌攻击、先敌摧毁。

5.2　云作战的组织形式

“云作战”既是一种理念，也是一种战法；是大数据、云计算概念在网络中心战思想上的进一步演进。从实践上看，它提供了一种基于作战目标的作战资源高效组织和运用的具体路径，包括云部署、云聚合、云攻击和云消散。相对于传统的作战组织形式，大数据云作战，全域协同、跨域攻防，分布式作战、任务式指挥。全源信息融合深化了网络中心战理论。云作战组织由多维数据融合驱动，组织指挥体制、指挥与控制机构、作战模式进一步变化，指挥与控制更加敏捷、高效。

5.2.1　作战云的结构类型

作战云分为战略战役云和战术云两种。所谓战略战役云，是为战略战役目的服务的云；所谓战术云，是为战术目的服务的云。一般而言，战术云从属于战略战役云。两者的主要区别如表5.1所列。

表5.1　战术云与战略战役云

战略战役云（企业云）	战术云
从云计算（计算云）概念拓展到作战云	
通常由大型云计算中心支撑	战术计算资源受限，无法构建统一的大型云中心
高带宽条件，高可靠、高冗余服务运行框架	战术通信条件，不能直接使用原有服务运行框架
运行模式较为单一	具有多中心、无中心等多种运行模式

根据所有对象和使用目的，以上云又可分为私有云和公共云两大类。所谓私有云，就是只为某一类特定用户使用，仅用于该类用户的特定领域，其又包括社区云（Community Cloud）、行业云（Industry Cloud）、个体小云（Cloudlet）以及微云。公共云则是向所有许可的公众开放，应用于公共领域和服务。

战术上，私有云根据结构形态有4种不同的结构类型，分别是集中式战术云、非集中式战术云、小云和微云。它们适用于不同的应用场景，如图5.1所示。

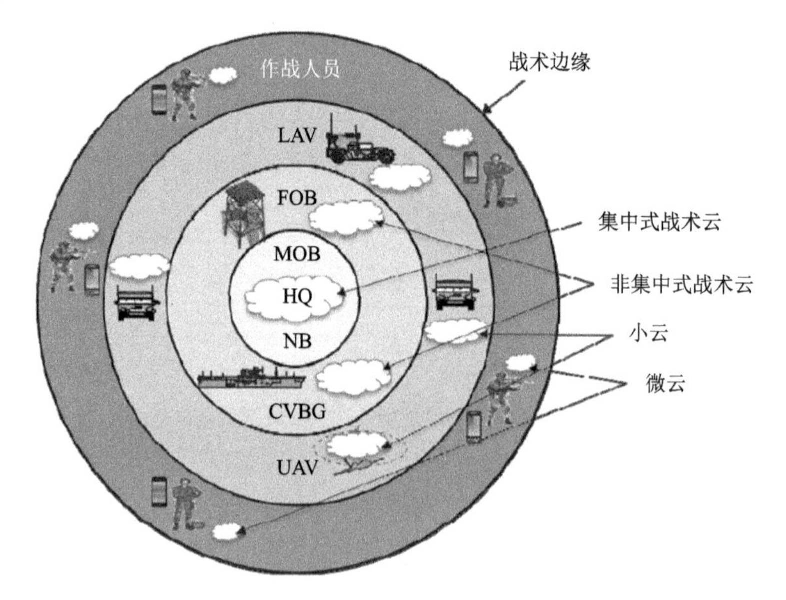

图5.1 战术私有云的4种结构类型和应用场景

其中，LAV表示轻型装甲车；FOB表示前沿作战基地；MOB表示主作战基地；HQ表示总指挥部；NB表示海军基地；CVBG表示航母打击群；UAV表示无人机。

（1）集中式战术云。集中式战术云是云计算的原始形态，提供企业级服务。通常部署于后方指挥部、主作战基地或海军基地内，既可以被本地设备访问，也可以被远程设备访问。移动设备通过无线接入点或4G/5G蜂窝网络访问，前沿作战基地或航母打击群则通过远程通信链路访问。集中式战术云可以跨多个地理位置、多个数据中心。目前，集中式战术云的非密、机密和绝密等安全域采取分别实现方式。

使用集中式战术云，可以大幅度降低成本，增强系统部署的灵活性，解决数据的爆炸性增长带来的计算需求问题。

（2）非集中式战术云。非集中式战术云通常部署在分布设施或前沿作战基地上。附近的系统和设备可以直接访问该云。除了规模较小外，非集中式战术云在很多方面与集中式战术云相似。非集中式战术云通常都是自给式独立系统，无须依靠远程通信链路，作战人员在本地处理情报侦察监视数据，分析师在本地分析情报数据。

虽然非集中式战术云解决不了远程通信链路的不确定性问题，但通过本地处理、本地信息访问和本地决策，降低了它的不良影响。

（3）小云。小云是“盒子里的数据中心”，通常部署在具体装备或设备上。小云允许使用人员将随身携带设备的处理和存储能力卸载到小云上，从而扩展移动设备的能力，延长续航时间。通过车载自组织网（VANET）将小云互连，可使最终的处理和存储能力倍增。

（4）微云。微云是指运行在资源有限的移动设备上的云计算能力。微云为了共享、处理和存储数据，通过移动自组织网（MANET）通信。

微云是作战人员随身携带的移动设备上的云资源组成的，提供了在战术边缘处理数据的能力，并且通过 MANET 可增强计算和存储能力。临近的移动设备以协同的方式进行分布式计算，解决单个移动设备难以独自解决的问题。由于网络传输期间消耗的能量通常比本地处理消耗的能量高数个量级，在本地处理数据比在设备之间传输效率更高，因此，微云只在某些情形下才可行。

在以上 4 种私有云类型中，集中式战术云功能最全、性能最强。它拥有传统数据中心所有的企业计算能力，能够提供传统数据中心所有的企业级服务。集中式战术云一般部署在后方重要的固定军事设施和军事基地内，它提供的计算资源池通常位于一个或多个数据中心。池中的资源都是经过抽象的，通过分配或回收计算资源的方式实现计算的动态化。集中式战术云是非常理想的战术云计算设施，如果能从任何位置、在任何时间访问集中式战术云，就不会有对其他类型的战术云的需求了。战术环境下，由于作战条件、通信技术或带宽等因素的限制，集中式战术云并不总是可以访问的，因此，提供功能相似但规模较小、性能稍逊的其他形式的战术云就非常必要了。

非集中式战术云、小云和微云都是基于集中式战术云同样的技术，只是在实现规模上有所不同。非集中式战术云既包括计算功能，也包含冷却功能。

小云在规模上比集中式战术云小几个数量级，也比非集中式战术云小得多。小云由数个运行虚拟机及可被发现、无状态的服务器组成。其计算和存储资源一般供附近的移动设备、卸载资源密集的计算任务所用。

微云是对资源有限的移动设备提供的极其有限的云计算能力的称呼。微云的可用计算资源通常比小云要低 3 个数量级。

5.2.2 作战云的功能分类

根据作战云的主要功能，各种云可分为战场感知云、作战指挥云、火力控制云、战场行动云、支援保障云等基本类型。

（1）战场感知云。进行战场情报信息获取、情报信息智能处理。

（2）作战指挥云。负责作战筹划和任务规划。在平台、系统、装备系统之间，在云端体系架构的基础上，各作战节点系统间在原有综合集成的基础上，采用面向智能知识的有机集成共享方式，各节点系统将智能算法和知识上传至指挥云，形成智能指挥知识中心，供战场探测、指挥决策、行动控制等异构节点共享。指挥信息系统可以从智能指挥知识中心获取已有的智能知识，结合自身获取的战场数据进行二次学习和认知。指挥云利用云计算部署各类智能算法服务及知识推理服务，为战场各节点系统提供安全模式下的随时入云、即插即享的智能知识服务，指挥云、控制云、行动云最终形成战场智能化大数据知识网络。

（3）火力控制云。执行各种武器控制和火力控制。

（4）战场行动云。负责执行各种具体的战场行动或动作。

（5）支援保障云。属于战场行动云中的一种特殊类型，专职支援保障任务。

除了上述基本的划分外，根据具体的应用领域，还可以进行具体的划分，如划分为战场防空反导云、战场反潜云、海上应急救援云等。

5.2.3 海上作战云集成运用体系

实际的海上大数据作战云通常不是单一的云，往往分布有多种云、边和端，成体系运用或以混合的形式运用。在分布式作战中，云作战指挥与控制是“以数据（认知）为中心”的智能指挥控制。在不同的环境中，作战云、边和端具有不同的形态，根据不同的任务有不同的组合和规模。作战指挥与控制活动围绕大数据情报信息获取、大数据预测、大数据决策和大数据监视与评估等展开。在网络化作战环境下，一个典型的海上联合行动任务，如海上编队护航行动，其任务行动涉及各种云计算设施节点，包括国家陆基核心节点（企业级），前沿岸基部署节点（部署级），舰载-部队/群中心节点（部署级），海、陆、空、潜边缘节点（单元级），以及无人机/直升机等平台小云节点。

基于 GIG 的海上作战云集成运用体系如图 5.2 所示。

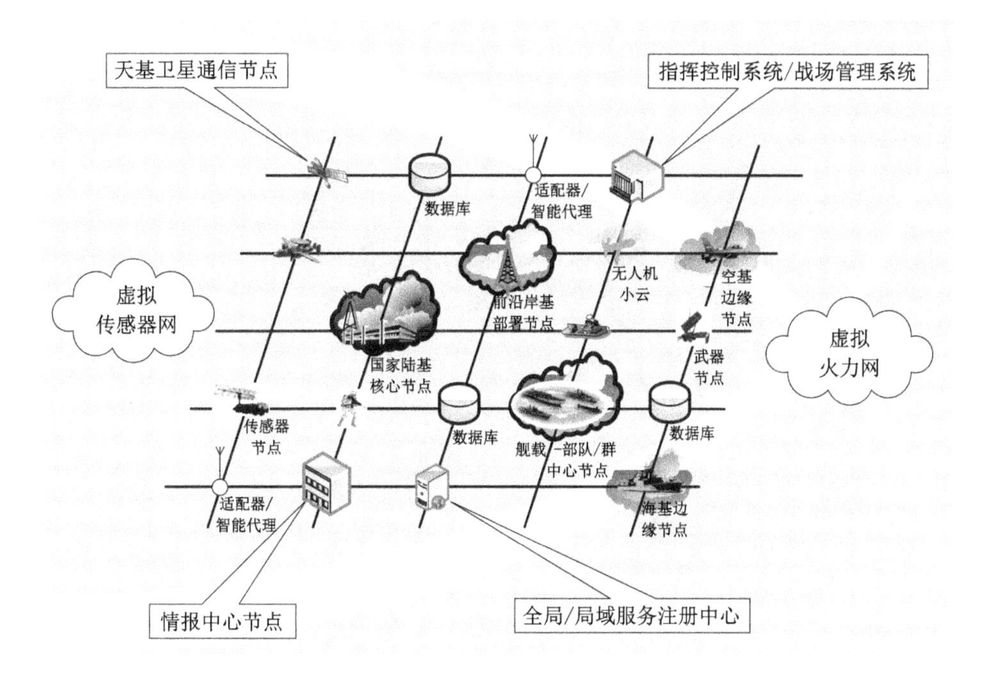

图5.2　基于GIG的海上作战云集成运用体系

其中，各级云计算为海上大数据智能指挥控制活动提供强大的计算能力和算法支持。通过配置于不同层级的不同规模的作战云，利用信息物理系统与泛在物联网联在一起，为不同层级和云端的作战指挥控制提供所需的计算能力与相应的算法模型支持。

国家陆基核心节点具有最大的峰值运算和存储能力，可作为部署节点和边缘节点的回传处理中心，提供企业级的海上IaaS、PaaS和SaaS服务；部署节点分为前沿岸基部署节点和舰载-部队/群中心节点，可提供比国家陆基核心节点低但比边缘节点高的存储运算能力和计算资源，具有在无连接、断续连接和低带宽环境下的服务能力；边缘节点是一种单元平台级的作战节点。国家核心节点、前沿部署节点、舰载-部队/群中心节点及边缘节点之间以各种通信方式互连、灵活编组和剪裁，构成相应编队或群的联合作战云环境。

在具体的海上云作战组织中，以企业级国家陆基核心节点、前沿岸基部署节点构成国家级海上联合行动战略云设施，以舰载-部队/群中心节点，海、陆、空、天各平台边缘节点构成各类海上联合行动战役战术云设施。基于"云"的海上云作战组织形式如图5.3所示，不同类型的云设施通过天基路由卫星、固定翼有人或无人机、飞艇、微波接入全球互连技术（WiMAX）等通信链路有机连接，构成各种海上编队战役战术云。

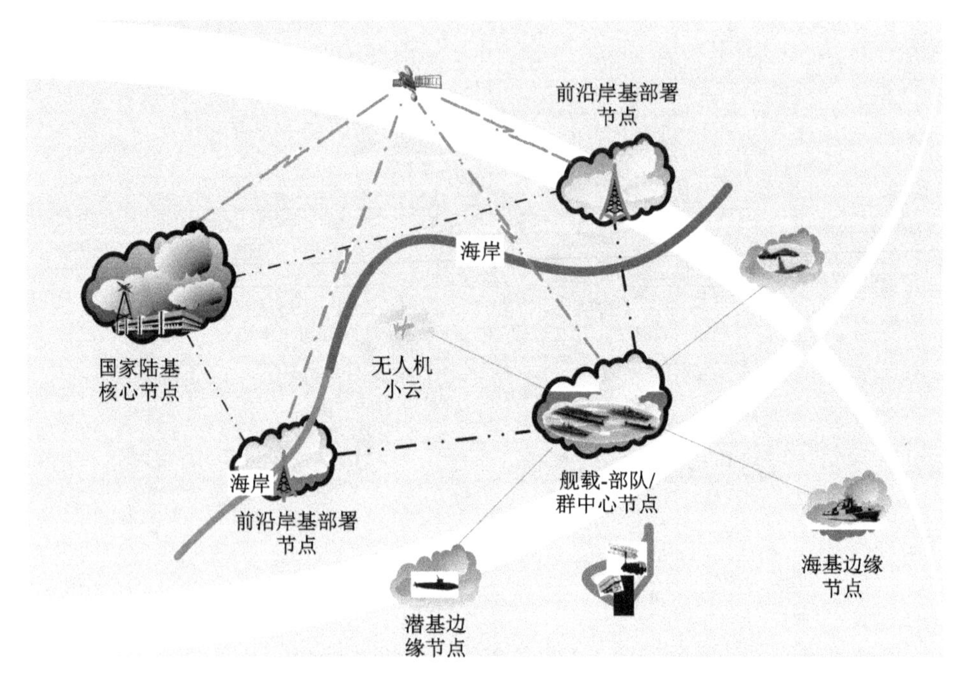

图 5.3　基于“云”的海上云作战组织形式

其中，承担不同任务的作战平台扮演“云”来“云”去、“云”进“云”出的角色。编队战役战术云之间、编队战役战术云和岸基部署云之间通过卫星互连。在无连接、断续连接和有限带宽的环境下，实现陆海、空海和陆空之间数据的互操作与实时/近实时的态势分析。边缘节点可以创建、阅读、更新和删除某些基本数据，如用户账户和记录、电子邮件、PPT 演示文件，以及各平台日常运行过程中所遇到的一些数据；创建的数据存储在相应边缘节点的数据中心。中心节点根据请求可将数据通过部队/群使用的任何一种通信链路传输到所需要的地方。因为中心节点拥有部队/群最大的数据中心，所以从中心节点、边缘节点接收到的数据一般都驻留在中心节点，通常部署于核心平台。在航母编队、两栖作战编队、护航编队等海上编队中，通常在航空母舰、两栖攻击舰等核心舰艇上以部署节点的规模部署中心节点，提供整个编队行动战役战术级的云服务，编队内的其他平台则形成各自的边缘云节点。边缘云节点可进行相对简单的运算和一定的数据存储运算，具备离线运算和降功能作战能力。但计算密集和数据密集的分析，通常需上传至编队云中心完成，如果编队云中心完成不了，则回传至岸基或陆基部署云节点。

5.3　海军联合战术云的组织运用

海军是海上作战的基本力量。现代海战是诸军兵种联合作战。海军如何在海上联合作战中独立或者联合其他军兵种力量作战？在现代海上网络化作战环境中，迫切需要从战术和技术两个角度深入研究海军联合战术云的组织运用，包括海军联合战术云的体系架构、海军联合战术云的服务结构及海军联合战术云的应用场景。

5.3.1　海军联合战术云的体系架构

随着对海战样式研究的日益深化，人们发现网络中心战是一种理想的方式，然而，战时各类平台的互连互通、信息共享、跨域协同等存在严重的问题。以网络为中心作战存在现实的困难。同时，现代海战是海、陆、空、天、电、心理多维一体化作战，参战兵力多元、构成复杂，地理分布，多域、跨域协同作战，作战任务多样、动态变化，对抗激烈，战场态势瞬息万变。如何应用战术云在全域、多维的作战空间，在复杂的战场环境和技术条件下对多维分布的作战兵力实施集中指挥、分布控制？在通信不畅时，各作战单元要能自主完成各项任务。

随着云计算技术的日趋成熟，海上作战云正向着战术应用前沿延伸，云计算技术和海上战术环境特点相结合，形成不同面向的、灵活的战术云技术；体系架构由单一、集中式的云中心架构向“集中与非集中”云中心相结合、云-边-端协调的架构发展，可提供高效稳定的战术云服务支撑能力，解决前沿作战服务“最后一千米”的问题。

1. 从 Client/Server、Client/Cloud 到 Edge Computing

在智能化信息处理领域，最早出现的计算模式是基于第一代网络的客户/服务器（Client/Server）模式以及后来的 Peer to Peer 模式。随着第二代 Web 网络技术和第三代 Grid 网格技术的出现，新型集中式、网络化、云计算模式开始出现，即客户/云（Client/Cloud）模式。其本质特点是把分散的资源、能力以虚拟的形式通过网络集中起来，为用户提供无所不在的服务。

战术环境下，由于网络弱连接及数据传输时断时续等原因，可导致前沿平台和部队往往无法正常访问中心云，从而无法得到充分的云服务保障。这使得需要减轻对中心云计算的依赖，由此发展出边缘云计算（Edge Computing）。如图 5.4 所示，网络计算模式由最初的 Client/Server 模式演进到 Client/Cloud 模式，再发展出 Edge Computing 模式。

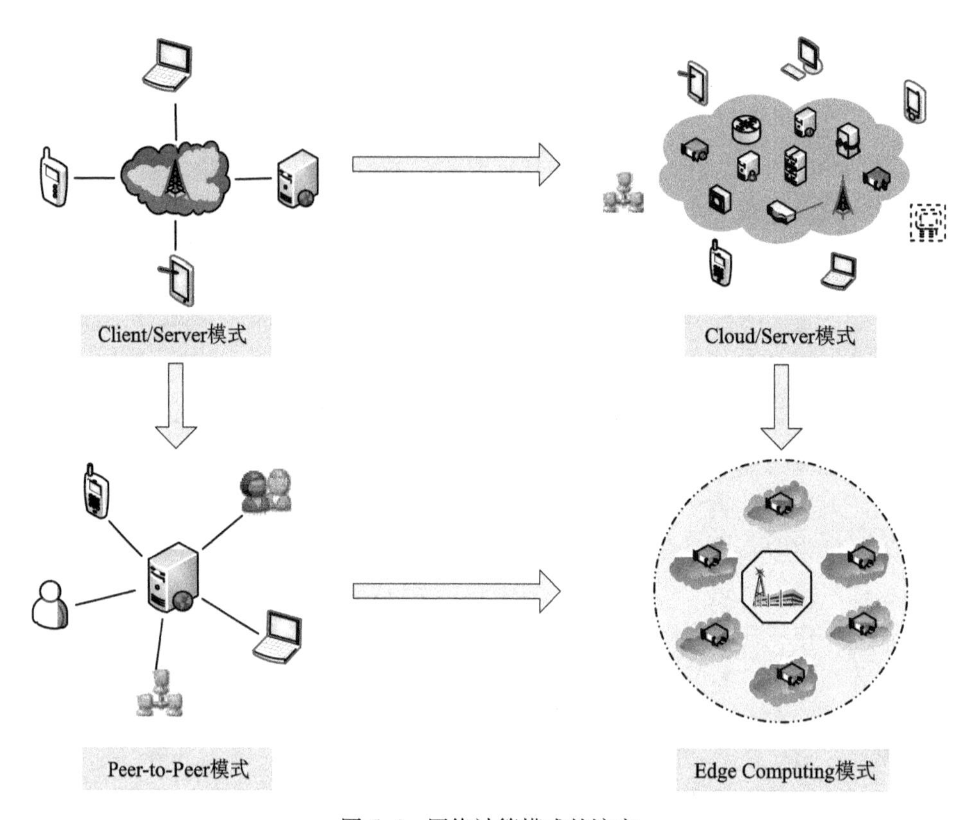

图 5.4 网络计算模式的演变

2. 云-边-端体系架构

现代海战是多域网络化体系作战。任务多样、战场环境恶劣，特别是通信和网络环境十分恶劣。因为技术的原因、海战场自然环境的影响，特别是敌方人为地对抗干扰和破坏，作战网络无法保证实时动态全联通，通常状态是弱连接、断续连接和局部连接。战场不时充满迷雾和摩擦。

因此，海上作战需要立足于现有技术条件和环境，立足于能够实现分布式作战、任务式指挥和智能化决策的联合作战。随着云计算模式、边缘计算模式的到来，海上作战情报信息处理加速向云作战模式转化，从而向用户提供高速、及时、按需、动态、广域、可伸缩的数据应用和服务。目前，海军战术云的发展主要围绕 3 个目标进行：一是战术前沿的云计算能力需要能够支持实时的任务规划及任务执行；二是需要能够自动处理多源、多传感器大数据并进行数据标准化；三是各类应用需要能够运行在 RF 网络下。

在体系架构上，海军联合战术云平台要能实现多样化的通信和按需互操作性；适应各种变化和紧急情况；以决策为中心，可基于机会进行本地决策。通过构建海上联合战术云平台，在物理网络和信息系统应用层网络进行统一的顶层设计，在此基础上构建各种应用云，包括设计适应多样化任务的柔性可变结构，适应环境和任务动态变化；拓扑动态可扩展、鲁棒互连；数据驱动路由，数据按需获取与汇聚；适应并发用户对多维资源的共享竞争使用，可实施全局资源协同管理。

由此，海军联合战术“云+端”体系架构向“云-边-端”体系架构发展。如图 5.5 所示，海军联合战术云分云中心、边缘层和设备端。云中心含大数据云作战智能指挥控制中心和大数据云计算环境；边缘层含大数据云作战边缘指

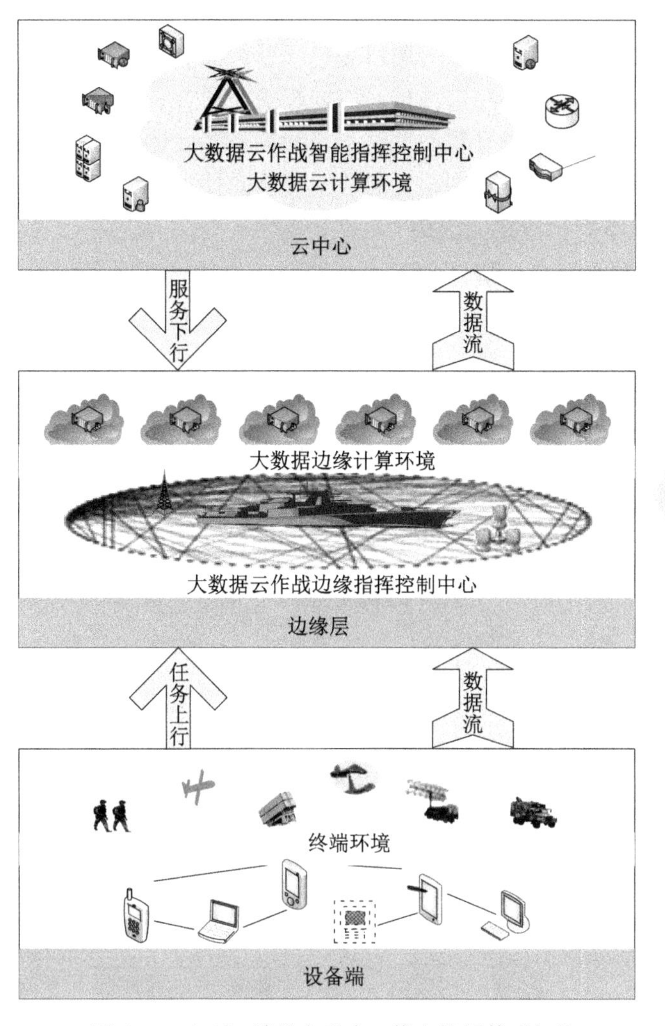

图 5.5　云-边-端纵向融合、横向协同体系架构

挥控制中心和大数据边缘计算环境；设备端含各种应用终端平台、系统和设备。云计算中心服务可下行至边缘层，设备端任务可上行到边缘层。边缘计算承接下行的云服务以及上行的终端计算任务，显著降低了数据交换时延，减少了网络开销，提升了作战效率。

在云-边-端体系架构中，逻辑上可分为可扩展数据平面、高性能控制平面和应用层面 3 个层面，支持海战场各类作战资源的按需重组和高效运用，为构建资源虚拟化、功能服务化、敏捷适变、网链融合的海上大数据联合战术信息系统奠定基础。

在机制上，纵向通过云-边-端融合，实现面向未知任务集合的资源智能化应用，加快相应速度，提升对用户服务质量；横向通过众多分散、孤立边缘计算环境之间的协同，实现边缘层的广域覆盖，提升资源能力。

其中，云计算和边缘计算是关键。目前，一些发达国家和机构正在投入巨资重点开发战术云计算，特别是发展战术边缘云计算能力。

3. 海上多平台作战联邦架构

现代海战是多平台、诸军兵种、多域联合作战。在网络化云作战体系下，基于体系的整体性和复杂系统的涌现性，各军兵种和平台将以“协同和合作”的形式形成联邦。各军兵种、各作战群都有自己的云边端作战体系，可以独立作战，也可以联合作战。海上多平台作战联邦架构如图 5.6 所示，独立、离散的云-边-端纵向融合架构转向边缘联邦架构，以云边整合的形式，共同为用户提供服务。

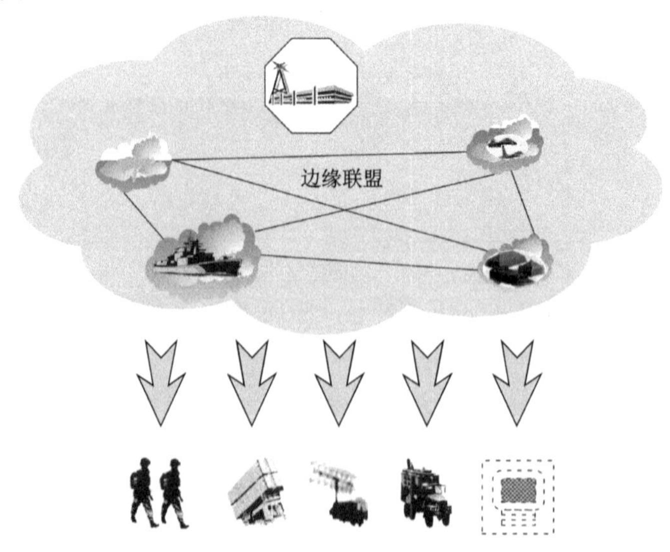

图 5.6　海上多平台作战联邦架构

其中，私有云服务在边缘侧本地化处理；公有云服务请求需要云边纵向融合、横向协同处理，也因此需要全局优化、调度资源。采用“边缘资源池”机制，随需实时动态调度所有能力资源。

对于固定节点，采用云边纵向融合模式+分散边缘节点横向协同；对于移动节点，按需引进移动边缘节点。

具体机制、方法及架构包括多种云和边缘节点间纵向融合机制，分散式异构边缘节点间横向协同方法和负载均衡动态协同机制，公有私有服务融合协同架构，移动、固定节点融合协同架构等。

5.3.2 海军联合战术云的服务结构

海军联合战术云面向海战场战术级环境约束与应用需求，支撑战术级作战资源（计算、通信、数据、软件、感知、火力等）与作战能力（侦察、打击、评估等）的按需服务与共享，是海上联合战术信息服务的核心支撑平台，也是信息服务能力向战术级延伸的必要条件。满足在动态、弱连接（Disconnected-Intermittent-Limited，DIL）通信环境下，保持信息一致性；针对高优先级的信息传输要求，优化可用带宽；分布式、动态认证和授权管理；云环境下的软件和数据安全；跨物理平台情况下的应用动态“裁剪”；针对多种异构数据类型开展数据标准化；自动信息分级，实时/近实时处理。

根据海军战术云平台的应用需求，分析系统间的信息交互类型、内容及特点，在底层依托海军战术云网络完成服务运行和通信；结合智能化、网络化和服务化等技术，建立适应海上通信网络的海军联合战术云的服务结构（图 5.7），可为用户提供一体化的服务开发、运行、管理、调度、部署和监控环境，确保服务调用的时效性和适应性，支撑业务系统在战术环境中有效支撑作战指挥与控制，主要分为以下 3 层。

（1）服务运行支撑层。为用户提供战术云平台的基本部署和运行环境，通过轻量化容器提供服务快速部署手段和统一的服务运行环境，为服务调度提供支撑能力。

（2）服务调度管理层。提供服务注册发现能力和多策略服务调度机制，根据网络状态实现自动服务路由寻址，提供战术信息服务单元及云中心间的服务调度能力，为构建战术云平台提供重要保障。

（3）服务调用层。针对联合战术环境各类业务信息系统，为用户提供服务的同步调用、异步调用和订阅推送等功能。

与常规服务支撑框架不同，海军联合战术云服务结构应针对战术环境进行以下适应性能力设计：一是服务高效调用，以适应战术环境窄带条件；二是轻

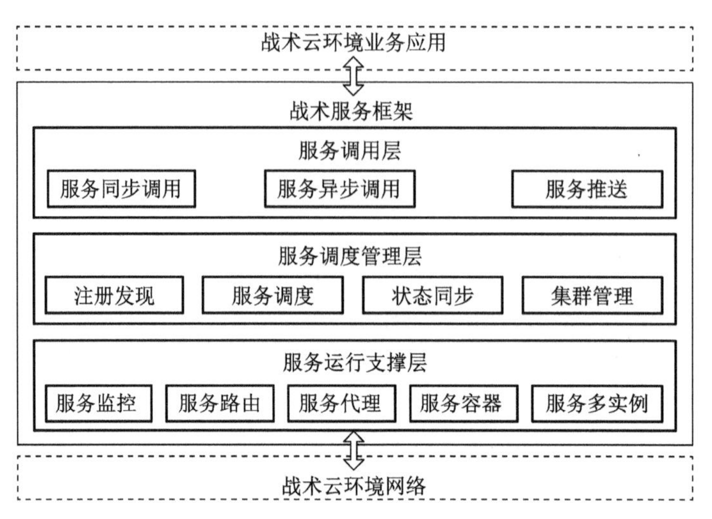

图 5.7　海军联合战术云的服务结构

量级服务容器调度，以减少服务资源消耗，提升部署效率；三是服务抗毁接替，以不间断提供服务；四是多策略数据同步，以提升系统可用性。具体如下。

（1）服务高效调用。战术云服务在服务调度过程中应建立服务交互协议压缩算法、服务重连重发以及服务请求响应报文校验机制，以增强服务可达性，并研究服务协议实用消息标准和压缩编码等技术，提高服务传输速率。

① 服务交互协议压缩算法。对服务请求和响应数据进行编解码是实现服务远程调用的核心。为了满足战术云服务高效调用需求，参考开源算法协议实现二进制报文压缩算法。该算法可极大地压缩传输数据量并提高效率，高效实现服务调用数据的编码与解码。协议消息主要信息包括接口方法、方法参数、调用属性、返回结果、返回码、异常信息和控制信息等。

② 服务重连重发机制及报文校验机制。服务过程调用实质上是一种可靠的请求-应答消息流，服务间使用断连重连、超时重发、异常重发和服务方报文校验等手段确保在断连与丢包等情况下正确处理请求，保障服务请求和响应的高效及有序传输。

（2）轻量级服务容器调度。战术环境中，网络断连或服务器宕机将导致服务实例无法正常访问，并可造成其他服务实例访问量骤增、运行效率和稳定性下降等问题，因此，需采用动态服务调度来解决服务质量问题。依托战术云环境服务架构，采用轻量级服务容器调度技术建立服务自动扩容调度框架，该框架包括服务集群管理、服务注册中心、服务监控中心、部署任务管理、部署执行管理及各服务器节点等部分。

其中，服务注册中心接收服务实例注册信息；服务监控中心和服务集群管理实时获取服务运行状态，建立动态监测模型，并根据不同场景建立服务资源动态扩容和服务资源调用权重分配等算法模型，动态产生服务部署任务；部署任务管理接收部署任务，同时选择任务执行管理节点进行任务执行；任务执行管理支持主备部署，管理所有服务器节点，负责服务部署任务下发到合适的服务器节点执行新服务实例的部署加载。

（3）服务抗毁接替。战术级服务因其运行环境的复杂性和可能面临的打击威胁，其可用性和鲁棒性设计更重要，故战术云中心应多于 1 个，并且中心之间为对等关系，具有互为备份的能力。战术中心内采用容器技术实现服务的动态部署和快速启动，实现中心内服务多实例冗余抗毁接替。战术中心间的服务接替支持代理和直连 2 种模式。战术中心间通过广播或上级中心指定等方式进行服务目录同步，当某一战术云中心的部分服务不可用时，一旦客户端发现服务由另一战术云中心提供，则当前战术云中心将服务访问通过服务代理转发到另一战术云中心，由其服务代理执行服务容器管理及业务服务访问等操作，实现本地与其他中心服务调用可接替。

（4）多策略数据同步。战术云环境中节点间主要通过无线方式进行通信。在链路环境相对开放、带宽窄及误码率高的环境中，可采用主题订单及发布/订阅机制进行数据同步。同时，对数据进行优化压缩以减轻网络压力，实现断点续传以确保极端情况下数据的可靠性。

5.3.3　海军联合战术云的应用场景

目前，海上作战通常以编队的形式作战。以有人无人协同作战、无人集群作战在内进行海上分布式作战、机动作战和智能赋能作战。作战序列包括战区中心、海上战役编队和战术前沿。

战区和战役级云平台一般采用集中式云中心架构。虽然集中式云平台有诸多优点，但海上平台等战术级业务系统节点如果仅依靠自身建立集中式云中心，将会受到数据资源、人力成本、信息设备和通信条件等诸多因素的影响与限制，最终导致无法满足海上行动的需要，主要表现为海上通信带宽受限，尤其是任务部队在海洋战场环境中使用卫星和电台通信时，基于集中式云中心的服务容易出现中断。

此外，现代战斗需求频繁变化且难以预测，需更多带宽和不断提高的响应能力。

根据海上战术级系统单元多且机动分散等特点，建立前沿战术云中心向上可对接战区和战役等各级云平台，使战区级固定云中心与前沿战术机动云中心形成有效互补，同时为海上战术级终端用户节点提供相对集中的服务，从而形成一个完备的体系性战术云服务环境。

海军联合战术云的典型应用场景如图 5.8 所示。

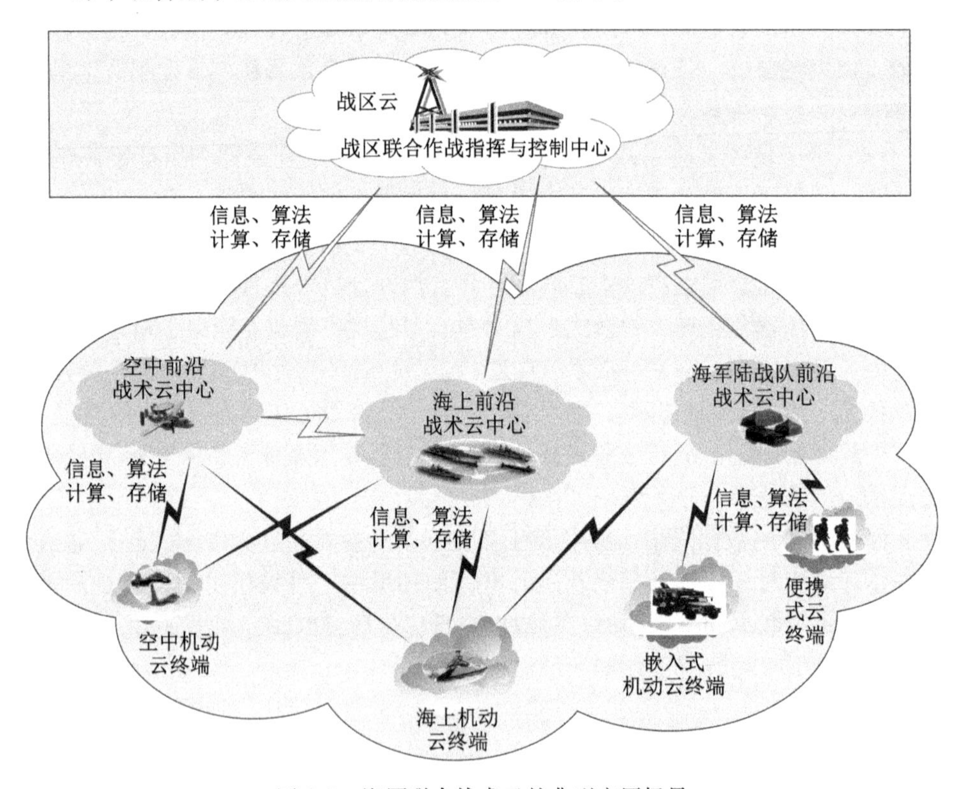

图 5.8　海军联合战术云的典型应用场景

战区级云平台采用固定式服务中心，通过集成部署一定规模的服务器、存储器、网络等信息设备，形成具备海量数据处理能力的云平台，从而为所属区域（如一个战区或基地范围内）的所有用户按需提供全局服务。

战术云平台基于空中预警与指挥平台、海上舰船平台、海军陆战队车载平台等构建，用于支持一定海域或区域内的战役规模服务与信息处理需求。在一个海上编队范围内，可根据需要部署多个前沿战术云中心舰船，保障不同范围的使用需求。

在各级战术应用终端及战术平台（包括武器平台、单兵系统和侦察平台等），部署战术级机动云服务终端。终端形态包括嵌入式、便携式以及机动式等。各终端具备一定的计算存储能力，也可根据需求部署一些功能应用。在战术通信网络顺畅时，可就近从前沿战术云中心获取服务；在通信网络受到干扰无法连接服务器时，利用自身应用部署，具备一定的自主能力。

目前，美军在 GIG 基础设施上已研究出一种聚焦于扩展、增强现有作战体系能力的原型系统框架，具有连接海、陆、空、天，支持全域的、增强的空中、陆上和海洋态势感知，以及基于大数据特征和行为特征的识别能力，可将作战、指挥控制、计划、侦察、监视、后勤等所有数据都输入海军战术云（NTC）[①] 中，实现数据的互操作与及时分析，改善和提升目标识别、指示告警、敌人意图判断和位置预测并增强网电空间的攻防能力。

在 ISR 能力的互操作上，美国海军通过与陆、空、天各军种密切协作，最终将这种互操作性扩展到联合部队的指挥与控制互操作、作战系统互操作和战术指挥的互操作上。在网络连通和抗恶劣环境的通信能力上，美国海军正研究开发在无连接、断续连接和有限带宽情况下，舰船之间、海空之间和陆海之间的高效连通能力。

5.4　云作战指挥控制机构

指挥控制机构是指挥控制的组织机构，反映了一定时代指挥与控制的体制机制。工业化时代，指挥控制以等级组织结构组织各种行动；信息化时代，指挥控制应用各种网络并以网络为中心，自由地开展各种社会活动和行动，指挥控制机构趋于扁平化；大数据时代，大数据智能指挥控制“以数据（认知）为中心”，将所有战略、战役和战术运算转入并集中于各种云端，全源信息高度融合，跨域协同，而不再仅仅依靠本地资源，其能力按许可向所有用户开放。这是一种新型的集中指挥、分布控制和分散执行的作战体制。

相较基于信息系统的指挥控制，大数据、云计算等新技术的广泛运用，极大地变革了海上联合作战指挥体制。传统的海上联合作战指挥体制，是基于“树”型的纵长结构，指挥活动从战略到战役再到战术指挥机构纵向有序展开。“云组合”的海上联合作战指挥体制，是基于“网”状的扁平结构，“整个海战场就像一个计算机大平台”，每个作战要素甚至每个平台、每个士兵都是“大平台”的用户，信息的采集、传递、处理、存储、使用一体化，实现了信息流程最优化，信息流动实时化，信息流向合理化和信息内容的定制化，提高了基于“云组合”的海上联合作战指挥效率。

---

① 海军战术云（Naval Tactical Cloud，NTC）是一种部署于战术前沿的海上作战用云生态环境，是海军各项大数据战术应用的基础平台。它提供海量存储运算能力、可快速定制的应用程序，以及高性能的数据分析预测工具集和安全的跨密集网关服务。

可见，大数据时代云作战运行模式以知识智能驱动，以集中于各种“云端”的信息为主导，本质上是扁平化的。相应的指挥控制机构设置不同于传统的指挥控制机构和基于信息系统的指挥控制机构，侧重于协调管理、数据保障、指示执行和安全控制。

如图 5.9 所示，海上大数据云作战指挥控制机构职能编制有联合行动计划官、联合行动协调官/平台执行官、分别基于数据中心和平台的首席信息官与信息官、网络通信官及相应的大数据 IT 技术人员。行使职能时，由联合行动计划官发布政策、策略和计划，提出联合行动的使命任务，其常驻于中心节点；联合行动协调官/平台执行官负责联合行动使命任务的执行，同时在 C^4I 作战运行计划过程中还负责大数据云计算设施的运行，协同联合行动计划官一起行使最高职能；分别基于数据中心和平台的首席信息官/信息官伙同网络通信官代表联合行动协调官共同实施大数据预测、大数据决策、大数据监视与评估等大数据指挥与控制战略，进行大数据联合作战、战场管理、精确火力控制，以及海上应急救援等行动。大数据 IT 技术人员负责具体技术的实施与维护。相应的配套设置包括数据中心、大数据决策与分析中心、情报中心，以及云计算设施和 IT 基础设施。

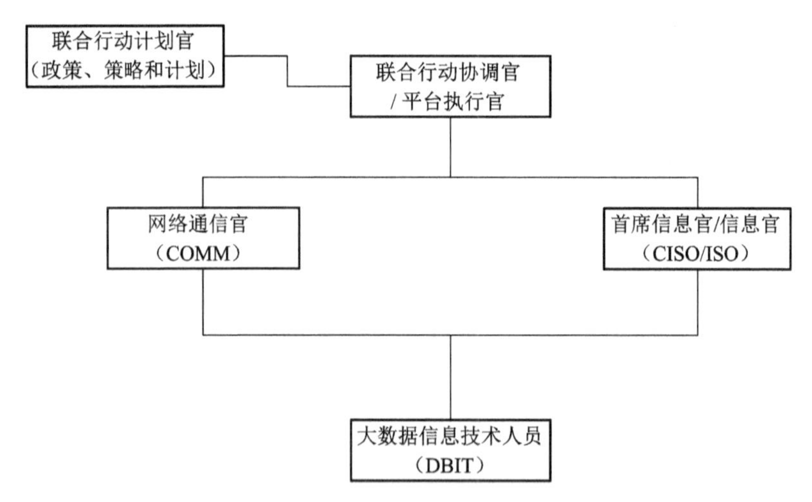

图 5.9 以知识为中心的海上大数据云作战指挥控制机构

由此可见，大数据云作战指挥控制体制机构聚焦于扩展、增强和提升现有数据处理框架能力，将作战、指挥控制、侦察、监视、后勤等所有大数据分析集中于云端边缘；通过全源信息融合协同提升作战效能，完成作战识别、预警指示、确定敌人意图/位置，以及增强战略战役网电空间的攻防能力。其指挥控制结构本质上是边缘化的。其指挥体制是“以数据（知识）为中心”的扁平化、开放、可伸缩的指挥体制。在这种体制下，资源共用、信息共享，知识和算法相互推动促进，认知智能驱动，困扰传统树状指挥控制结构的部署、冗余、扩展性和灵活性等问题都变得简单了。

5.5　云火力控制系统

与单平台相比，在网络化云作战体系中，终端的火力控制系统需要对多平台软、硬武器的战术性能和使用特点，以及软、硬武器之间在使用中的相互影响进行分析，合理地分配不同的平台和武器系统打击不同的目标，并使得多种武器系统在打击目标时最佳协同。从互联网栅格发展起来的“云”是继大型机集中计算、PC 分散计算之后，以互联网为载体的信息计算、存储和应用模式。在互联网早期，美军提出了“网络中心战”的作战思想。随着“云”时代的到来，在火力控制领域，日本率先提出“云射击”的概念，标志着“云”在火力控制系统的应用开端。本节基于大数据，提出云火力控制系统，包括基于大数据的云火力控制流程、基于大数据的云火力控制系统结构和基于“交战包”的云火力发射控制与导引 3 个部分。

5.5.1　云火力控制流程

火力控制是作战系统的终端，也是海上云作战指挥与控制的一个重点。

目前，火力控制已在单平台火力控制、多平台火力控制基础上建立起以网络为中心及以全源信息融合为基础的基础信息、态势感知、作战指挥与控制和火力打击“四网”一体的网络化火力控制体系，包括区域防空火力控制、立体反潜火力控制、联合制海火力控制和联合对陆火力控制。其火力控制经由实时移动网络通信和分布式体系实现对跨平台多种信息资源的综合处理与对多种类型武器的灵活调控。其作战流程的关键环节是各节点形成时空一致且具有火控质量的合成航迹和识别信息，在舰艇之间、舰艇与空中、岸基平台之间进行信息交换，共享统一的合成航迹和识别信息。典型代表是美国海军的协同交战能力（CEC）系统。

在协同交战能力（CEC）的基础上，云火力控制系统进一步拓展系统体系的侦察预警能力、目标指示能力和打击范围，应用大数据、人工智能和边缘节点等技术，进行多源信息融合识别、协同态势感知、在线态势预测、任务协同分配、行动自主控制，构建基于不同作战任务的动态杀伤链，支持系统间协同作战、要素资源的灵活组织和运用。21 世纪初以来，美国海军先后开展了海上一体化火力制空（NIFC-CA）项目、拒止环境中协同作战（CODA）项目和马赛克（MOSAIC）战项目。其中，马赛克战①概念如图 5.10 所示。

图 5.10　马赛克战概念示意图

其核心思想是以决策为中心，应用人工智能（AI）、分布式网络通信、云计算、跨域有人/无人协同等核心技术，自适应地根据作战任务的变化，动态实现作战单元的重组，灵活构建弹性的杀伤网。网络化协同火力控制向云火力控制转变。

基于大数据的云火力控制流程如图 5.11 所示。

5.5.2　云火力控制系统结构

"云"所具有超强的计算能力、易于扩展、应用便捷、按需订购、节约成本等优势使得其在商业领域广泛应用，进而提高了经营效益。在火力控制领域，多平台、多武器云火力控制系统以虚拟化和分布式协同组网为技术基础，利用当前先进的信息和网络化技术，通过"云"的网络使能理念把分散于各个战场群中的各类平台和各种武器系统中的目标传感器、数据处理和计算能力、数据链和通信系统集成为一个高度自适应的综合火力控制"云"。云火力控制系将协同作战平台和关键系统的有机集成转变为作战网络的连接、命令和

① DARPA. Strategic Technology Office Outlines Vision for Mosaic Warfare [EB/OL]. (2017-08-04)[2020-06-20]. https://www.Darpa.Mil/news-events/2017-08-04。

控制，支持按需组合、动态集成和提升互操作性。“云”计算控制可以获得远超单一武器系统或精确打击系统打击目标时所能获得的高精度和高可靠性的信息数据。对于整个体系而言，系统中的任何一个制导和非制导弹药不再属于某个单一的平台，而是通过虚拟化的综合火力控制“云”按需实时控制，可获取“云”控制网络化火力打击的优化效果。

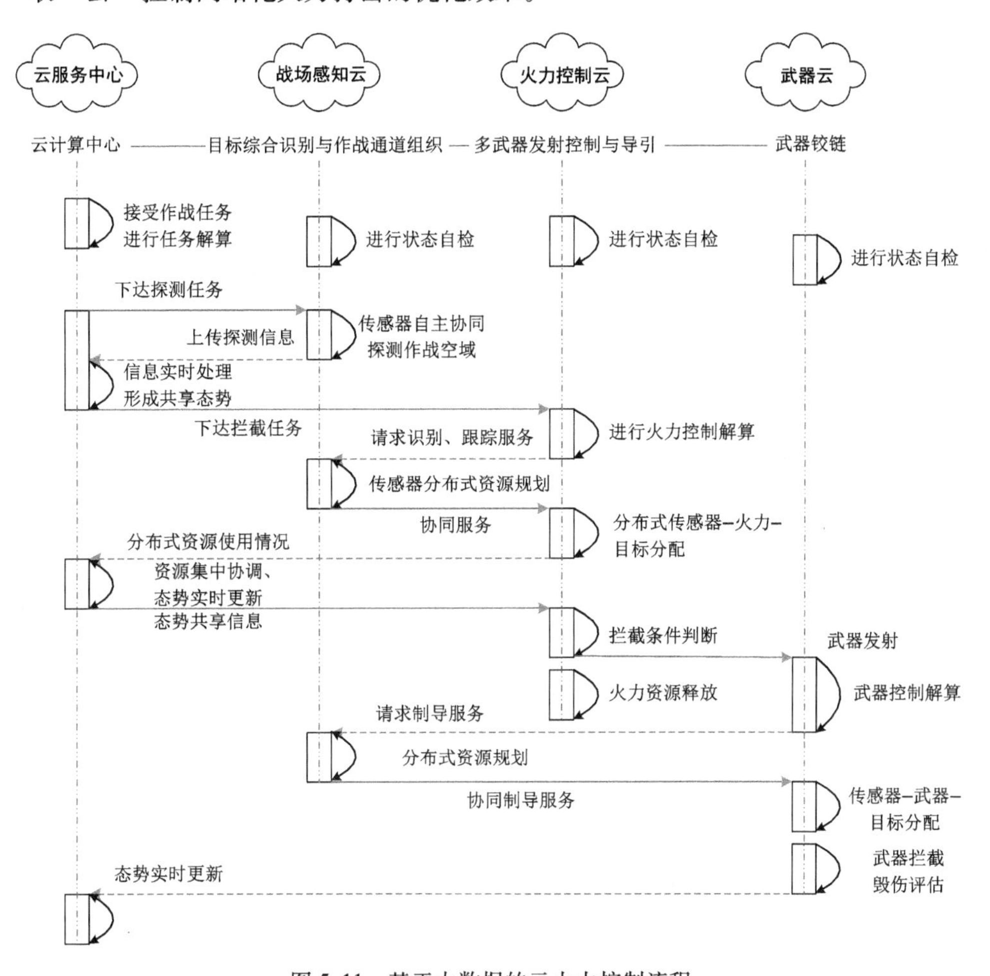

图5.11　基于大数据的云火力控制流程

基于大数据互联网的“云”火力控制系统结构如图5.12所示。

其中，虚拟化技术和分布式协同组网技术是综合火力控制“云”的关键。虚拟化技术能灵活地组织各种计算资源，隔离具体硬件体系结构及软件系统之间的紧密依赖和耦合关系，实现透明化的可伸缩计算系统架构，提高计算资源的使用效率，发挥计算资源的聚合效能。分布式协同组网技术将分布与协同两

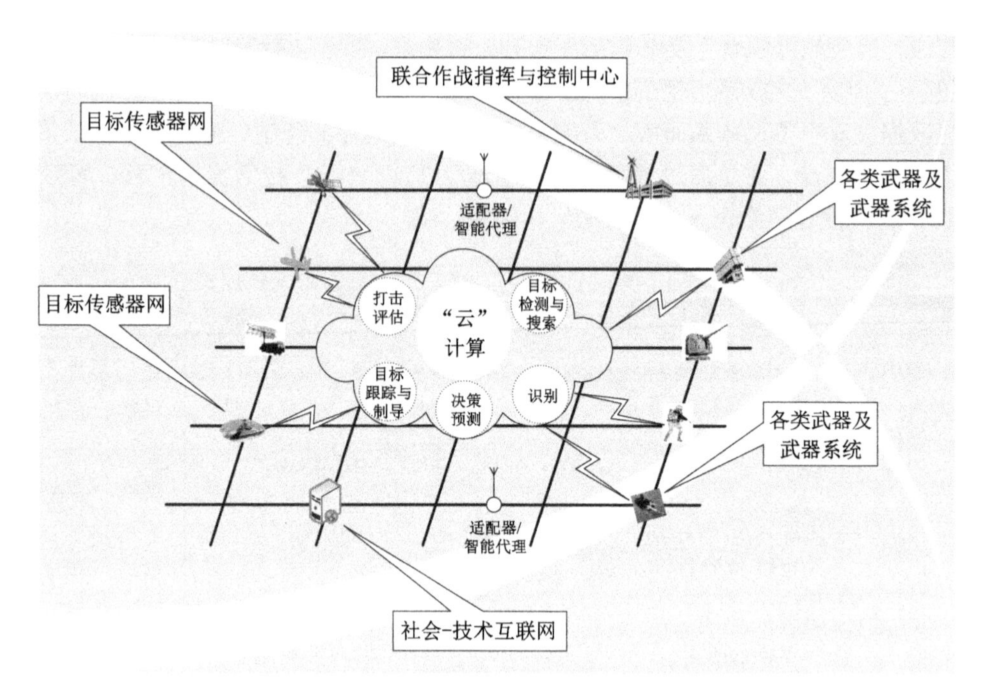

图 5.12　基于大数据互联网的云火力控制系统结构

者结合起来，为“云作战”用户提供共享资源、共享数据和高性能的计算手段，即分布式系统是通过协同并行解决子问题来提供更高计算性能的，同时也提供了更为强大的可用性和可靠性，防止因某些部件故障带来系统级的崩溃。

5.5.3　基于“交战包”的云火力发射控制与导引

由于作战使命任务多样化和战场环境的变化，现代火力控制常常需要一个作战平台联合另一个作战平台进行多平台探测和武器发射，实现从相同或不同的平台发射多种武器的协同打击。这种多武器发射控制与导引在云作战环境下就是云火力发射控制与导引，需要根据目标威胁、目标与环境特性，实时或近实时接收/传送数据，对多种同类、不同类本平台或跨平台武器的发射进行控制、导引与协调，接收和处理系统间的传感器实时数据。

行为上，云火力发射控制与导引通过包括作战人员、传感器、网络、指挥与控制、平台和武器等基本要素在内围绕作战延伸能力（CRC）中的关键能力灵活地组织“交战包”。所谓“交战包”，是对应于虚拟组织的一种按作战需求灵活组建的模块化结构，即针对某一威胁而松散联合起来的一组作战功能的有限集合。“交战包”将必要的实体、相关资源和过程组合在一起，在体系组织上进行柔性组合、过程优化，快速完成特定的任务。任务完成后释放这些资源，将其用于其他任务。如图 5.13 所示，部队网 6 个要素的自适应组合形成了 5 种 CRC；5 种 CRC 按需组成“包”，灵活地进行交战。

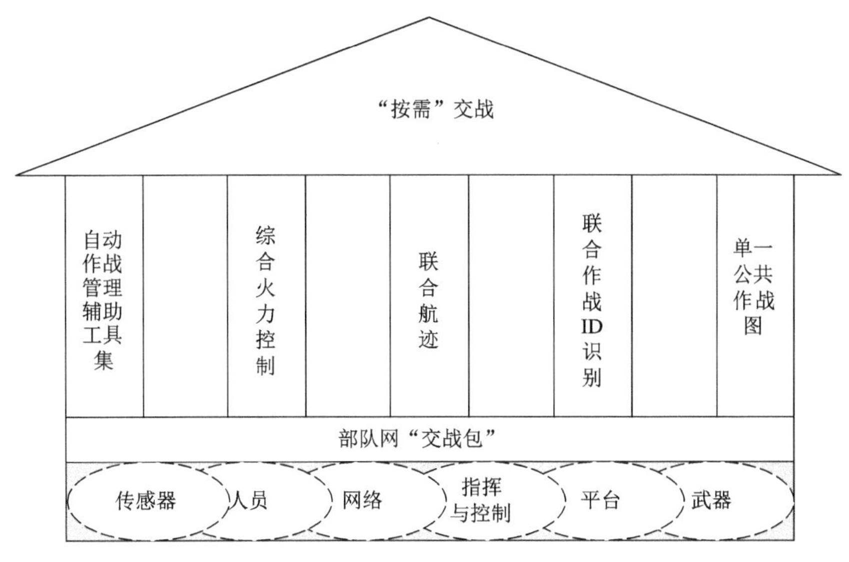

图 5.13　面向需求的部队网“交战包”结构关系

如图 5.14 所示，预警机、电子战飞机、无人机、无人艇等各种有人无人作战平台已纳入海上一体化作战体系中。各传感器平台和设备利用网络化信息传输层和分布式计算资源层构成传感器栅格，形成战场感知云，进行战场情报信息获取、情报信息智能处理；武器平台和武器利用网络化信息传输层和分布式计算资源层构成交战栅格，形成火力控制云，执行武器控制和火力控制。

在分布式态势生成、分布式打击决策、多链信息分发与管理的基础上，相应的信息流分别是“情报、侦察与监视”流、“协同指挥控制”流，以及“云火力控制”流。

根据资源共享情况，系统可同时构建多个不同的云“交战包”，组织协同作战或并行作战。除了这些灵活的云“交战包”，还有一些基于优化的发布/订阅结构的固定应用的“交战包”，需要集中处理或执行，可加快火力打击反应速度。

相应的云火力发射控制与导引包括以下几方面。

（1）发射器优选。本质上，发射器优选就是以行动为中心的武器、目标的最佳或最优组合配对，即以最适宜的交战态势（几何图形）和作战决心从一组协同作战的兵力中选择出最适宜的武器去拦截目标。

（2）对干扰进行控制，避免不利的交互作用，保证对目标的探测和跟踪。

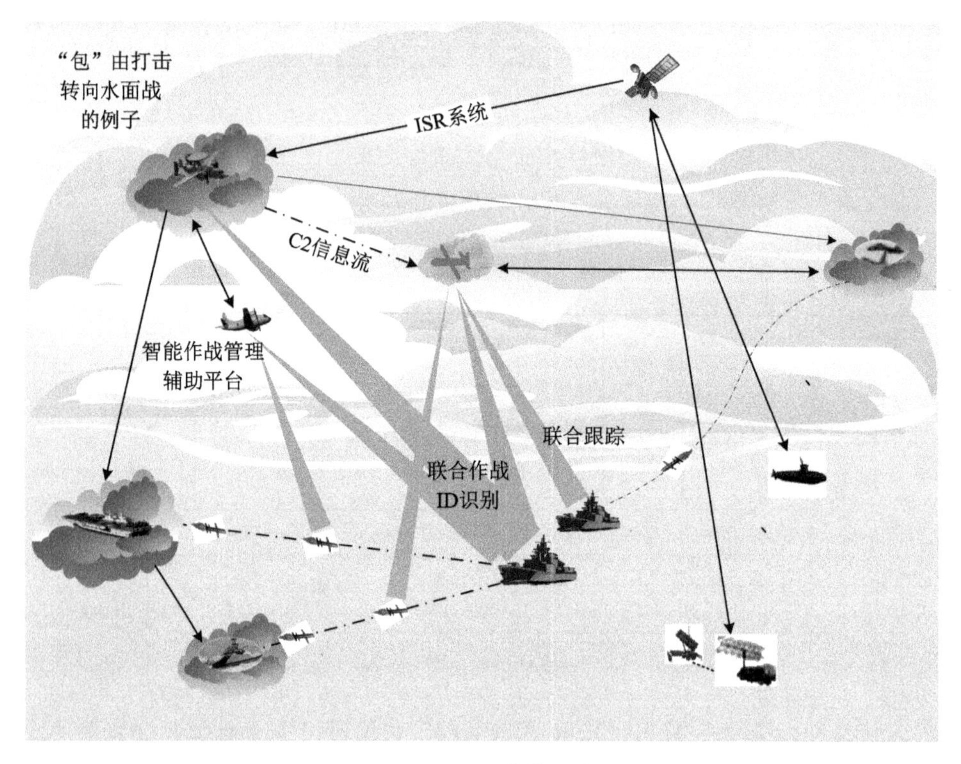

图 5.14　FnEPs 作战示意图

为了保证对威胁目标的充分搜索，使警戒探测雷达与电子侦察设备在时域、空域、频域上实时协调，同时，为了保证电子干扰设备不干扰跟踪雷达性能，使跟踪雷达与电子干扰设备在时域、空域、频域上实时协调，在跟踪雷达接收目标指示、开始捕获目标时，有干扰的有源电子干扰设备应停止工作，或分频工作，以不影响雷达等探测设备的工作。

（3）使用多传感器跟踪网数据，实施干扰弹发射控制。

（4）运用火控滤波数据，评估干扰弹的干扰效果。使用电子侦察告警设备提供反舰导弹末制导雷达工作信息，及时评估硬武器，特别是舰空导弹的毁伤效果。

（5）采用电子侦察等设备对目标类型的识别信息，支持系统对目标类型的识别，进而支持硬武器的作战决策。

（6）防止电磁相互干扰。软杀伤武器必须严格控制使用，如箔条的设置不正确会使导弹穿过箔条云攻击舰船，或是在跟踪箔条云的途中转向舰船；各种电子干扰设备和舰外诱饵也可能会致盲舰载电子侦察系统和跟踪雷达，还可能被己舰或其他平台的传感器所接收而被认为是新的威胁。

（7）应用电子侦察的目标信号幅度信息，支持硬武器的杀伤效果评估，如箔条已成功诱骗导弹，就不需要其他的对抗措施。反之，应立即采取相应的对抗措施。

5.6　云作战效能增益

云作战有力地推动了海上指挥与控制理念、战法、指挥和保障方式等诸多方面的变革。

1. 创新了“分布式”作战概念

大数据、云计算等新技术的运用，创新了兵力分布、火力机动和网络赋能的方式，对信息化海上联合作战产生了革命性的影响。

（1）兵力、火力更加分散，增加了敌目标选择与节点打击的难度，增强了己方作战的灵活性和体系的反脆弱性。譬如，分布式部署的水面舰艇编组更趋于分散，通常以“小编队、群”的方式分散行动，使敌难以确定己方行动意图和作战重点；当“小编队、群”在远离本土港岸遂行远海作战时，其指挥机构通过配属的分布式云服务器，实现“小编队、群”的大数据情报采集、整理工作，为“小编队、群”指挥所提供同步并行的云计算结果，辅助指挥员及其指挥机关组织联合作战行动。这种大数据+云计算技术的运用，可为指挥控制行动提供更强的主动性，使“小编队、群”能更机动灵活地把握稍纵即逝的有利战机。

（2）这些“分布式”的兵力、火力在网络赋能和信息作战的支援下，打击能量更加集中、打击效果更加精准。通过大数据、云计算等新技术的运用，这种“分布式作战”以水面舰艇作战平台为中心，依托水面舰艇、航空兵、潜艇、UUV 等主要突击力量，构建针对敌力量体系薄弱环节的分布式打击体系，在太空卫星和网络作战等的支援配合下，形成空、海、岸和远、中、近无缝链接的海上多维一体攻防作战体系。

（3）发挥各军兵种面海作战优长，创新了分布式、跨域协同的全纵深海空立体打击模式。大数据、云计算等新技术的综合运用，促进诸军兵种对海作战力量融合，使不同维度、多元同步协同作战成为现实。这种“分布式”作战强调结构合理、优势互补、运行高效。如水面舰艇海上持续作战能力强，能遂行防空、反导、反舰等多种作战任务，可担负信息获取、传输和“云计算”处理平台，适合于作为整个海上“分布式”作战的前进指挥所；海军航空兵具有速度快、突击威力大的特点，其“分布式”作战的时效性强，适合作为海上作战的主要突击力量；潜艇兵力隐蔽性强、打击效果好，适合作为隐蔽突击力量。

为适应大数据时代“决策中心战”的实际需求，2015 年 1 月，《美国海军学院学报》上发表了一篇题为《分布式杀伤》的论文。它强调在不扩军、不调整编制体制的前提下，以最低的风险成本，整合美国海军现有水面舰艇部队作战资源，创造出伤亡代价最少、更具杀伤力的作战理论，成为美军新的作战概念。

2. 提高了“云通信”效率

大数据、云计算等新技术的运用，提高了信息化海上联合作战的通信传输效率，使海上态势信息传输具有“云通信”特点，即节点与节点之间的通信直达化，“云”与“云”之间传输便捷化。

（1）“云通信”传输容量大。通过运用部署于信息网络边缘的分布式内容服务器和 CDN 等云传输技术，“云通信”可实现海上联合作战态势信息在大规模战场环境下的同步更新和实时传输。基于云计算的内容分发模式，各作战平台和指挥所可以“就近”获取高服务质量（QoS）的态势信息内容，从而保证海上联合作战对 GB 量级以上带宽的多媒体态势信息传输需求。

（2）“云通信”具有自适应能力。云计算虚拟传输信道技术的运用，使“云通信”的信息传输系统具有很强的扩展性，能针对敌各种阻塞式干扰自动组建迂回通道，实现海战场态势信息的可靠传输。

（3）“云通信”具有实时传输功能。“云通信”能够遂行时延敏感的实时视频信息传输以及自适应地进行传输质量反馈和控制，使远在千万里之外的战略或战役指挥员能在第一时间清晰了解前线第一手战术信息。

3. 变革了“云组织”指挥方式

大数据、云计算等新技术的广泛运用，极大地变革了基于“云组合”的指挥方式，使信息化海上联合作战的指挥更加灵活。“云组合”的指挥方式，实际上是基于“四链一网”的指挥信息传递、情报共享和指挥控制。它着眼信息化海上联合作战的特点规律，改变了传统作战以任务为中心的集中式指挥方式；基于效能、基于威胁，灵活构建“云组合”的指挥机制，能够自适应处理指挥通信中断、阻塞和负载平衡等问题，使作战指令以最优流程传达到作战终端。各军兵种对海作战和保障平台既是“云组合”的服务终端，又是提供“云”信息、获取“云”指令的“云组合”节点，能在复杂电磁条件下“自由组合、落地生根”，实现海上联合作战的指挥信息无障碍流动，实施近实时的指挥决策和行动控制。

在目前对海兵力组织指挥及通信手段和能力都比较有限的情况下，海上指挥机构与岸上指挥机构之间的命令、态势情报等数据信息的交互时间延迟、交互难度将由于时空距离增大而大幅增加，运用“云组合”的指挥方式，利于创建有利于我、不利于敌的海上复杂电磁环境，可以分进合击的战法突击敌海上重要目标，掌握战场胜势。

4. 拓宽了“云服务”保障

大数据、云计算等新技术的广泛运用，极大地拓宽了基于“互联网+”系统的“云服务”保障。

（1）排除虚假信息。在信息化海上联合作战中，一方面多源平台信息获取量剧增，另一方面大数据态势情报冗余，超过指挥信息系统的处理能力，导致超负荷的“数据爆炸”现象。为此，必须综合运用多军兵种侦察手段，利用“云服务”多渠道获取信息，利用“大数据”去伪存真，在极短时间内完成大数据情报的“筛选、鉴别、分类和处理”，抓住敌虚假信息所描述的现象背后隐藏的本质。

（2）优先提供高价值目标信息。在海上联合作战中，情报部门所提供的信息是对战斗或战役乃至战略全局的各种客观存在的描述。在不同的时节、不同的作战方向，各种信息对作战行动的价值是不一样的。未来海上作战指挥的大数据分为两大类型，即结构化数据和非结构化数据。通过“云服务”保障和大数据融合处理，挖掘各类情报信息的关联关系，辅助作战指挥员“去粗取精”，抓住高价值目标信息。

（3）抓住关键性信息。关键性信息是对海上联合作战全局有重大影响的战略情报。例如，进攻作战中影响主要作战方向选择的信息、关键性作战海域敌重兵集团的信息；防御作战中敌主要进攻方向和进攻时间的信息等。必须按照“云服务”设定的责任和权限，按层负责、按级筛选，将疑似重要的关键性信息逐级或越级上报信息处理中心。作战指挥及其网络组织中任何人，都可以按权限自主访问服务数据，利用大数据处理系统通过“云计算”从海量数据中迅速找到真正有价值的关键性信息。

第6章
海上大数据服务保障体系建设

在未来海上作战中，大数据、人工智能（AI）及其网络将成为战斗力生成的核心要素。海上指挥控制的关键在于通过研究大数据（云计算）分析技术如何在海上行动中使用以提升体系的战斗力和作战效能。因此，需要深入研究海上大数据智能指挥控制所需要的环境、条件及其作战组织形式，构建海上大数据智能生态服务保障体系及其网络。

当前，主要军事强国的海上行动大数据建设实践表明，作战需求决定海上大数据指挥控制建设的方向和目标，在明确应用需求下建设大数据成果实用性强、可信度高。在未来智能化时代，大数据通过对海量数据有针对性的分析，将赋予海上行动更多的预测、对策、精确和可能。

本章主要介绍海上大数据库建设与知识图谱、大数据共享与数据湖服务机制、大数据可视化，以及大数据运维安全与管理等内容。

6.1 海上大数据库建设与知识图谱

6.1.1 海上大数据库建设

信息化海战大数据来自于敌我战场目标，海战场环境、地理、气象水文信息，网络政情舆情，敌我战略战术意图，武器平台装备，参战部队，后勤支援保障等各个方面的静态数据和流量数据。具体而言，有战场情报侦察与监视数据、体制编制装备数据、指挥业务数据、作战保障支援数据，包括电子频谱、气象水文、导航定位、地理信息、社会环境等与作战行动密切相关的各种数据。

世界各主要军事强国的海上大数据建设实践表明，应用需求决定海上大数据建设的方向和目标。因此，以作战应用需求牵引海上大数据库建设，具体包括以下几方面。

（1）上级作战意图数据库。用于存放和录用上级作战意图及其背景，为拟制作战方案提供依据。

（2）目标信息数据库。以图解的、文字的、表格的、数字的、影像的或其他的目标信息表达方式，提供目标的属性、军事重要性，主要用于支持一种或多种武器系统对指定的目标实施打击和作战方案的拟定。

（3）作战武器装备数据库。用于存放和录入现有作战武器装备的名称、种类、性能参数，如舰艇性能、潜艇性能、飞机性能、岸防兵资料性能、陆战队资料性能、舰载机性能、导弹性能、舰炮性能、鱼雷性能、水雷性能、火箭深弹性能、雷达性能、电子战设备性能、通信装备性能等。

（4）作战兵力数据库。用于存放和录入敌我作战兵力编制情况。

（5）军事知识数据库。用于存放和录入作战方案的军事知识，如军事概念和军事规则。

（6）陆、海、空、火箭军辅助决策系统数据库。用于存放各军兵种作战时的决策结果、方案计划等。

（7）作战方案数据库。用于存放作战方案，供指挥员做出决心。

对此，一方面要加强数据采集力度，丰富完善数据内容；另一方面要充分考虑并紧密贴合海军作战大数据应用需求，以作战应用需求牵引海上大数据库建设。一般传统数据库主要用来存放历史数据和经过初步处理的数据，内容大部分是结构化数据。对于海量实时的半结构和结构化数据，需要全新架构的大数据存储和分析平台，实现在识别数据结构之前装载数据，并能以大于 1GB/s 的速率来分析数据，其“全息”运算能力的优势体现在对静态数据的批量处理、在线数据的实时处理，以及对图数据的综合处理上。

首先，制定大数据网络系列标准和规范，保障大数据完整、综合、全面、实时、动态、开放的特性，保证：

（1）数据时空一致性；

（2）数据保持原始状态；

（3）数据完整及时；

（4）数据高速动态可读取；

（5）数据可信；

（6）数据采用通用格式等。

通过统一的标准和规范为各种大数据应用与服务提供安全、可靠、高速的开源数据，确保应用和数据在不同云服务商之间可迁移与可用，实现大数据共享。

其次，将大数据中心、云计算中心作为公共基础资源建设和统筹的主体，引入并建立数据源索引，通过云环境实现数据集合，使数据中心从传统分散走向新的分布式集中。通过采用最先进的存储利用技术，一体化的数据存储、备份、冗余和控制管理，虚拟化扬弃老旧数据和应用程序，形成便捷、经济、安全、规模化的服务。英国将在公共计算基础设施方面投入巨资，加强大数据采集与分析。美国政府提出在 2010 年至 2015 年期间整合联邦 1100 个数据中心计划，至 2015 年撤销至少 800 个；云计算中心则提供动态、广域可伸缩的计算服务。

再次，积极研究大数据作战云的形成机理及其组织形式。其中，海上战术云是一种部署于海上战术前沿的海上行动用云生态环境，是前沿海上行动大数据应用的基础平台，可提供海量存储运算能力、可快速定制的应用程序，以及高性能的数据分析预测工具集和安全的跨密集网关服务。

最后，不断完善大数据感知网络。有资料表明，除了无所不在的商业和社会网络外，在海上和空中，以美、日等国为首的西方发达国家已着手建立具有强大作战空间状态监控优势的传感器网络。这些传感器分布于各个角落。由这些传感器产生的大数据通过无线/有线网迅速传输和汇集，实时形成知识的宝库。

6.1.2 海上大数据知识图谱

知识图谱（Knowledge Graph）又称为科学知识图谱，起源于语义网络（Semantic Web），是 2012 年由 Google 公司提出的一个概念。在图书情报界亦称为知识域可视化或知识领域映射地图，是显示知识发展进程与结构关系的一系列各种不同的图形。可分为通用知识图谱（General-purpose Knowledge Graph，GKG）和领域知识图谱（Domain-specific Knowledge Graph，DKG）两大类。

本质上，知识图谱是一种大规模复杂知识网络，由符合 Resource Description Framework（RDF）技术标准的“实体-关系-实体”与“实体-属性-属性值”三元组为基本单位相互连接交织形成的知识网络。其中，节点和边分别表示现实世界中的各种实体、概念、属性及其关联关系。其中的知识要素通过语义相关联，以图的形式组织在一起。可见，知识图谱是一张由许多三元组以“节点-边-节点”小单元相互连接交错形成的“大网”。

在构建知识图谱的过程中，知识抽取与融合是提高数据规模与质量的关键。在完成以上三元组收集之后，要把这些小单元组织起来，并将重复的节点合并，将同一实体对应的边连接到知识图谱中对应的同一节点上，完成从 RDF 数据到知识图谱的可视化过程。其中的知识按内容和作用可分为常识性知识、专业性知识、联想性知识和启发性知识 4 类。

从军事大数据应用的角度看，知识图谱能够从关系的角度把各种不同类型的作战数据组织成一个更加完整的军事大数据体系去使用。从军事语义连接的角度看，知识图谱能够从语义的角度对作战态势进行整体描述，并将其语义信息作为各种智能学习模型的输入，提升智能模型的学习能力。因此，知识图谱技术提供了一种从“关系”和“语义”的角度去描绘作战态势与分析态势要素复杂关联关系的能力，有利于精确描绘联合作战态势实体的各种属性知识，深入挖掘作战态势要素间的复杂关联关系和关系属性，为描述想定场景的联合作战态势带来了新的技术手段。

作战指挥时，作为人工智能技术中的知识容器和孵化器，其作战领域知识图谱可用来辅助各种复杂的分析应用或决策支持。如基于条令的知识图谱，可以通过作战条令和当前态势给出指令推荐；基于已有作战态势数据挖掘的行为图谱，可以识别出有关实体、关系、事件、任务和意图等之间的关系，可以根据来袭敌机编队的方向、队形、机型、轨迹等，逐步识别和辅助判断出敌机编队的作战意图。

随着人工智能技术的不断发展，知识图谱作为一种基于图结构的客观现实世界知识表达方式与可计算模型，与大数据、深度学习一起成为人工智能发展的核心驱动力。

图 6.1 为知识图谱在作战指挥领域中的应用示例。

如图 6.1 所示，作战领域知识图谱是链接作战部队、指挥系统、武器平台等各类作战要素的桥梁，是打通各军兵种不同业务领域间信息隔阂的重要手段。平时的主要应用包括基于军事知识的智能问答、个性化推荐、隐蔽知识推理等基于知识图谱的辅助数据分析及决策功能；战时的应用主要包含情报保障、作战筹划与行动控制、战时辅助判断与决策推荐等指挥控制等典型应用。

未来海战中，以智能化作战领域对军事知识采集、存储、表示、查询等技术的特殊需求，以及知识图谱在部队平时和战时的应用场景，将相关的海上作战知识用可视化技术描述知识资源及其载体，挖掘、分析、构建、绘制和显示知识及它们之间的相互联系，可为作战指挥提供切实的、有价值的参考，对于辅助海上作战具有重大意义。

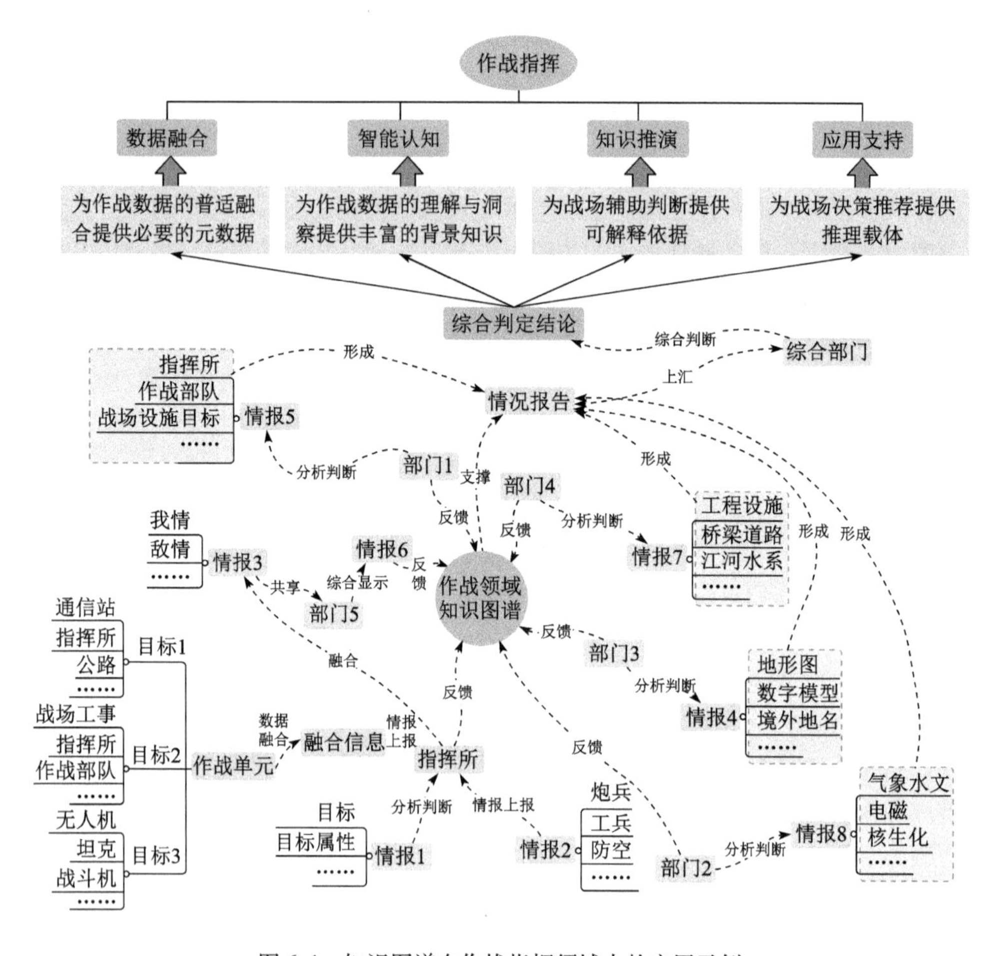

图 6.1　知识图谱在作战指挥领域中的应用示例

6.2　海上大数据共享与数据湖服务机制

大数据是开展海上大数据智能指挥控制的基础和前提，包括大数据描述、大数据组织和大数据运用，其中大数据识别、定义、定位、获得和访问是技术实现的基础。下面具体介绍基于元数据的海上大数据组织与共享，以及基于数据湖的服务机制等相关内容。

6.2.1　应用元数据的海上大数据组织与共享

当前，海上编队各装备节点都有独立的数据库，这些数据库结构与内容基本一致，通常采用符合特定军用传输协议的方法进行信息同步与共享，但这种方法仅能通过特定的方式实现固定格式及特定数据的同步与共享，扩展性与实用性具有一定的局限，难以实现在权限范围内进行跨节点的数据库远程查询等，系统实现复杂度较高，可靠性较低，不利于系统间的数据互通及共享。因此，可应用元数据，建立一个描述架构，表达、指示分布异构的信息资源，精确描述信息资源的内容特征、形式特征，使得分布式环境中的数据库资源可以被识别、定义、定位、获得和访问，将各系统中现有各节点数据进行整合，并采用分布式技术实现信息资源共享，使各孤岛数据在逻辑上成为一个数据整体，实现分布式环境中的信息整合与共享。

1. 应用元数据的信息组织

"元数据"即描述数据属性的数据，是关于数据和信息资源的描述性信息。元数据的产生源自网络信息资源的快速增长，信息资源的组织和利用出现了巨大的困难，传统的信息组织方式不仅在数据加工和数据标引上浪费大量人力和时间，而且对操作人员的专业性要求较高；同时，由于网络环境的一些其他问题，如内容加密、资源庞大等，造成资源不能每个人直接使用，导致使用传统的信息管理方法组织分布式信息资源存在很大的困难。

应用元数据的信息组织主要实现两个功能：一是较为准确地描述信息资源的原始数据或内容主题；二是能够实现分布式信息资源的发现，即实现计算机网络定位、自动解析、分解、提取等功能，从而将分布式信息资源的无序状态转化为有效状态。元数据的存储与管理主要有两种实现方式：一种是基于目录的元数据管理方法，它参照目录子树，将分布式系统的所有节点元数据按照层级关系映射到目录子树当中，这种方式在节点发生变化时，对树的影响较大，一般不用于节点频繁移动的情况；另一种是基于 Hash 散列函数的元数据管理方法，它通过把所有的节点元数据信息散列到不同的位置，避免了节点发生变化的影响。

元数据在分布式数据共享方面得到了广泛应用，如分布式图书信息系统管理、分布式地理信息系统数据库的整合、分布式文件存储等方面。在分布式异构数据库环境中，要想实现数据库的访问，首先需要了解各个数据库的基本结构，然后才能针对不同的数据库采取不同的访问过程。使用数据库元描述数据库中数据的组成、属性的数据信息，便于数据库结构信息的展示，通过数据库元数据所描述的信息，能进行准确定位，便于快速查找具体信息。

2. 分布式数据共享平台架构

在分布式环境中，各信息源的物理空间位置、系统结构和逻辑结构各不相同，各系统信息以各自不同的数据描述框架，存储在不同的数据库中，难以实现数据共享访问，针对上述问题，设计应用元数据的异构数据库共享平台架构如图 6.2 所示。

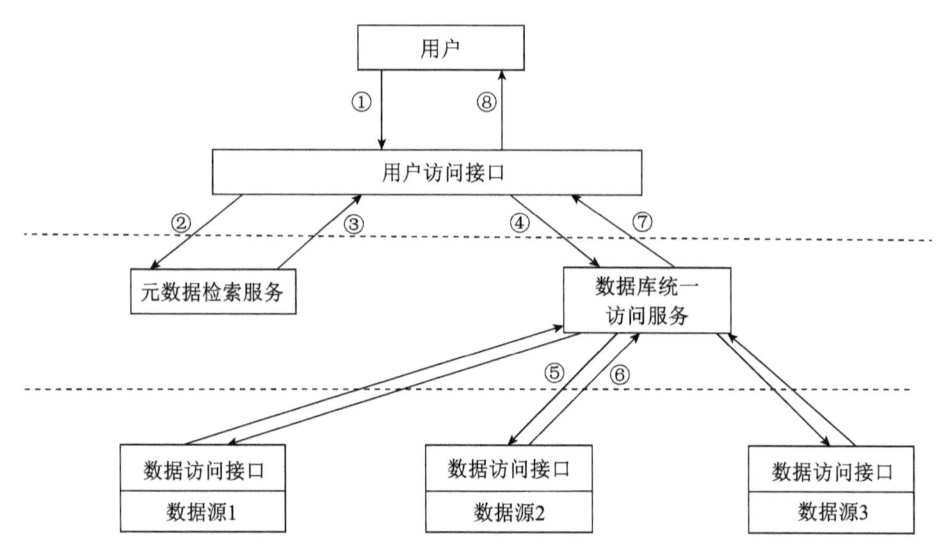

图 6.2　应用元数据的异构数据库共享平台架构

数据集成时，通过元数据检索服务和数据库统一访问服务，为各异构数据库提供统一的表示、存储和管理方法，消除各异构数据库之间的差异，为用户提供一个访问异构数据源的统一接口，用户不必考虑数据模型异构、数据抽取以及数据整合问题，实现底层数据的用户透明访问。如图 6.2 所示，共享平台架构分 3 层，具体描述如下。

第一层，用户访问接口：为上层应用提供访问接口，封装用户访问方式，将用户请求向下转发，并接收下层返回的请求执行结果。

第二层，元数据检索服务。抽象各数据源的具体结构并统一描述，为用户访问接口提供检索服务，并解析访问的内容，定位数据库所在物理地址及数据所在的具体位置，供数据库统一访问服务使用。

数据库统一访问服务：接受用户访问接口的请求，解析请求内容，依据元数据检索服务提供的数据地址及相关描述信息对物理数据源发出访问请求。

第三层，数据访问接口：在具体的数据源中，对上接受访问服务的请求，转化为针对数据源的具体操作方式，并将执行结果处理后发送至数据库统一访问服务。

其中：

① 用户调用用户访问接口，发起访问请求，查询需要的数据；

② 用户访问接口向元数据检索服务发起请求；

③ 元数据检索服务将查询到的定位信息返回给用户访问接口；

④ 用户访问接口对数据库统一访问服务发出请求，将定位信息传递给数据库统一访问服务；

⑤ 数据库统一访问服务根据定位信息定位目标数据库，并向数据访问接口发出请求，等待数据访问接口返回结果；

⑥ 数据访问接口依据数据库统一访问服务发送的信息，对本地数据库执行相应操作，将执行结果返回给数据库统一访问服务；

⑦ 数据库统一访问服务将接收的结果返回给用户访问接口；

⑧ 用户访问接口将收到的结果返回给用户。

通过上述架构，数据的访问实现方式及具体细节对用户是透明的，用户只需要调用用户访问接口，即可实现分布式信息的快速与透明获取。

（1）用户访问接口。该接口通过提供一组函数实现，首先向元数据检索服务请求定位信息，然后使用定位信息向数据库统一访问服务请求执行结果，对下层进行封装，屏蔽具体实现方式，该模块的业务功能较简单，但由于其作为用户访问必需的环节，可能会在同一时间接受大量的用户请求，同时，在同一时间频繁的请求很多情况是对某一个数据源的访问，因此，需要对访问请求进行控制和优化，可以采用缓存技术保存数据源定位结果，加快定位速度。

（2）元数据检索服务。元数据的检索是整个架构的核心，元数据检索服务通过对数据库元数据的解析，将物理分布在多个地点的数据集成为统一的数据共享和访问管理逻辑空间，以低成本、松耦合的方式实现大量异构数据资源的整合和共享。元数据检索服务包含了两个方面：元数据检索库的建立和检索的实现。

元数据检索库的建立过程就是对各数据源的元数据提取转化的过程。由于各个数据源使用不同的存储结构存储数据，如果通过人工提取、转换、导入元数据，不仅速度慢，还可能造成导入的元数据错误或不完整。如何自动将各平台相关的数据组织结构，翻译成平台无关的标准结构是一个难点。第一种解决方法是针对具体的数据组织结构实现一种抽取与转化工具，即点对点的转换，但这种方式在集成一个新的数据源时必须再次单独实现转换工具，没有合理利用各数据源之间的共性，造成资源浪费，也加大了系统实现的难度。第二种解决方法是依据当前数据源使用的数据库管理系统（DBMS）而实现，尽管目前指挥系统中各节点数据源存储数据的实现方式有差别，但主要还是采用主流的DBMS，如 Oracle、SQL Server、MySQL 等都能基于建立好的数据库导出创建数据库的 SQL 脚本，一个 SQL DDL（数据定义语言）语句集就是一个平台相关的组织结构。因此，可设计一个元数据提取转换模块，如图 6.3 所示，将 SQL

DDL 语句集转换成标准的元数据结构。通过此方法，只需实现各 DBMS 到标准元数据的转换，不依赖于具体的数据内容，增加了系统的灵活性，可以“一次开发，多次复用”。

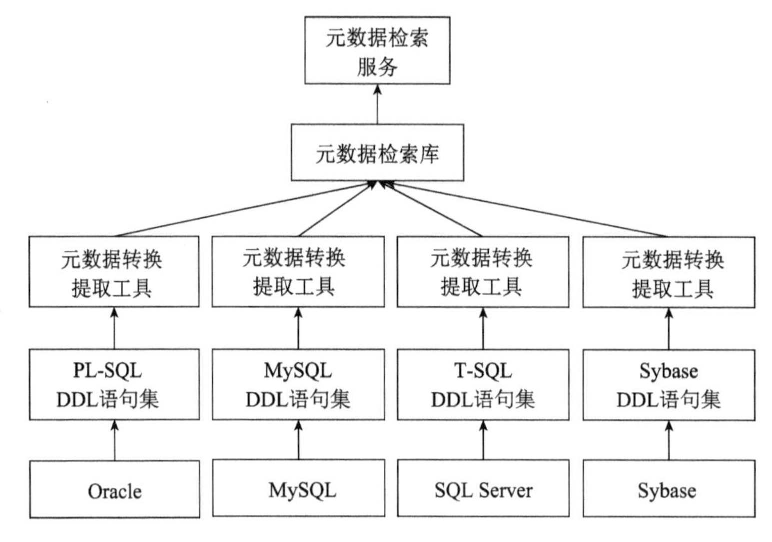

图 6.3　元数据提取转换框架示意图

在元数据检索库建立后，如果数据源的内容组织结构发生了改变，可以通过触发器（以 Oracle 为例）获取 DDL 语句，通过消息处理机制发送给元数据转换提取工具进行转换后对元数据检索库进行更新。

在对各异构数据源转换成标准的元数据描述后，将其放入数据库中保存。在检索过程中，必须以固定的描述方式在数据库中进行检索。元数据检索库在创建成功后，主要是进行查询服务，使用目录服务对元数据进行检索，可以对读操作进行优化，目录统一了命名、描述、定位一个组织结构内的各种信息资源，通常采用树状层次结构。采取“轻量级目录访问协议”（LDAP），后台以关系型数据库存储元数据信息，对外基于 TCP/IP 协议，以 C/S 方式提供查询服务，满足了检索的需求。

（3）数据统一访问服务。从元数据检索库中获取的定位信息经过用户访问接口传递，数据库统一访问服务可以依据定位信息定位到需要访问的数据源所在的物理地址以及数据在数据源中的位置。定位信息使用元数据描述，数据库统一访问服务将数据定位信息发送给具体的数据源，数据源通过数据访问接口将元数据解析成具体数据源所能理解的执行语句，并返回执行结果。数据库统一访问服务可以对执行结果进行加工处理后返回给用户访问接口。

数据库统一访问服务程序安装在一台独立的服务器上，该服务器通常与要访问的数据库不在同一物理位置，为保证在网络传输中数据的安全性，服务程序与数据访问接口之间可以考虑使用加密传输等方式实现。数据统一访问服务功能体系结构如图 6. 4 所示。

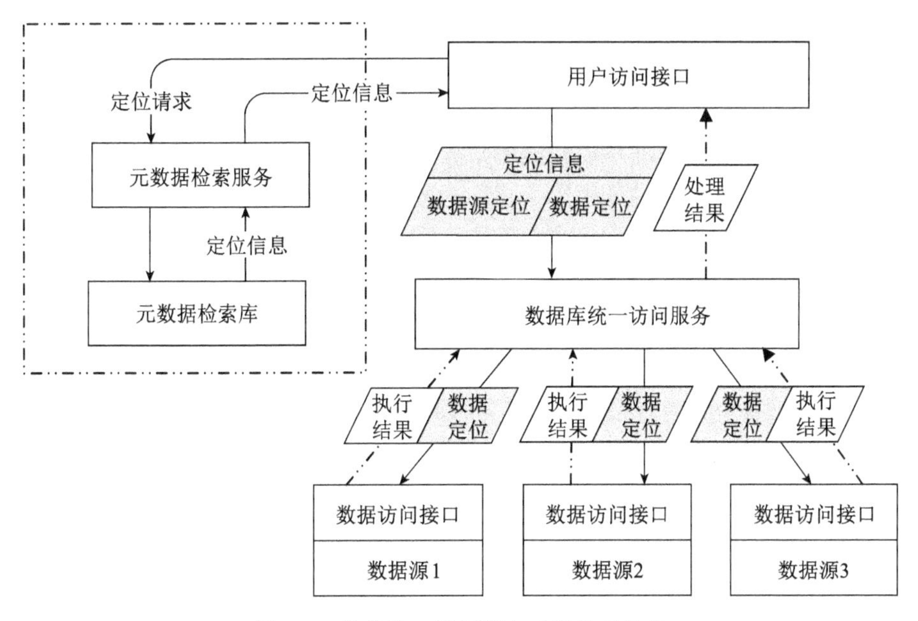

图 6. 4 数据统一访问服务功能体系结构

（4）元数据检索服务。数据访问接口程序安装在具体的数据源当中，在接受数据库统一访问服务发送的定位信息请求后，对元数据信息解析，在数据源中执行并获取执行结果。由于数据源运行的环境不同，要针对每种运行环境开发出一套针对具体平台的访问接口会极大地浪费开发资源。因此，可考虑采用 Java 的数据库连接（JDBC）实现，利用 Java 的跨平台特性，和各种数据库厂商提供的 JDBC 驱动程序，实现异构环境下的统一访问接口。为提高 Java 软件的运行效率，可使用 Java 本地调用 JNI 技术将其编译成本地程序。为适应军用传输标准，保障数据传输安全，可以在其中加入协议转换、数据加密等技术。

3. 分布式数据共享访问安全

虽然大部分的数据库在安全性方面提供了诸如身份验证、审计、精细控制和数据加密等多种安全手段，但由于不同厂商提供的数据库产品往往采用自成体系的访问机制，并且其传输协议通常不开放，无法在访问过程中添加自定义安全保密措施，因此，无法满足军用领域专用通信传输协议机制下的分布式数据库访问时所需的更高级别的安全。

在基于元数据的分布式数据库访问与管理体系中，可采用代理服务的方法解决信息系统中分布式数据库访问中的传输安全问题。通常考虑在数据库服务和数据库访问客户端构建代理服务，基于不同的商用数据库特征，该代理服务既可以以附属的形式进行无缝植入，如 Oracle 数据库的监听器，也可以独立的程序方式存在，如 MySQL 数据库。

在具体实现中，代理服务包括客户端代理及服务端代理。客户端代理服务会接管来自客户端应用的所有访问请求，解析请求报文传输协议及格式，采用受控的加密算法和专用的传输协议进行封装，然后将转换后的报文发送给服务端代理服务，同时也接收服务端代理服务发送的响应报文，进行专用传输协议解包后返回给客户端应用；服务端代理服务主要接收来自客户端代理服务的专用传输协议报文，将其解析后传给数据库服务，同时将处理后的响应内容进行专用传输协议打包并回传给客户端代理服务。除此之外，还可以在物理防火墙上设置高级别安全规则以保证敏感信息的传输安全。其实现机制如图 6.5 所示。

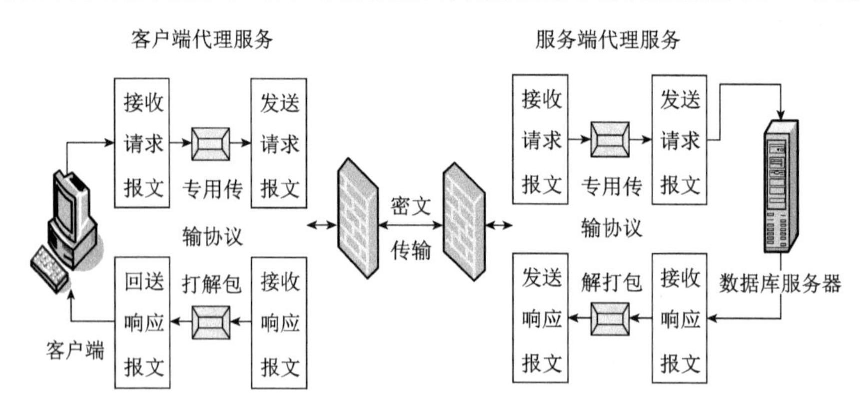

图 6.5　分布式数据共享访问安全机制示意图

6.2.2　基于数据湖的海上大数据服务机制

为了解决大数据时代军事信息有效利用和共享的问题，近几年来，主流的海量数据处理技术得以广泛应用，其核心的处理思路是利用传统的数据抽取、清洗、转换等数据仓库范畴的技术手段，将原始数据通过标准化数据模型，加工成特定结构数据进行存储处理。由于在进行数据分析和关联融合之前，数据已被加工为结构化、规整化的形态，不妨称这种数据处理方式为“写时模式(Schema-on-Write)”。在此方式下，数据仓库是解决大数据存储的基础设施。针对军事战场环境中的结构化以及文本、图片、语音、视频、文档等非结构化海量多源异构数据资源呈现几何增长、数据类型和来源多元化的现状，为了能更有效率地存储处理数据和最大程度地激发数据创新，以数据湖的方式构建数据存储处理和共享服务机制，打造一个高效的数据底座，实现基于“读时模式”的数据引接、存储和处理等过程，这种数据管理方式可满足数据鲜活性、全量性、安全性、易用性四大要求，从而构建有效、健康的数据共享生态，解决数据仓库笨重、高成本、分析周期冗长等问题，提升数据的共享程度和数据模型定义的灵活性，提高数据利用价值和效率。

1. 数据湖的概念

“数据湖”的概念首次由 James Dixon 于 2010 年在其博客帖子（https://jamesdixon. wordpress. com/2010/10/14/pentahohadoop-and-data-lakes/）中提出。他把数据集比喻为瓶装水，经过清洗、包装和构造化处理后便于饮用，与之相反，数据湖则管理从各类数据源引接汇聚来的原生态数据。

数据湖是一个数据存储库，其中来自于多个数据源的数据以它们原生态的方式进行存储。数据湖提供从异构数据源中提取数据和元数据的功能，并能将它们吸纳汇聚到混合存储系统中去。数据湖提供数据转换引擎，支持数据集转换、清洗以及与其他数据集的集成，并提供用于检索和查询数据湖数据和元数据的接口。

数据湖技术作为一种不同于原始数据库的数据存储架构，支持所有的数据类型，可以保存大量的结构化、半结构化和非结构化的原始数据，并将原始数据分类存储到不同的数据池，在各数据池里对数据进行优化整合，并转化成容易分析的统一存储格式。用户可以根据不同需要来挖掘数据资源，分析数据内容，发掘数据价值并加以利用。具体来说，数据池是能够存储大量来源、格式不同数据的存储空间，而数据湖则相当于包含多个数据池的巨大数据存储世界。数据湖技术作为大数据环境下产生的一种新技术、新架构，已被初步应用于商业、交通、气象等领域，并取得了一定的成效。

2. 数据湖的技术特点

数据湖和大数据在概念与内涵上有许多相似之处。对大数据的定义是所涉及的数据量规模巨大到无法通过人工，在合理时间内达到截取、管理、处理，并整理成为人类所能解读的信息，是需要新的处理模式才能具有智能决策力、洞察发现力和流程优化能力的海量、高增长率和多样化的信息资产，大数据通常具有规模巨大、类型繁多、速度极快、价值密度低等特点。针对大数据的相关特征，作为可有效处理军事大数据的数据湖技术，具有以下特点。

（1）空间海量化。当前大数据规模及其存储容量正在迅速增长，并且已渗透到军事领域各个业务中，受制于数据存储空间，传统数据库的架构难以适应数据量疯长的情况。因此，迫切需要一个新的可以满足海量存储需求的

“容器”来作为大数据的存储支撑，而数据湖就是那个可以存储海量数据的庞大“容器”。数据湖汇聚吸收战场空间各个军事业务数据源流，容纳散落在各处的数据，理论上，存储空间巨大。

（2）格式包容化。数据湖架构面向多数据源的信息存储，包括军用专网、军用业务网、军事互联网等，可以快速高效地采集、存储、处理大量来源不同、格式不同的原始数据，这其中包括文本、图片、视频、音频、网页等各类无序的非结构化数据，能把不同种类的数据汇聚存储在一起，并对汇聚后的数据进行管理，建立数据之间的关联关系，具有很强的兼容性。

（3）类型复杂化。数据湖可实现原始数据的分类存储，这些原始数据凌乱纷杂，具有类型繁多、类型各异的特点，从数据角度特征分析，如果将每种比喻为一种颜色，那么，数据湖就相当于一个汇集多种色彩的调色盘，好似把不同的色彩融合在一起会形成新的色彩一样，描述不同军事业务种类的数据通过智能化集成和融合关联等方式结合在一起，可能会产生新的甚至高于原始数据的价值。

（4）处理快速化。战场环境瞬息万变，这就为军事信息的快速处理提出了更高的要求。数据湖技术能将各类原始军事数据快速转化为可以直接提取、分析、使用的标准格式，统一优化数据结构并对数据进行分类存储，根据军事业务需求，对存储的数据进行快速的查询、挖掘、关联和处理，并实时传输给末端用户，同时可对数据的使用量和使用频率等要素进行实时精准的计算，分析用户的信息需求，为后续数据高效组织运用提供重要参考。

（5）价值增值化。数据池按不同军事应用类别从数据湖中提取原始数据，并在其中进行标准化，再预估其在未来被提取利用的可能性大小，决定该类数据存储的最终位置，并在它们之间建立一定的联系。军事数据专业分析人员可以从数据池中大量挖掘、提纯数据，分析数据间的关联并用于相应的任务需求。采用这种数据处理模式，既可以令高使用率的数据充分发挥价值甚至实现增值，也能使那些长期不被挖掘的低价值数据重新焕发活力。

3. 军事数据湖的体系结构

数据湖体系结构所涉及的概念框架、功能需求、组成要素、信息关系等方面的深入研究仍在持续进行中，至今尚无完全成熟且得到广泛认可和应用的统一结构。由于 Hadoop 也能基于分布式文件系统来存储处理多类型数据，因此，许多人认为 Hadoop 的工作机理就是数据湖的处理机制。Hadoop 是基于其分布式、可横向扩展的文件系统架构，可以管理和处理海量数据，但是它无法提供数据湖所需要的复杂元数据管理功能。最直观的表现是：数据湖的体系结构表明，数据湖是由多个组件构成的生态系统，而 Hadoop 仅仅提供了其中的部分组件功能。

通过以上与 Hadoop 架构的对比，结合军事大数据的特点和军事应用场景，军事数据湖的体系结构如图 6.6 所示，可分为数据摄取层、数据存储层、数据转换层和交互应用层。

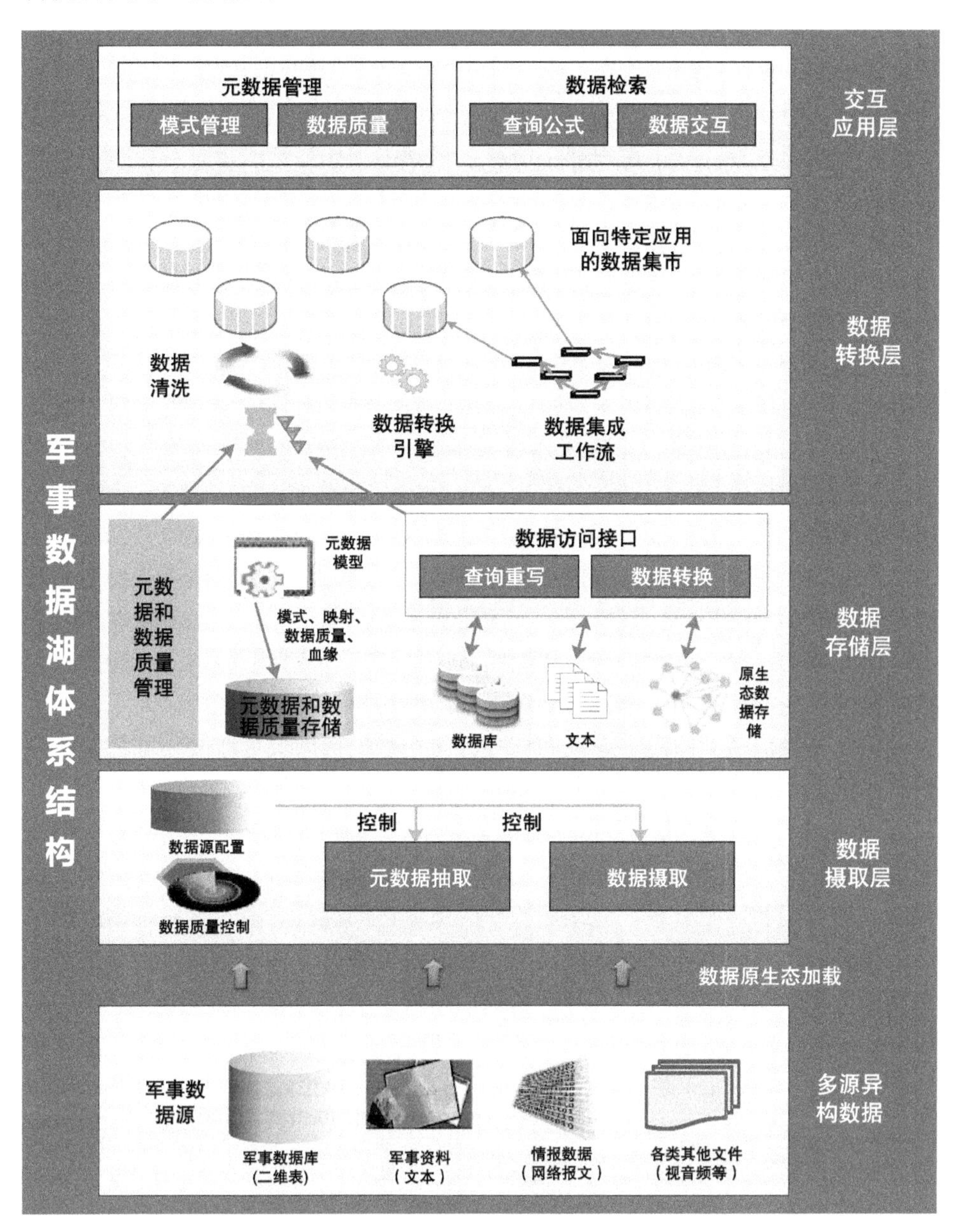

图 6.6　军事数据湖的体系结构

其中，数据摄取层提供异构数据源的数据导入功能。数据湖的一个关键特性是以最小的代价实现外部多种类型数据的获取和加载，实现这个目标的关键是数据加载过程不做格式转换，而是以原生态的方式进行加载。这比传统的ETL方式能明显提升效率，简化数据摄取处理过程。该层相关组件能通过对数据源的初始配置实现元数据和数据本身的自动化提取，图6.6所示数据源抽取的配置信息可以存储在数据库或者文件中。元数据抽取能够在诸如JSON、XML的半结构数据源中检测模式，被抽取的元数据在数据存储层的元数据库中进行存储和管理。为了避免数据沼泽，数据治理和数据质量管理在数据摄取时显得非常重要，数据质量控制确保被摄取的数据具备最低限度的质量，由于数据量巨大且数据类型繁多，手工设定数据质量规则变得不现实，因此，需要自动检测数据质量规则并能对其进行模糊评估。此外，数据分析技术可以帮助识别源数据中的模式。

数据存储层的核心组件是元数据存储库和原生态数据存储库。其中，元数据存储库存储所有从数据摄取层自动抽取的数据湖元数据或者在使用数据湖过程中手工添加的元数据。元数据还应包括用户使用数据湖的一些历史反馈信息，如用于连接数据集的属性、应用到数据集上的转换方式（整合、清洗等）或者相关数据集的分析报告等，这些信息是后续使用这些数据集的知识库，能为以后有效使用这些数据集提供有益的参考和帮助。元数据存储库的关键和难点是元数据模型的构建。该模型一方面要求足够通用，可以表示数据湖中各种各样的元数据；另一方面要求能详细而具体地表述元数据项的语义。此外，元数据模型还应该具有可管理的复杂性以便最终用户可以有效使用。

原生态数据存储库是数据湖的核心，由于数据摄取层抽取的数据都是本源格式，因此，需要使用不同的存储系统来存储结构化数据、图形、JSON、XML等各种类型的数据。Hadoop看起来是实现数据存储层的可选平台，但是它需要提供额外的功能以保证数据的精确度，如Apache Spark。为了向用户提供统一的查询和访问方式，应使用统一的数据访问接口对混合存储架构进行封装，该接口提供查询语言和数据模型，并具备足够有效的表达式以处理被数据湖管理的复杂查询逻辑及对应的复杂数据结构，这方面可通过Apache Spark和HBase提供丰富的SQL查询语言与数据模型实现。此外，许多NoSQL系统可以使用JSON作为统一的数据表示。接口实现的核心难点是用户的查询逻辑被重写到原生态存储库对应的查询语言时是否能保证重写查询的准确性和完整性。此外，重写查询还需要考虑很多方面，如在不同的数据格式之间进行数据转换的代价问题（如JSON到关系型数据转换更有效率，还是相反转换更有效率）、在分布式系统不同节点之间移动数据的代价问题等。

数据转换层提供数据转换引擎，通过数据清洗、转换、整合等方式，可以将数据湖中的原生态数据转化为预定义的数据结构。与数据仓库为所有的数据源提供完整的数据模式相比，数据湖提供创建面向业务应用的数据集市的能力，它能面向具体应用对数据存储层的原生态数据进行有效整合。从逻辑的角度来看，这些数据集市作为交互应用层的组成部分，是用户在与数据湖进行交互时被动态创建的，而数据本身则被存放在数据存储层的某个实体系统中。在定义数据集市时创建的知识（如如何转换、整合、分析数据集的相关信息）需要在转换层维护，并被记录在元数据存储库中。

交互应用层聚焦用户与数据湖的互操作，用户将通过元数据来查询他们可以访问的数据类别。数据检索和元数据管理之间关系密切，在数据检索期间产生的元数据（如语义注释、新发现的关系等）将通过模式管理存入元数据存储库中。查询公式支持用户创建能表达他们信息诉求的格式化查询请求，由于用户无法直接访问各种数据存储系统原生功能，因此数据交互需要提供与数据操作相关的通用功能，包括数据可视化、注释、选择、过滤以及基础的数据分析能力，而涉及机器学习、数据挖掘等的复杂分析能力不是数据湖系统的核心部分。

4. 军事数据湖的处理架构

与传统的基于数据仓库的海量数据存储处理机制相比，数据湖最重要的区别在于数据存储类型和数据处理模式。

在数据存储类型方面，传统方式存储数据、进行建模，存储的主要是结构化数据；数据湖则是以其本源格式保存大量原始数据，包括结构化的、半结构化的和非结构化的数据。在需要使用数据之前，没有必要去定义数据结构。

在数据处理机制方面，传统方式下，在加载数据到数据仓库之前，首先需要定义好它的存储结构或者模式，即“写时模式”。对于数据湖，只需加载存储原始数据，当准备使用数据时，才对其进行定义，即“读时模式”（Schema-on-Read）。这是两种截然不同的数据处理机制，因为数据湖是在数据到使用时再定义模型结构，因此就提高了数据模型定义的灵活性，可满足更多不同上层业务尤其是军事领域部队用户需求灵活多变的高效率分析诉求。

基于“读时模式”的数据湖整编处理流程主要包括海量数据存储（“建湖”）、数据溪流汇聚（“引水”）、数据处理分析（“利用”）、数据需求服务（“价值”）4 个过程。基于数据湖的军事领域大数据处理架构如图 6.7 所示。

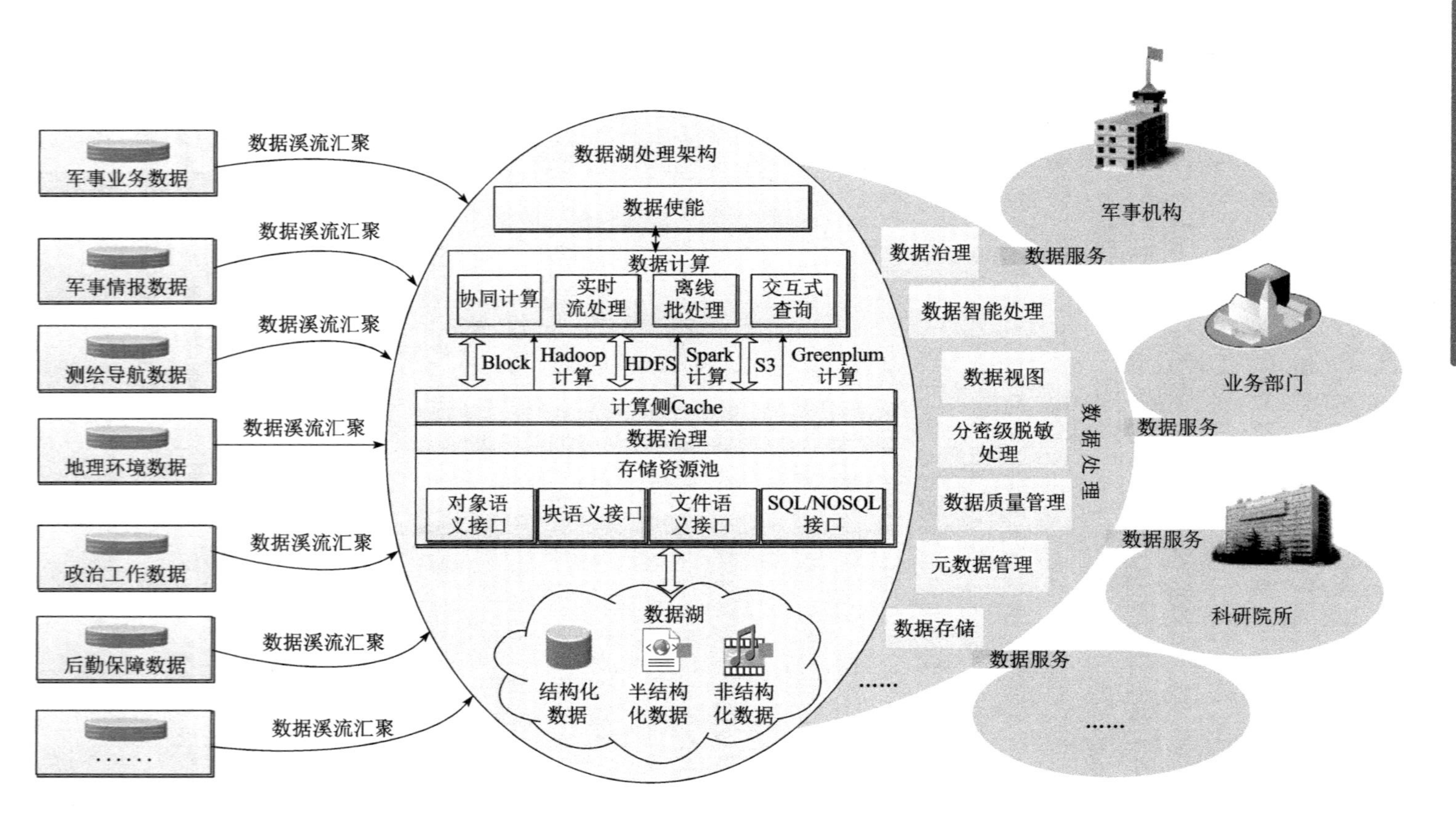

图 6.7　基于数据湖的军事领域大数据处理架构

基于集中式数据存储机制构建一套数据存储资源池，采用离线批量导入或者在线实时接入等手段，将军事指挥数据、军事情报数据、军事环境数据等进行引接汇聚，提供统一的命名空间，支持多协议互通访问，减少数据移动，实现数据资源的高效共享；引入数据湖中的数据多以本源方式存储，需根据实际使用场景和需求将数据治理成干净数据以支撑访问分析；数据湖处理架构中计算和数据分离的方式必然会带来一定的网络开销，设计使用计算侧 Cache 将数据缓存在计算侧，可有效减少频繁的网络 I/O 次数；提供支持多种数据分析引擎，加速数据分析的过程，支持直接访问海量对象存储中的数据，无需数据抽取、减少数据转换、支持高并发读取，提升实时分析效率，同时也支持自助式的数据探索式分析应用。

5. 基于数据湖的军用服务模式

针对军事业务技术平台异构等现实情况，使用云计算平台对象存储技术构建跨部门的统一共享交换数据湖，满足跨部门间的基础数据、海量离线数据、实时数据以及数据查询等多种场景的共享需求。基于数据湖的共享池主要实现战场各类共享数据的物理存储和组织，并支持与 Hadoop、Spark 等主流大数据技术进行无缝对接，方便各租户计算平台使用共享数据，并提供共享数据的逻辑组织、数据发布、数据目录、数据使用、数据权限审批等功能。

基于数据湖的军用服务模式可以分为以下 3 种。

（1）基于窄带网络的实时信息服务保障模式。在这种模式下，信息提供者和移动平台用户之间采用数据链等窄带网络进行传输，主要传输指令和控制信息，这些信息传输量小，传输时延要求高。

（2）基于宽带网络的信息服务保障模式。这种模式下通信网络有卫星、4G 网络等，可以实现动态数据的实时更新和信息资源的在线交互请求。

（3）基于节点协同的信息资源自保障模式。在这种模式下，各移动平台间形成自组织网络，移动平台基于自身获取的信息资源，实现各移动平台节点间相互数据交互同步，构建相对完整的数据资源池，满足各节点间高速的数据保障需求。

以上 3 种信息服务模式考虑了信息提供者和移动平台之间的网络环境，没有体现信息资源在信息提供者和移动平台用户之间的处理流程。下面根据信息获取处理方式对移动平台军事信息服务模式进行区分，可以分为以下 5 种。

（1）静态数据资源预先加载模式。这种模式往往是考虑通信带宽有限，并且针对的是相对静态、更新周期长的数据资源。在这种情况下，按照事先规划的数据资源需求，将这类数据资源通过离线方式预先加载到移动平台，如图 6.8 所示。

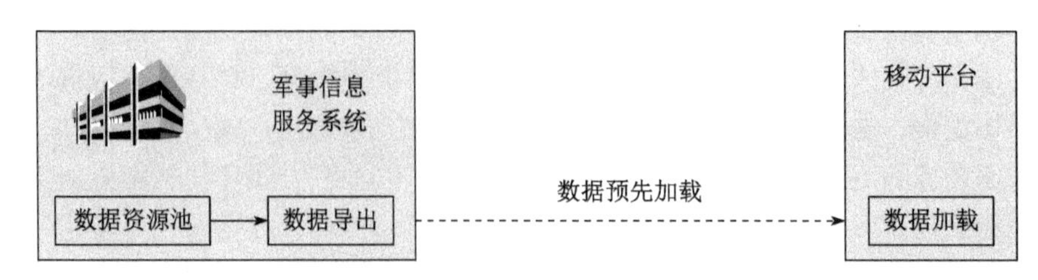

图 6.8 静态数据资源预先加载模式

（2）信息按需订阅/推送模式。这种模式下移动平台按需订阅信息资源，信息源平台则根据信息资源更新情况实时推送给移动平台。这种模式能够有效提升信息资源保障的实时性，为移动平台提供及时的信息服务。这种服务模式为用户提供了可选择信息资源的机会，用户可以按照自己的需求选择自己需要的产品，实现了用户需求驱动的信息服务模式。这种模式避免信息源平台盲目向用户推送无关信息，实现信息资源与用户需求的精确对接，比较适合实时动态信息的获取，如图 6.9 所示。

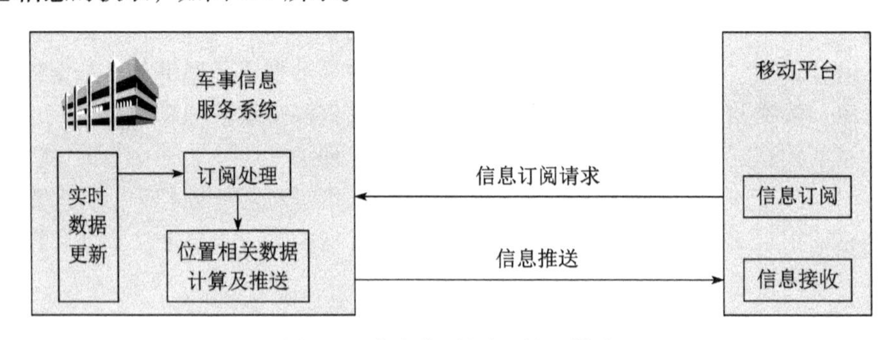

图 6.9 信息按需订阅/推送模式

（3）信息主动聚合、精准服务模式。这种模式下，信息服务平台基于移动平台的任务信息、平台特征信息，主动聚合关联信息资源，通过信息主动推荐的方式，为移动平台用户提供精准化的信息资源服务。这种模式能够有效解决“数据沼泽”的问题，为指挥员、作战人员、信息系统等不同类型用户、不同级别、不同任务的信息资源用户提供任务相关的定制化信息资源，实现信息资源的个性化分发保障，如图 6.10 所示。

（4）信息在线请求响应服务模式。该模式主要通过信息提供者发布信息目录，用户到信息共享空间浏览信息目录，进而访问信息内容。用户可以通过在线搜索、在线浏览、信息下载、数据服务接口访问等各种方式获取信息资源。这种信息访问模式比较适合非实时的静态信息。这种模式中用户以预期的信息需求，访问固定的信息资源提供者，用户通过直接的信息拉取方式，满足其作战信息需求，如图6.11所示。

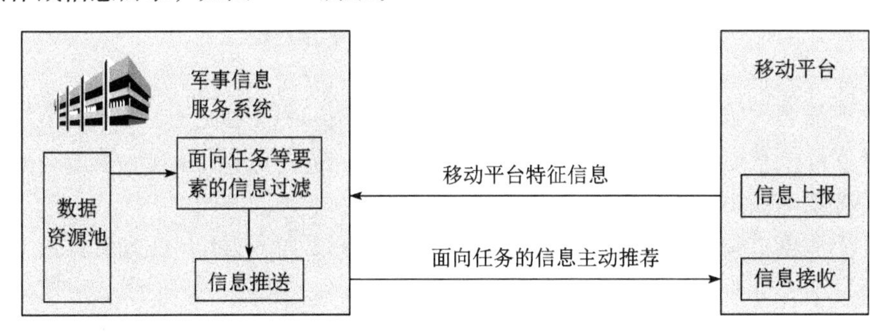

图6.10　信息主动聚合精准服务模式

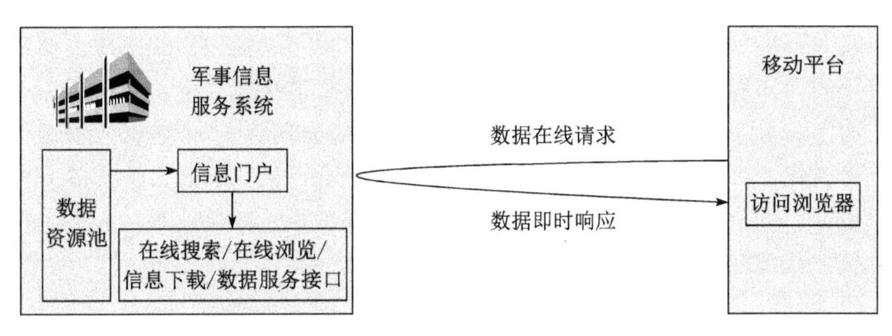

图6.11　信息在线请求响应服务模式

（5）数据分析支撑服务模式。移动用户依托移动平台军事信息服务系统的大数据存储分析能力，向移动平台军事信息服务系统发起信息分析请求，如历史数据存储、目标识别、目标威胁分析、目标意图分析等，信息服务系统存储分析完成后，将分析结果反馈给移动平台用户。该模式能够大大扩展移动平台的数据分析能力，能够更高效地为移动平台用户提供作战辅助支撑能力。这种模式解决移动平台计算存储分析能力弱的问题，充分利用移动平台军事信息服务系统大数据存储分析能力，满足移动平台的数据挖掘分析需求，如图6.12所示。

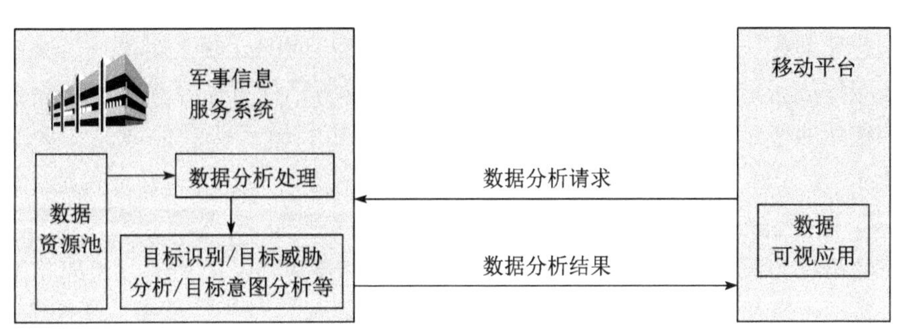

图6.12　数据分析支撑服务模式

6.3 海上大数据可视化

海战场大数据指挥控制系统前端应用和终端需可视化展现多维、复杂和异构的大规模数据，以支持人机交互协同和分析，帮助指挥员直观地掌握海战场态势并快速做出决策。

大数据可视化是指运用计算机图形学和图像处理等技术，将数据转换为图像或图形在屏幕上形象地显示出来，并进行交互处理的过程。可实现对作战大数据的立体化呈现，直观地呈现战场大数据的特点，形象地展示大数据情报分析的结果，实时发现非结构化、非几何化的抽象数据背后的本质问题，可为作战指挥人员提供直观形象的丰富信息和隐知识，显著地提升作战指挥人员对战场态势的认知程度，进而提升基于大数据情报分析的决策质量。

面向海上大数据作战指挥，应形成网络关系的可视化、大数据分析过程的交互可视化，以及多维、异构和海量大数据的综合可视化等能力，具体有并行绘制技术、复杂数据对象可视化技术、复杂关联关系可视化技术、人机交互可视化技术及多维空间表现可视化技术等。

6.4 海上大数据运维安全与管理

在海上大数据作战指挥中，需要围绕具体行动的使命任务，实时反映和体现具体行动的政策、策略和计划，形成和控制云端，保障大数据来源和安全，抗击各种侵入、干扰和破坏，纠正偏差。云控制即在大数据指挥过程中实施的基于云计算的网络控制。云控制范围广泛，涉及多方面内容，具有不同层级，需要有效的机构管理和协调。

1. 云端的组织与调控机构

云端的组织与调控机构负责在作战网（移动互联网）和云计算技术基础上融合聚集相关作战力量与资源，形成具有特定功能的云端，使单一作战单元向云端作战云转化。在云际交互和云作战时，它根据任务需要和环境变化，实时调控作战云的组成、规模和形态，准确地反映和体现行动的政策、策略与计划。

2. 数据保障与支援机构

数据保障既是实施大数据指挥与控制的前提和基础，也是进行云战略的要求。数据保障与支援机构负责保障数据来源、数量、种类、质量，数据存储、数据恢复和数据可用/可信性。具体机构包括大数据中心、情报中心和网络中心。

3. 数据通信控制与信息安全机构

数据通信控制就是在无连接、断续连接和低带宽的环境下，如在海上恶劣气象环境下、前沿强电磁干扰情况下，网络连接、通信质量、通信速率等受到严重影响时，通过监测和网络控制选择最有效的方式和路由策略，保证区域内大数据云间的及时连通性、服务器故障的有效转移和各种应用的访问，确保大数据指挥的通畅。

信息安全直接关系大数据指挥与控制的有效性和成败，包括数据安全和网络设施安全两部分。数据安全指云端的应用程序和数据安全，网络设施安全指网络和服务的可用性。相应的信息安全机构是安全中心，负责包括身份认证、访问控制、异常检测、补丁管理、数据备份和系统恢复、不同密级数据和应用的隔离等。

参考文献

[1] Viktor Mayer-Schönberger，Kenneth Cukier. 大数据时代——生活、工作与思维的大变革［M］. 盛扬燕，周涛，译. 杭州：浙江人民出版社，2013.

[2] Lecun Y，Bengio Y，Hinton G E. Deep learning［J］. Nature，2015，521（7553）：436-444.

[3] 秦继荣. 指挥与控制概论［M］. 北京：国防工业出版社，2009.

[4] 吴明曦. 智能化战争：AI 军事畅想［M］. 北京：国防工业出版社，2020.

[5] 胡志强. 优势来自联合——关于海上联合作战及其系统实现的思考［M］. 北京：海洋出版社，2012.

[6] 胡志强. 大数据智能指挥控制内在机理框架模型研究［J］. 智能科学与技术学报，2021，3（1）：101-109.

[7] 胡晓峰，郭圣明，贺筱媛. 指挥信息系统的智能化挑战——“深绿”计划及 AlphaGo 带来的启示与思考［J］. 指挥信息系统与技术，2016（3）：1-7.

[8] 胡晓峰，荣明. 作战决策辅助向何处去——“深绿”计划的启示与思考［J］. 指挥与控制学报，2016，2（1）：22-25.

[9] 郭圣明，贺筱媛，胡晓峰，等. 军用信息系统智能化的挑战和趋势［J］. 控制理论与应用，2016，33（12）：1562-1571.

[10] 胡晓峰. 态势智能认知的问题与探索——AlphaGo 的启示与我们的实践［J］. 中国指挥与控制学会通讯，2019，4（2）：7-16.

[11] 张钹，朱军，苏航. 迈向第三代人工智能［J］. 中国科学：信息科学，2020，50（9）：1281-1302.

[12] 张钹. 人工智能进入后深度学习时代［J］. 智能科学与技术学报，2019，1（1）：4-6.

[13] 邱志明，罗荣，王亮，等. 军事智能技术在海战领域应用的几点思考［J］. 空天防御，2019，2（1）：1-5.

[14] 金欣. “深绿”及 AlphaGo 对指挥与控制智能化的启示［J］. 指挥与控制学报，2016，2（3）：202-207.

[15] 胡志强. 基于“三个世界”理论的大数据指挥与控制本体论［J］. 指挥与控制学报，2015，1（2）：232-237.

[16] 程龙军. 面向大数据的指挥决策系统模型研究［C］//中国指挥与控制学会海上指挥控制专委会. 信息时代的指挥与控制：2014 年海上指挥控制和火力与指挥控制学术年会论文集. 北京：国防工业出版社，2014.

[17] 美海军计划将大数据引入作战［EB/OL］.（2014-07-01）［2018-03-20］. http://m.sohu.com/n/401668156/.

[18] 汪圣利. 大数据时代指挥信息系统发展分析［J］. 现代雷达，2013，35（5）：1-5.

[19] 常海锐，王建斌，刘明阳，等. 基于大数据的指控系统发展方向初探［C］//中国指挥与控制学会. 第二届中国指挥控制大会论文集. 北京：国防工业出版社，2014.

[20] Yi Wei，Brian M Blake. Service-Oriented Computing and Cloud Computing Challenges and Opportunities

[J]. IEEE Internet Computing, 2010.

[21] 罗荣，肖玉杰，王亮，等. 大数据在海战场指挥信息系统中的应用研究 [J]. 舰船电子工程，2019，39 (3)：1-5，14.

[22] 王本胜，殷阶，朱旭. 指挥信息系统大数据技术发展趋势 [J]. 指挥信息系统与技术，2014，5 (3)：12-16.

[23] 张新建，张媛. 海军指挥信息系统大数据策略 [J]. 指挥信息系统与技术，2015，6 (2)：17-21.

[24] 胡志强. 大数据时代的海上指挥与控制 [M]. 北京：电子工业出版社，2016.

[25] 胡志强，罗荣. 基于大数据分析的作战智能决策支持系统构建 [J]. 指挥信息系统与技术，2021，12 (1)：27-33.

[26] Svenmarck P, Luotsinen L, Nilsson M, etc.. Possibilities and challenges for artificial intelligence in military applications [C]//In Proceedings of the NATO Big Data and Artificial Intelligence for Military Decision Making Specialists' Meeting. Neuilly-sur-Seine: NATO Research and Technology Organisation, 2018: 1-5.

[27] Luotsinen L J, Kamrani F, Hammar P, etc.. Evolved creative intelligence or computer generated forces [C]//In 2016 IEEE International Conference on Systems, Man, and Cybernetics (SMC), 3063-3070, Oct., 2016.

[28] Johan Schubert, Joel Brynielsson, Mattias Nilsson, etc.. Artificial Intelligence for Decision Support in Command and Control Systems [C]//In Proceedings of the 23th International Command and Control Research and Technology Symposium, 6-9 November 2018, Pensacola, Florida, USA.

[29] Wojciech Samek, Thomas Wiegand, Klaus-Robert Mu¨ller. Explainable artificial intelligence: Understanding, visualizing and interpreting deep learning models [J]. preprint arXiv: 1708. 08296, 2017.

[30] 荣明，杨镜宇. 基于深度学习的战略威慑决策模型研究 [J]. 指挥与控制学报，2017，3 (1)：44-47.

[31] 姚景顺. 感知度的数学描述与计算 [M]. 大连：海军大连舰艇学院，2005.

[32] 朱丰，胡晓峰，吴琳，等. 从态势认知走向态势智能认知 [J]. 系统仿真学报，2018，30 (3)：761-771.

[33] 廖鹰，易卓，胡晓峰. 基于深度学习的初级战场态势理解研究 [J]. 指挥与控制学报，2017，3 (3)：67-71.

[34] 朱丰，胡晓峰，吴琳，等. 基于深度学习的战场态势高级理解模拟方法 [J]. 火力与指挥控制，2018，43 (8)：25-30.

[35] 朱丰，胡晓峰，吴琳，等. 基于深度学习的战场态势评估综述与研究展望 [J]. 军事运筹与系统工程，2016，30 (3)：22-27.

[36] 唐振韬，邵坤，赵冬斌，等. 深度强化学习进展：从 AlphaGo 到 AlphaGo Zero [J]. 控制理论与应用，2017，34 (12)：1529-1546.

[37] 欧薇，柳少军，贺筱媛，等. 基于目标时序特征编码的战术意图识别算法 [J]. 指挥控制与仿真，2016，38 (6)：36-41.

[38] 欧薇，柳少军，贺筱媛，等. 战场对敌目标战术意图智能识别模型研究 [J]. 计算机仿真，2017，34 (9)：10-14，19.

[39] 姚庆凯，柳少军，贺筱媛，等. 战场目标作战意图识别问题研究与展望 [J]. 指挥与控制学报，2017，3 (2)：127-131.

[40] 胡志强. 信息化军事体系的边缘组织观 [J]. 装备学院学报, 2015, 26 (3): 98-104.

[41] 张晓海, 操新文. 基于深度学习的军事智能决策支持系统 [J]. 指挥控制与仿真, 2018, 40 (2): 1-7.

[42] Lee M. Decision-Making in the Era of Big Data [D]. Amsterdam: University of Amsterdam, 2013.

[43] Power D J. Using 'Big Data' for Analytics and Decision Support [J]. Journal of Decision Systems, 2014, 23 (2): 222-228.

[44] Provost F, Fawcett T. Data Science and Its Relationship to Big Data and Data-Driven Decision Making [J]. Big Data, 2013, 1 (1): 51-59.

[45] 崔曼, 薛惠锋. 基于云计算的智能决策支持系统研究 [J]. 管理现代化, 2014 (2): 72-74.

[46] 李崇东. 基于大数据支持的军事决策系统构建研究 [J]. 软件工程, 2016, 19 (3): 21-23, 20.

[47] Shirgaonkar S, Rathi S, Rajkumar T. Overview of Real Time Decision Support System [C]// Proceedings of the International Conference and Workshop on Emerging Trends in Technology. ACM, 2010: 179-181.

[48] Mission-Oriented Resilient Clouds Proposers [R]. DARPA, May 26, 2011.

[49] 戴锋, 魏亮, 吴松涛. "云作战"理论初探 [J]. 中国军事科学, 2013 (4): 142-151.

[50] 程赛先. 云计算及其在美军的应用 [R]. 连云港: 江苏自动化研究所, 2015.

[51] 程赛先. 美军战术云计算应用研究 [J]. 指挥控制与仿真, 2017, 39 (6): 134-142.

[52] 徐增林, 盛泳潘, 贺丽荣, 等. 知识图谱技术综述 [J]. 电子科技大学学报, 2016, 45 (4): 589-606.

[53] 陈永南, 许桂明, 张新建. 一种基于数据湖的大数据处理机制研究 [J]. 计算机与数字工程, 2019, 47 (10): 2540-2545.

[54] 赵瑜, 李晓东, 张新建. 基于元数据的分布式数据统一访问技术 [J]. 指挥信息系统与技术, 2019, 10 (4): 33-37, 60.

[55] Department of Defense. DoD Data Strategy [EB/OL]. (2020-09-30). [2020-10-15]. https://media.defense.gov/2020/Oct/08/2002514180/-1/-1/0/DOD-DATA-STRATEGY.

[56] United States Department of Defense. DOD Digital Modernization Strategy [EB/OL]. (2019-06-12). [2021-05-20]. http://media.defense.gov/2019/Jul/12/2002156622/-1/-1/1/DOD-DIGITAL-MODERNIZATION-STRATEGY-2019.

[57] 金欣. 指挥控制智能化现状与发展 [J]. 指挥信息系统与技术, 2017, 8 (4): 10-18.

[58] 汪霜玲, 金欣, 王晓璇, 等. 指挥信息系统智能化发展能力演化路线 [J]. 指挥信息系统与技术, 2019, 10 (3): 46-49, 56.

作者简介

胡志强，男，1970年生，安徽无为人，硕士，现为中国船舶集团公司研究员、江苏海洋大学兼职教授、中国海洋学会高级会员、中国指挥与控制学会海上指挥控制专业委员会委员。近20年来，先后从事舰船综合电子信息系统系泊与航行试验工作，海用指挥与控制系统及海上大数据指挥与控制理论研究工作。迄今，已发表学术论文20余篇，出版学术专著3部，编写教材1部。承担省部级预研课题2项、国家级出版基金项目1项、获江南造船集团“专项工程奖”1项、立“三等功”1次，获江苏连云港市“高级人才”津贴。

覃基伟，男，1990年生，湖南怀化人，博士，现为海军工程大学讲师。主要研究方向为大数据和Web服务系统。近年来，先后参加《××目标大数据分析挖掘技术》等国家“十三五”预研和军内科研课题多项，取得一系列阶段性成果。在*Future Internet*、*Algorithms*等学术期刊和第六届高分辨率对地观测学术年会发表相关论文5篇，先后授权发明专利3项。

罗荣，男，1986年生，湖南岳阳人，博士，现为海军某单位工程师，兼任人工智能专家组、预先研究专家组秘书。主要研究方向为装备智能技术体系构建与评估、智能目标识别与指挥控制等。主持项目研究和论证工作近20项。迄今已发表学术论文40余篇，其中EI源刊14篇，SCI源刊3篇，获优秀论文奖3次，授软件著作权6项，出版专著3部。

张新建，男，1979年生，河南焦作人，现为中国电子科技集团第二十八研究所高级工程师、高级（三级）专家。主要研究领域为数据工程、信息服务、大数据和人工智能应用技术。主持和参与了多项重大型号研制和课题研究工作，在数据工程和信息服务方向获得发明专利授权2项，已发表大数据及信息服务方向学术论文10余篇，获省部级科技进步一等奖1项、三等奖1项。